# 세상을 변화시킨 열 가지 지리학 아이디어

수잔 핸슨 엮음

구자용·박의준·변필성·안영진·이원호 옮김

한울
아카데미

# Ten Geographic Ideas That Changed the World

Susan Hanson, editor

| Anne Godlewska | Mark Monmonier | Michael F. Goodchild | Robert W. Kates |
| John R. Mather | William B. Meyer | B. L. Turner, II | Edward J. Taaffe |
| Elizabeth K. Burns | Patricia Gober | Edward Relph |

Rutgers University Press

# Ten Geographic Ideas That Changed the World

Susan Hanson, editor.

# 옮긴이 서문

"인간의 과도한 물 사용으로 말미암아 지금 전세계는 경제수준에 상관없이 심각한 물 부족을 겪고 있다." "지나친 도시화 정책으로 말미암아 지금 한국의 농촌은 황폐화되어가고 있으며, 농촌지역의 중소도시는 원래의 도시기능을 전혀 발휘하지 못하고 있다." "연일 계속되는 열대야 현상으로 많은 시민들이 밤에 잠을 설치고 있다." "20세기 말부터 시작된 세계화의 물결 속에 지금 전세계는 하나의 지구촌 경제를 형성하면서 발전하고 있다." "똑같은 목적지를 간다고 하더라도 사람에 따라 각자 선호하는 루트는 다르게 나타난다." "컴퓨터 지도를 이용한 데이터 및 공간분석이 21세기의 최고 인기 직종으로 떠오르고 있다."

위에서 언급한 몇 가지 인용문은 우리가 일상생활에서 너무나 쉽게, 그리고 당연하게 받아들이며 말하는 것들이다. 이러한 인용문에서 공통적으로 제시되고 있는 것은 사람들이 자신들의 삶 속에서 싫건 좋건 간에 언제나 공간을 점유하고 이용하며 살아간다는 점이다. 그렇지만 불행하게도 사람들은 시간이라는 개념에는 대단히 민감하면서도 자신들의 모든 활동들이 공간을 또 하나의 축으로 하여 영위된다는 사실은 망각하고 있는 듯하다. 사실 시간과 공간은 항상 물체와 그 물체의 그림자처럼 함께 움직이는 것으로, 혹자는 이를 수학의 그래프에서 X축(공간)과 Y축(시간)으로 표현하기도 한다. 지리학은 바로 이러한 인간 및 공간이용 행태와 이를 통하여 나타나고 조직되는 공간의 구조와 의 공간점유 질서를 연구하는 학문이다. 따라서 지리학의 연구대상은 자연현상과 인문현상이 모두 포함되며 그곳에는 항상 인간이라는 주체가 개입되어 있다.

초·중등학교에서 지리를 배운 경험이 있는 많은 사람들은 흔히 지리 하면 산맥이나 강의 이름이나 특정 국가의 수도가 어디이며, 한 지역의 특산물과 지하자원이 무엇인가를 외우는 과목으로 인식하는 경향이 있다. 그러나 사실 지리학만큼 인간의 역사와 함께 그 맥을 같이 해 온 학문도 찾아보기 쉽지 않다. 인간이 자신들이 발을 딛고 사는 땅에 관심을 갖는 것은 어쩌면 거의 본능에 가까운 것으로, 일찍이 원시시대와 고대 그리스·로마 시대부터 지리학적 사유는 면면히 이어져왔다. 이러한 의미에서 지리학의 역사는 바로 인류발달의 역사라고 해도 과언이 아니다.

여기 우리말로 옮겨놓은 『세상을 변화시킨 열 가지 지리학 아이디어』(*Ten Geographic Ideas That Changed the World*, 1997)는 과거로부터 오늘날에 이르기까지 서양 지리학의 발달과정에서 축적되어온 귀중한 사유세계 또는 연구성과 가운데서 인간의 삶에 지대한 영향을 미쳤다고 생각되는 열 가지 아이디어를 추려서 이를 각 분야에 정통한 열두 명의 학자들이 집필하고, 미국 지리학회장을 역임한 핸슨 교수가 편집한 책이다. 이 책의 각 장은 지리학적 아이디어의 기원과 전개과정, 그 핵심내용, 그리고 학술적·사회적 영향(부분적으로 응용적 측면)을 기본 체제로 하여 서술되어 있다. 따라서 지리학을 전공한 사람이면 강의시간에 적어도 한 번 정도 들어본 적이 있는 주제나 아이디어를 체계적으로 소개하고 있을 뿐만 아니라, 그것이 우리의 일상적인 삶과 어떤 연관을 맺고 있으며 우리에게 어떤 의미를 던져주는가를 일목 요연하게 정리해주고 있다. 다만 미국 지리학자들의 관점에서 주제 항목을 선정하고 정리함으로써, 서양 지리학의 또 하나의 고향인 유럽 여러 나라(특히 독일과 프랑스, 그리고 영국 등)의 오랜 전통의 풍부한 연구 결과를 배제하고 있다는 점이 한 가지 부족한 점으로 생각된다.

하여튼 이 책은 지리학이라는 학문에 처음 발을 딛는 학부 1, 2학년 생들뿐만 아니라, 지리학에 대한 좀더 심화된 접근을 기대하는 학부 3, 4학년생이나 대학원생들에게도 전혀 손색이 없다고 생각된다. 따라서 각 대학의 지리학개론과 같은 교양과목이나, 지리학사와 같은 학부 전공과목, 그리고 지리학방법론과 같은 대학원 과정에서 좋은 참고 교재로 이용할 수 있을 것이다. 또한 원저의 서문에서 이미 밝히고 있듯이 인간과 환경의 관계, 즉 지리에 관심이 많은 타 학문분야의 전공자나 일반인들에게도 좋은 교양서적이 되리라 생각된다.

이 책은 모두 다섯 명의 지리학 전공자들이 각자의 관심사에 맞추

8

어 번역하고자 하였다. 서문과 서론은 이원호가, 제1장과 제3장은 구자용이, 제2장과 제4장, 제5장, 제6장은 박의준이, 제7장과 제8장은 안영진이, 그리고 제9장과 제10장은 변필성이 각각 번역하였다. 번역하는 과정에서 가급적 쉬운 용어를 사용하고, 본문의 내용만으로 의미가 전달되기 힘든 부분은 각주를 통하여 상세하게 설명하려고 노력하였다. 또한 원저에 포함되어 있는 내용을 최대한 전달하기 위하여 다양한 문헌을 참고하는 배려도 잊지 않았다. 하지만 오역도 발견되고, 우리말의 표현도 다소 어색한 점이 있으리라고 생각된다. 독자 여러분의 많은 관심과 아울러 비판을 부탁드린다. 원저에 충실하다보니 우리나라의 관련 연구사례들을 언급하지 못한 점이 커다란 아쉬움으로 남는다. 차후에 기회가 있으면 이 점에 대해 보완할 것을 약속드린다. 어려운 여건 속에서도 기꺼이 출판에 응하여 주신 도서출판 한울의 김종수 사장님 이하 여러분께 깊은 감사의 말씀을 전하는 바이다.

2001년 7월 빛고을(光州)에서
안영진·박의준

# 서문

미국사람들 가운데 4, 5학년 시절에 경험한 지리시험, 예컨대 빈 미국지도에 주(州) 이름을 기입하거나 강이나 산맥의 이름을 알아 맞추었던 기억을 잊어버릴 수 있는 사람은 아마 드물 것이다. 초등학교 시절에서 비롯된 이런 기억들이 강하게 남아 있고 더 나아가 이후 중학교, 고등학교 및 대학교에서조차 제대로 지리학에 대한 교육을 받지 못한 탓에 많은 일반인들은 지리학자인 우리들에게 종종 지리학이 도대체 무엇을 다루는 학문인지 묻곤 한다. 도대체 지리학자들은 왜 어른이 되어서도 지도에 주 이름이나 산과 강 이름을 기입하는 따위의 직업을 선택하였는가? 또한 지도 위의 빈칸이 모두 채워지고 나면, 지리학자들은 그때 더 할 일이 남아 있을까? 따라서 많은 사람들의 지리수업에 대한 이러한 기억은 지리학자인 우리들 스스로 지리학이 진정 무엇인지 정의하도록 끊임없이 요구하고 있다. 왜 세상은 지리학이 필요한가? 지리학자인 우리들은 진정 지명에 대한 지식과 같은 것을 뛰어넘어 세상을 위해 무엇을 해왔는가?

이 책은 내가 회장을 맡았던 미국지리학회의 1991년 연례총회 중 조직했던 학술발표회에서 비롯되었다. 내가 그러한 발표회를 구성한 동기는 지리학을 다시금 규정한다기보다는 지리학자로 하여금 지리학이 세상에 어떻게 공헌해 왔고, 또한 지리학적 사고가 세상을 어떻게 변화시켜 왔으며, 앞으로도 어떻게 변화시킬 것인가에 대해 생각할 수 있는 계기를 제공하고자 했던 것이다. 나는 학문의 한 분과인 지리학에 종사하는 우리들이 학문세계 밖으로 영향을 미친 본질적인 지리학적 사고들에 대해 생각해보기를 바랐다. 그 학술발표는 이 책에 실리게 된 존 마더(John R. Mather), 로버트 케이츠(Robert Kates), 패트리시아 고버(Patricia Gober) 세 사람의 기조발표와 청중들로부터 제기된 또 다른 유의미한 지리학적 사고들로 이루어졌다.

세상을 변화시킨 열 가지 지리학 아이디어 모음집은 그렇게 태동되었다. 물론 그 동안의 과정 속에서 책의 편집 목적이 처음 학술발표회 때보다 확대되었으며 지리학자가 아닌 사람들을 지리학의 세계로 초대하는 것까지 포함되었다. 몇몇 기고자들이 자신의 생각을 가지고 먼저 나에게 접촉하였고, 나도 한편 몇몇 학자에게 특정주제에 대해 기고하기를 권고하기도 하였다. 이 모두에 있어 이 책에 대한 그들의 열정은 대단했으며 만족스러운 결과를 아울러 낳게 되었다.

세상을 변화시킨 지리학 아이디어가 이곳에 수록된 열 가지만 있는 것은 물론 아니다. 이 열 가지가 또한 가장 중요한 열 가지가 아닐 수도 있다. 그러나 이 열 가지 모두는 각각 지리학적 중심개념에 그 뿌리를 두고 있으며, 지리학이라는 학문틀과 대학의 상아탑을 넘어 세상에 큰 영향을 미칠 만큼 오랫동안 존재해 온 사상들이다. 이 좁은 지면을 통해 현대 지리학을 모두 담으려는 의도는 없으며, 다만 지리학에 대해 문외한인 사람들에게 세상과 그에 대한 우리들의 생각을 변화시킨 지리학 아이디어들을 간단히 소개할 수 있다면 더할 나위 없겠다. 이 책의 초점은 그러한 지리학 아이디어를 만들어낸 사람들이 아니라 그 사고 자체와 지리학 안팎에서 그것이 갖는 중요성에 두어진다. 혹자는 타당한 이유를 들어 여타 다른 사고들도 다루어져야 한다고 주장할 수 있다. 예를 들면 확산과 인지지도 같은 것들이 언급되어져야 한다고 볼 수 있다. 여러 가지 이유들 때문에 많은 사고들이 이 책에서 다루어지지 못하였고, 지난 짧은 세월 동안 너무도 커다란 영향을 미쳤음에도 불구하고 여기에서 다루지 못한 많은 최근의 지리학 아이디어들도 또한 존재하는 것으로 안다. 다만 그러한 제안과 비판은 미래에 있을 이 책의 개정판을 위해 언제든지 환영하는 바이다.

　이 책을 준비하면서 지리학자가 아닌 독자들을 염두에 두었다. 고등학교 학생, 대학 초년생과 지리학에 대한 경험이 전혀 없이 대학을 졸업했던 사람들을 포함하여 대체로 지리학자들이 세상을 바라보고 이해하는 방식에 대해 문외한인 모든 사람들이 그 대상이다. 지리학에 대해 고등교육을 받지는 않았지만 지리학자가 무엇을 하며 지리적 사고가 어떻게 세상에 공헌하는지를 이해하기를 원하는 모든 사람들이 쉽게 접할 수 있도록 전문용어의 사용을 자제하면서 이 책을 만드는 것이 우리들의 목표였다.

이를 위해 어쩌다보니 이 과제가 가내수공업적인 형태를 띠게 되었다. 왜냐하면 우리가 독자로 삼고자 하는 지리학에 문외한인 집단을 대표하는 사람들로 내 가족들을 선정하였기 때문이다. 특히 내 딸 크리스틴 핸슨(Kristin Hanson)과 시아버지 피터 핸슨 2세(Peter O. Hanson, Jr.)는 그들의 문외한적 관점을 통해 오히려 도움을 주었고, 복잡한 사고를 보다 명확히 전달하는 방법에 관해 매우 유용한 조언도 제공하여 주었다. 그들의 참여는 마지막 원고의 질을 대단히 높였고, 그러한 과정상에서도 더할 나위 없는 재미를 더하였다. 두 사람 모두에게 깊이 감사하며 아울러 여러 장들을 읽어준 클라크 대학 마시연구소의 빌 마이어(Bill Meyer)에게도 감사를 전한다. 우리는 그의 지혜로움과 뛰어난 편집기술에 크나큰 도움을 받았다. 항상 그러하듯이 나는 또한 다이앤 르페이지(Diane LePage)의 놀라운 워드프로세싱 기술에도 감사를 드린다.

러거츠 대학 편집국 편집인 카렌 리즈(Karen Reeds)가 없었다면 이 책, 『세상을 변화시킨 열 가지 지리학 아이디어』(*Ten Geographical Ideas That Changed the World*)은 세상 빛을 보지 못하였을 것이다. 그녀는 먼저 지리학총회 학술발표회에서 이 책에 대한 잠재성을 보았고, 이후 비전과 명확한 통찰력, 집념과 끈기로써 이 작업을 추진하여 왔다. 그녀의 날카로운 사고력과 지리학에 대한 폭넓은 지식은 이 작업을 시작부터 인도하여 왔고, 이 책에 참여한 우리들 모두도 그녀의 지도력으로부터 많은 도움을 받았음을 부인하기 어렵다. 비록 그녀의 이름은 나타나 있지 않지만, 각 장은 모두 그녀의 사고의 흔적을 담고 있다.

메사추세츠주 워체스터에서
수잔 핸슨

# 차례

# 제3부 상호 연결된 모자이크로서 세계

# 제4부 종결부

# 세상을 변화시킨 10가지 지리학 아이디어

## 수잔 핸슨

만약 지리학자에게 이 세상 모든 것, 예를 들어 미국 남북전쟁, 환경파괴, 교통혼잡, 범죄 및 실업 등에 대해 말한다면, 그들은 조용히 혹은 조금은 공공연하게 지도를 찾을 것이다. 지리학자들은 사건이 일어난 장소와 공간적 패턴에 관심이 있을 뿐만 아니라 왜 그 장소에서 그러한 일이 일어났는지에도 관심이 깊다. 그런데 그 해답은 종종 지도에서 찾아지기도 한다.

미국 남북전쟁을 예로 들어보자. 지리학자들은 아마도 게티스버그 (Gettysburg) 전쟁이 왜 그곳에서 일어났는지 알아보려고 할 것이다. 그러나 과연 '어디에'라는 물음을 통해 우리는 무엇을 알아내고자 하는가? 경도와 위도에 의한 전쟁터의 위치가 한 가지 의미에서 우리에게 그 위치를 나타내지만 분명히 이것은 만족스럽지 못한 대답이다. 보다 나은 대답은 아마도 지형, 교통로 및 취락패턴을 나타내는 미국 동부지역 지도일 것이다. 이 지도는 게티스버그 전투에 대한 우리들의 위의 질문에 답해주고 있다. 지도에서 보듯이 북군을 측면포위하고 북

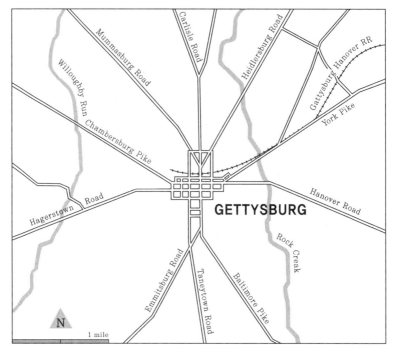

그림 1 지역 내 모든 고속도로가 게티스버그로 수렴되면서 1863년 6월 말 남·북군 모두가 한 장소에 모이게 만들었다. 출처: Winter(1992: 166)

부연합의 수도인 워싱턴시를 공격하려던 로버트 리(Robert E. Lee) 장군은 자신의 부대를 쉐난도(Shenandoah) 계곡의 안전한 교통로를 따라 이동시켰었다. 그가 남부 펜실바니아에 다다랐을 즈음 북군도 이미 추적을 시작하였고, 전쟁 당사자 양쪽 모두 그들의 군대에게 중요지점에 결집하기를 명령하였을 때, 자연스럽게 게티스버그 전투가 일어났던 것이다. 왜냐하면 이 지역의 모든 도로는 바로 게티스버그로 통하기 때문이다. 교통지리학적 관점에서 보면 양편 군대는 자연스럽게 서로 만나게 되어 있으며 결국 이 전투는 남북전쟁에서 가장 치열했던 전투 중 하나로 남게 되었다(그림 1 참조).[1]

　이러한 예는 지리학적인 질문 즉 어떤 장소에서 왜 그러한 일이 일어났는지에 대한 의문에 대해 지리학적인 사고로의 전환을 통해 또 다른 해답이 어떻게 가능하게 되는지를 잘 보여준다. 이러한 지리학적 사고로의 전환은 항상 포괄적인 이해를 추구하는데, 즉 단편적인 것에 만족하지 않으며 오히려 그러한 단편적인 것들이 한 장소에서 어떻게 결합되는지를 이해하려고 한다. 지도는 이러한 통합적인 분석틀을 제공하며, 이 점이 바로 지리학의 중요한 단초이다. 어떤 지리학자에게라도 일단 지도를 보여주면 그는 즉시 그 속에 나타난 관계와 연관, 즉 사람과 환경 간, 장소들간, 그리고 사람과 장소 간의 관련성에 몰두할 것이다. 그것들이 바로 지리학의 가장 중요한 관심사이다.

　'지리학'(地理學, geography)이라는 단어는 희랍어에서 기원한 것으로 말 그대로 땅에 대한 기술을 의미한다. 이 책은 그 땅에 대한 연구가 어떻게 이 세상을 변화시킨 아이디어들을 태동시켰는지에 대한 연구이다. 그 변화들은 항상 학문의 세계에서 가장 먼저 그리고 강력하게 제기되어 오면서 결과적으로 우리들의 세계관을 변화시켜 왔다. 한 가지 예로 19세기 말 조지 퍼킨슨 마시(George Perkins Marsh)가 주창한 세계관의 변화, 즉 인간에 의한 환경변화를 인류진보의 지표로 여기는 기존의 사고에서 잠재적인 재앙의 시작으로 바라보게 되는 변화가 있다(이 책 제6장에 기술된 변화).

　학문의 세계에 큰 영향을 미친 아이디어는 당연히 물리적 경관의 변화에도 그 영향이 미치게 된다. 예를 들면, 인간에 의한 자연의 변화가 반드시 인간 삶의 질을 제고하지는 않는다는 생각의 변화는 그 당시 제정되기 시작한 습지보호와 같은 환경보호법의 기본토대가 되었

---

　1) [원주] 저자는 이 예를 위해서 미국 남북전쟁의 전장에 대한 해롤드 '듀크' 윈터 (Harold 'Duke' Winters) 교수의 전설적인 한 답사중 수집된 귀중한 자료를 이용하면서 그에게 크나큰 은혜를 입었다.

다. 네덜란드 북해 해안의 간척지에 설계된 취락체계는 제8장에서 설명하고 있는 중심지이론에 내포된 지리학적 원리의 실천이며, 미국에서 범람원 내 우물이 존재하지 않는 사실은 또한 환경재해에 대한 인간의 적응에 기초한 정부정책의 가시적인 표현이다. 즉 지리적인 사고들이 우리들의 세계관을 변화시킬 때, 그 결과는 경관의 변화에서 바로 확인될 수 있다.

그러나 땅 위에 나타나는 가시적인 변화와 우리들 세계관의 변화 사이의 연결성은 때로는 포착되기 어려워서 항상 쉽게 확인되는 것은 아니다. 다음 장에서 설명할, 아마도 가장 영향력이 큰 지리학적 아이디어인 지도는 대부분 우리가 우리 자신을 규정하는 방식을 바꾸게 함으로써 이 세상을 변화시켜 왔다.

이 책에서 설명된 열 가지 지리학 아이디어만이 세상을 변화시킨 유일한 아이디어들은 아니다. 또는 혹자의 주장과 같이, 이 열 가지 아이디어들이 모두 같은 범주의 것들도 아니며 반드시 영향을 가장 많이 미친 것들이라고도 볼 수 없다. 그러나 그것들은 확실히 지리학적 탐구의 주요 영역을 대표할 뿐만 아니라 우리가 연구하는 세상을 지리학적 아이디어가 어떻게 변화시켜 왔으며 또 앞으로 어떻게 변화시킬 것인가를 가장 잘 나타내 준다고 본다. 이 책에서 열 가지 아이디어들은 각각 세 개의 아이디어들이 포함된 세 그룹과 마지막 한 가지 아이디어로 나뉘어 고찰된다. 각 장에서 저자들은 먼저 해당 아이디어와 그 기원을 개관한 후 아이디어의 지적 발달과 지리학 내외에 미친 그 영향의 특성을 기술한다. 첫째 그룹은 우리가 세계를 어떻게 바라보며 또한 그것을 어떻게 지도 및 여타 지리적 이미지 위에 표현하는가와 관련된 아이디어들이다. 둘째는 인간과 환경 간의 연결성을 언급하면서 우리가 어떻게 세계를 우리들의 삶의 공간, 즉 우리 인간들이 변화시킬 뿐만 아니라 역으로 우리들을 변화시키는 공간으로 바라보는가에 초점을 둔다. 셋째는 장소들간의 연결성에 주의하면서 우리가 어떻게 세계를 모자이크처럼 서로 연결된 집합체로 바라보는가를 다룬다. 끝으로 장소감에 대한 장에서는 바로 그 장소와 인간 간의 관련성을 검토하고자 한다.

## 세계를 바라보는 틀

우리가 세상을 어떻게 묘사하는가는 우리들의 세계관을 반영할 뿐만 아니라 우리로 하여금 세계를 새로이 바라보고 이해하게 하며 나아가 변화시킬 수도 있게 한다. 이 주제는 첫 세 장에 걸쳐 논의되고 있다. 각 장은 지리학자가 세계를 바라보는 방식과 관련된 세 가지 아이디어를 대표하는데 이는 지도, 대규모 기상도 및 지리정보시스템이라는 아이디어다.

아마도 가장 전형적인 지리학적 표현방식인 지도는 우리들로 하여금 복잡한 세계를 단순화하고 조직화할 수 있게 한다. 그 최초의 기원, 즉 막대기로 표현된 강, 자갈로 묘사된 나무, 돌로 표현된 산맥 등의 그림문자 형태에서부터 지도는 우리들의 세계관을 반영하면서도 또한 변화시킨 강력한 실체로 존재해 왔다. 지도 이전에는 공간 정보의 전달이 언어라는 단선적인 매체에 의존하였다. 지도라는 상징적인 표현수단을 통해 우리들은 질서와 계층이라는 아이디어를 부여할 수 있었다. 언어와 문화의 장벽을 뛰어넘는 지도는 종종 객관적인 것처럼 보여지지만 사실 때론 미묘하게 때론 적나라하게 이데올로기와 결부되어 있다. 제1장에서 앤 굿류스카(Anne Godlewska)는 지도라는 아이디어와 그 발달을 고찰하고 있는데, 이때 둥근 지구표면을 평탄한 면에 표현할 때 생기는 문제점에 대한 해결, 동일 표준 축척의 등장, 지도의 상징적 언어의 발달 등이 포함된다. 지도 없이 우리는 과연 마음속에 세계를 그려낼 수 있을까?

아마도 세상을 살면서 없어서는 안될 지도는 기상도일 것이다. 기상도라는 아이디어는 기존 지도의 근본적인 아이디어를 여러 방향으로 확대하였다. 첫째, 기상도는 기단(氣團)에 초점을 두면서 지표면을 초월한다. 둘째, 매우 광범위한 지역 위에 특정한 짧은 기간 동안의 기상자료를 표현하며 시간적으로 매우 민감한 자료-오늘과 내일의 자료는 어제의 자료보다 더욱더 중요함-를 이용하기 때문에, 기상도에는 많은 지역들로부터 특정시점에 대한 기상자료의 시기 적절한 수합이 항상 필요하다. 셋째, 그 지역들은 기상도의 완성을 위해 어쨌든 서로 연결되어야 한다. 대규모 기상도를 만들어내기 위해 기온과 기압측정이 필요할 뿐만 아니라 국내 혹은 국제적인 기상관찰 네트워크도 조정될 수 있어야 한다.

제2장에서 마크 몬모니어(Mark Monmonier)는 기온, 기압 및 강우와 같은 초보적인 지도가 요즘 텔레비전에서 선보이는 역동적인 기상도로 변화되는 과정을 설명하면서 기상도라는 아이디어와 그 발달에 대해 기술한다. 앤 굿류스카가 지도의 경우에 대해 말했듯이, 기상도에서 보이는 표현은 우리들의 세계관을 반영하면서 또한 구체화한다. 즉 동시에 모든 것이 나타나는 기상도를 통해 기압이 갖는 풍속과 풍향에 대한 영향을 우리들은 이해할 수 있다. 몬모니어에 따르면, 기상도라는 아이디어가 먼 장소와의 연관성에 대해 우리가 갖고 있는 생각을 변화시켰다고 한다. 또한 그는 기후 그 자체는 아닐지라도 그것이 갖는 가장 나쁜 영향을 인간이 통제할 수 있다는 생각을 우리로 하여금 갖게 함으로써 기상도가 세계를 변화시켜 왔다고 논의한다.

세계를 조직하는 지리학자의 가장 최근 방식은 지리정보의 수집, 저장, 분석을 디지털 형태로 가능하게 하는 지리정보시스템(GIS)이다. 단

순히 첨단기술적인 지도로서만이 아니라 지리정보시스템은 기상도가
했던 것보다 더욱더 원래의 지도개념을 확대하였다. 지리정보시스템
은 공간정보에 대한 근본적으로 새로운 사고방식을 의미한다. 왜냐하
면 정보가 수집된 뒤 지리정보시스템으로 입력되는데 이때 매우 개별
적인 형태로(예를 들면 나무 한 그루, 집 한 채, 도로 한 부분 및 인공위
성 이미지에 담긴 지구의 10평방미터 지표면 등) 기록되며, 이후 이 정
보들은 거의 무한대의 조합방식으로 결합되고 조작될 수 있기 때문이
다.

　마이클 굿차일드(Michael Goodchild)가 지리정보시스템에 관한 제3
장에서 지적했듯이, 세계가 지도에 어떻게 표현되는가, 즉 어떤 특징
들이 선택되고 어떻게 그것들이 범주화되며 지도의 둥근 면이 평탄한
지도 위에 투영될 때 얼마나 왜곡되는가 등은 바로 지도제작자의 결정
과 당시 이용 가능한 기술에 달려 있다. 예를 들어 붓과 종이의 시대
에는 삼림의 식생 변화와 근린지역의 사회경제적 특성과 같은 연속적
인 변이를 표현하기란 쉽지 않았다. 결과적으로 지도는 불명확성과 불
확실성을 무시하면서 뚜렷한 경계선을 채택하는 경향이 있다. 우리는
정말 경계가 없는 세계, 즉 우리가 잘 알고 있는 경계선 대신에 세상
이 변함에 따라 급격히 변하는 불명확한 지대로 표현된 지도를 상상할
수 있는가? 우리는 정말 센서스 단위구역이 없는 센서스, 입목이 없는
삼림관리 및 민족국가가 없는 세계를 상상할 수 있는가?

　지리정보시스템 기술은 우리로 하여금 분명한 경계구분에 추가해서
시공간에 걸친 연속적인 변화와 불확실한 경계의 표현에 대해 과거보
다도 더 주의 깊게 생각토록 하며, 우리가 익숙해져 왔던 것보다도 더
큰 불확실성을 체계적으로 전달토록 요구하고 있다. 이러한 예들을 통
해, 굿차일드는 지리정보시스템이 우리 삶의 주요한 한 부분이 되어
온 전통적인 지도로부터 우리를 멀어지게 만든 것과, 또한 당연시되는

우리의 세계관을 다시금 생각하도록 요구해 왔는지에 대해 기술한다. 지리정보시스템은 현재 무엇보다도 강력히 세상을 변화시키는 아이디어다. 이러한 세상을 조직화하고 대표하는 지리학적 방식들은 세상을 인간의 정주공간 혹은 서로 연결된 모자이크로 이해하는 또 다른 지리학적인 접근들에 깊이 스며들어 있다.

## 인간의 거주공간으로서 세계

　인간과 환경과의 관계는 지리학이 오랫동안 견지해온 주제이다. 환경은 인간의 삶을 꾸미는 주요한 역할을 수행하며, 동시에 인간은 자신들이 살아 있는 한 그 환경을 변화시켜 왔다. 이러한 두 가지 관계 ―인간의 적응과 인간에 의한 변화―는 환경에 대한 인간의 관계를 변화시켜 왔으며 앞으로도 지속적으로 변화시킬 지리학적 아이디어다.
　인간의 적응이라는 아이디어, 즉 실천과 행위로써 환경재해를 경감할 수 있다는 사실은 사람들이 범람원에 적응하는 방식에 대한 길버트 화이트(Gilbert White)의 관찰에서 연유한다. 긴급사태의 경고와 대피, 제방과 댐의 건설이라는 행동의 변화를 통해 사람들은 환경의 부정적인 영향을 피할 수 있다. 환경은 홍수와 함께 가뭄, 태풍, 지진, 기후변화와 같은 것들로 인간에 도전하지만, 인간은 항상 그에 대해 적응 가능하며 또한 광범위한 해결책을 모색할 수 있었다. 이것이 로버트 케이츠(Robert Kates)가 제4장에서 기술한 인간의 적응이라는 주제이다. 이는 달리 말해 인간과 환경의 공존이 인간의 자연에 대한 정복보다 더 효과적이라는 것을 말해주는 주제이기도 하다. 성공적인 적응을 위해 사람들은 우선 환경을 해로운 것으로 인지하고 위험한 처지에 있는 사람과 장소를 파악함과 함께 그러한 처지에 빠진 사람들이 할 수 있는 적응이 무엇인가를 결정해야 한다. 한 가구나 보다 큰 집단이 환경의 위협 앞에 적응하는 능력은 그들이 갖는 능력과 자원에 대한 접근성에 달려 있다.

인간의 적응이라는 아이디어는 정책을 수립할 때 모든 가능한 적응을 고려해야 하며 개개의 적응방식은 광범위한 사회적 비용과 혜택을 수반한다는 사실을 끊임없이 주장함으로써 지금까지 공공정책에 지대한 영향을 미쳐왔다. 케이츠가 지적했듯이, 인간의 독창력과 적응력에 도전하는 많은 환경재해는 사실 인간 자신이 일으킨 것들이 대부분이다. 제방의 경우와 마찬가지로 때때로 환경재난 그 자체가 인간의 적응전략의 한 부분일 때도 있다. 그렇다면 우리는 지구온난화와 같은 환경변화를 막기 위해 화석연료 소비를 조절해야 하는가, 혹은 우리가 만들어낸 어떠한 환경변화에도 적응할 수 있다는 인간의 적응능력에 기대할 것인가? 이 질문이 바로 보존론자와 적응론자 간의 논쟁점을 지칭하는 것이다.

인간의 적응을 위해 가장 효과적이라고 판명된 지리학적 아이디어는 수분수지의 개념이다. 물의 순환을 이해하고 기후를 분류하기 위해 우리는 장소들의 상대습도를 평가할 수 있어야 한다. 이러한 평가는 장소들간에 (강수를 통한) 수분의 공급과, (증발산을 통한) 수분의 수요를 비교함으로써 이루어진다. 존 마더(John R. Mather)가 제5장에서 기술했듯이, 수분수지 기후학은 어떻게 강수가 증발산량, 지표수와 하천류, 그리고 토지수분 재충전으로 이용되는지를 계량화한다.

수분수지 기후학은 식생으로 덮인 지역에서 발생하는 **실재** 증발산량은 식생에 항상 수분이 공급될 때 증발을 통해 소실되는 수분량인 **잠재** 증발산량과 다르다는 워렌 손스웨이트(Warren Thornthwaite)의 관찰에 기초하고 있다. 그러므로 손스웨이트가 본 것은 수분의 수요가 때로는 강우와 무관하며 물이 얼마나 증발하는가 뿐만 아니라 얼마나 증발할 수 있는가에도 의존한다는 점이다. 아울러 손스웨이트는 잠재적인 증발산은 식생 및 토양유형과 무관하며, 다만 하나의 확실한 기후요소인 가용 태양에너지의 양에만 의존한다고 밝혔다.

마더는 이러한 발견을 통해 세계 각 지역에서 물 부족과 잉여를 계산하는 것이 어떻게 가능하게 되었는지를 기술한다. 인간은 농경을 위해 습지의 물을 이용하거나 저수지를 만들기 위해 강에 댐을 건설하는 등 물의 순환에 끊임없이 개입하여 왔다. 기후변화와 수자원 간의 관계를 이해함에 기초한 기후 수분수지를 통해 우리는 인간의 활동이 수자원에 미치는 영향을 평가할 수 있다. 성공적인 수확, 물 및 토양관리는 이제 수분수지 기후학이라는 사고에 의존하게 되었다.

인간이 환경에 적응하는 방식이 여러 가지가 될 수 있다는 사실은 또한 우리가 환경적인 필연성에 결코 수동적인 희생물이 아니었음을 보여준다. 도시, 대기오염, 삼림파괴 및 사막화에서 분명하듯이 인간에 의한 자연의 변형은 인간의 정주와 함께 존재하여 왔다. 윌리엄 마이어(William Meyer)와 터너 2세(B. L. Turner, II)가 제6장에서 지적하고 있듯이, 인간의 활동은 물론 지구를 변화시키는 유일한 힘은 아니지만 오늘날 주요한 하나의 요인이 되고 있다. 인간에 의한 환경변화라는 아이디어는 인간과 자연과의 관계를 이끌어 왔고 그 결과에 따라 새롭게 수정되어 왔다. 사람들은 지구의 변화를 지구가 손상을 입었다거나 혹은 개선된 것 중 하나로 여길 수 있다.

마이어과 터너는 인간에 의한 지구의 변화, 즉 인간에 의한 자연의 정복은 인간의 진보와 동일시되어야 한다는 일반적인 생각으로부터 우리들을 벗어나게 만든 조지 퍼킨슨 마시의 역할을 기술한다. 그들은 우리가 인간에 의한 자연변화를 진보의 표현으로 여기는 데서 이제는 인류퇴보의 증거로까지 생각을 전환하게 되었다고 말한다. 마시가 강조했듯이, 이러한 사고의 전환은 대개 인간에 의한 영향은 종종 기대하지 못했던 것이고 때로는 자연변화의 기원지에서 멀리 떨어진 곳에서조차 그 영향이 확인된다는 사실을 우리가 점차 인식하기 시작한 때문인 것 같다. 우리는 이제 예상하지 못했거나 통제되지 않은 그러한 영향들이 계획에 의해 수행된 것들만큼 중요하다는 것을 알고 있다. 사실은 오늘날 대부분의 환경변화는 계획되거나 의도된 것들이 아니다. 인간의 적응이라는 지리적인 아이디어보다 논쟁의 여지가 훨씬 큰 인간에 의한 환경변화는, 전자가 환경정책을 좌지우지하듯이 환경정치역학에 깊이 스며들어 있다. 마이더와 터너는 모든 인간에 의한 자연변화의 포기를 주장하지는 않는다. 다만 보다 나은 문제의 해결책을 모색하기 위해 우리들은 그 행동의 결과를 더 잘 예측할 필요가 있다는 점을 그들은 지적한다. 사람들이 환경을 변화시키고 또 거기에 적응하는 무수한 방식에 의해 인간의 보금자리인 지구를 헤아릴 수 없는 다양한 모습으로 만들었으며, 상호의존성이라는 복잡한 관계는 그러한 세계를 하나로 묶어놓고 있다.

## 상호 연결된 모자이크로서 세계

전편의 사고들이 인간과 자연환경 간의 관계에 초점을 둔 반면, 여기에 해당하는 지리학적 아이디어들은 공간에 걸친 인간의 상호작용과 관련되어 있다. 이에 해당하는 세 가지 지리학적 아이디어(기능지역, 중심지이론, 메갈로폴리스)의 중심에는 이질적이고 종종 서로 떨어진 장소들간의 상호작용의 본질과 토대가 있다.

역사학자가 시간 속의 사건들을 구분하기 위해 시대를 이용하듯이, 지리학자들은 오래 전부터 공간 속의 사건들을 집단화하려고 지역이라는 개념을 창안하였다. 시대와 지역 둘 다 질서를 부여하고, 패턴을 찾으며 이해를 위한 범주화를 시도하는 수단이다. 우리는 모두 공유되는 어떤 특징들이나 공통적인 것들에 기초해서 장소들을 집단화하는 지역이라는 개념에 익숙하다. 옥수수농업과 관련된 특징들을 가진 지역들로 이루어진 미국의 옥수수지대가 그 좋은 예다. 그러나 기능지역이라는 개념은 매우 다르다. 왜냐하면 그 지역은 공통점에서가 아니라 지역간의 인간이나 제도에 의해 발전된 관련성에 기초하여 정의되기 때문이다. 즉 그 지역은 이러한 관련성 때문에 한 단위로 기능하는 것이다.

에드워드 테이프가 제7장에서 논의했듯이, 기능지역이라는 개념의 중심에 있는 관련성은 지역의 전문화와 지역간 상호의존성을 반영하며 또한 그것들을 만들어내기도 한다. 이 아이디어의 주요 시사점은 장소들간의 공통점이 아니라 이질성이 오히려 더 강력한 연결성을 만들어낸다는 사실이다. 마치 한 지역이 망고를 생산하고 또 다른 지역이 렌즈콩을 생산하는 경우처럼 그렇다. 지역간 연결성이 점차 강해짐에 따라 전문화와 함께 상호의존성도 증가하게 된다. 테이프는 또한 교외지역의 고소득층 지역과 같은 유사성에 기초한 지역들과 전체 대도시지역과 같이 이질성과 상호의존성에 기초한 지역들간의 긴장관계를 지적한다. 그는 유사성에 기초한 지역이 보다 넓은 기능적인 연결망에서 분리될 수 있다고 생각하는 것은 매우 어리석은 것이라는 점도 우리에게 일깨워준다. 다만 그러한 환상은 발칸 및 여타지역에 있어 분리주의적 경향을 유발하는 듯하다.

기능지역이란 아이디어에 내재한 본질적인 측면은 계층이라는 인식이다. 즉, 대체로 어떤 큰 장소는 작은 장소를 지배하게 된다. 예를 들면 뉴욕이나 로스앤젤레스는 미국이나 세계를 하나의 기능지역으로 묶는 중요하고도 지배적인 상업 및 금융의 결절지에 해당한다. 보다 작은 규모인 인디애나폴리스와 워체스터는 보다 작은 기능지역들의 중심지로 기능한다. 이러한 기능지역이라는 아이디어는 또한 보다 소수의 거대한 중심지에 경제적, 정치적 권력을 집중시키려는 것에 의문을 제기하게 된다.

테이프는 연결성에 초점을 두고서, 상호의존성의 기초로서 지역간 차이로 관심을 바꾸고 아울러 유사성을 지리적인 근접성이나 공통성이 아닌 연결성으로 정의함으로써 기능지역이라는 아이디어가 세계를 어떻게 바꾸어왔는지에 대해 기술한다. 이러한 아이디어를 통해 우리들은 거리가 절대적인 것이 아니라 상대적이라는 것, 즉 거리는 그것이 얼마나 쉽게 극복될 수 있는가에 따라 상대적이라는 사실을 깨닫게 되었다. 더욱이 기능지역은 지리학의 관심사를 지역의 특이성 규명에서 다른 지역에게도 적용될 수 있는 보편성을 추구하는 것으로 변화시켰다.

기능지역의 직접적인 발전으로는 입지, 규모, 경제적 특성, 중심지의 공간배열과 관련된 중심지이론이 있다. 중심지이론은 소비자나 고객 및 환자와 시장, 병·의원들간의 연결성에 초점을 둔다. 시설물의 규모, 시장지역의 크기 및 거리극복의 용이성 그리고 비슷한 크기의 시설물과의 거리 등 모두가 서로 관련되어 있다. 제8장에서 엘리자베스 번즈(Elizabeth Burns)는 1930년대 독일지리학자 발터 크리스탈러(Walter Christaller)와 아우구스트 뢰쉬(August Lösch)가 중심지이론으로 형식화한 사고의 기원과 발전을 기술한다.

번즈는 이러한 아이디어가 도시의 디자인과 발달에 특히 많은 실용적인 결과를 가져왔다고 언급한다. 네덜란드가 새 간척지에 총체적으로 새로운 취락체계를 계획하려 할 때, 그들은 중심지이론에 의존하였다. 이 이론은 또한 기존 취락체계의 문제점을 해결하는 데도 도움이 된다. 어디에 새로운 소방서를 입지시킬 것인가? 어떤 병원이 통합 혹은 폐쇄되어야 할 것인가? 이러한 문제의 해결을 위해 도시계획가는 중심지이론의 배후에 있는 이론을 동원하는 것이다.

30년 훨씬 이전에 프랑스 지리학자 장 고뜨망(Jean Gottmann)에 의해 인식되어 이름붙여진 메갈로폴리스는 기능지역의 한 형태이다. 패트리시아 고버(Patricia Gober)가 제9장에 개관했듯이, 고뜨망은 미국 동북부 도시들을 하나의 기능지역으로 결합시키고 있는 아이디어, 인간, 금융 그리고 재화들의 교환 속에서 새로운 도시성장형태를 발견하였다. 이런 어마어마한 도시취락에서 고뜨망은 도시와 농촌의 경계가 희미해지는 것을 목격하였다. 새로운 도시화의 한 유형으로서 메갈로폴리스는 메트로폴리스를 단순히 규모 면에서 능가할 뿐만 아니라 상이한 경제적 기반, 즉 제조업이 아닌 정보에 기초한 서비스경제에 기초하여 나타난다.

이 지리학적 아이디어의 핵심은 그러한 새로운 도시화 현상에 대해 주의를 환기시키면서 그에 대해 정의 및 명명하는 데 있을 뿐만 아니라 그러한 도시화 형태와 그에 대한 새로운 원인 사이의 관계를 보는 데에도 놓여 있다. 도시화에 대한 '기존'의 관점은 그것이 산업화와 깊게 관련되어 있고, 제조업은 곧 도시성장의 엔진이기에 사회적 부는 제조업과 그에 필요한 천연자원에 근거한다고 여겼다. 고뜨망의 도시성장에 대한 통찰력은 재화의 생산이 아니라 서비스도 성장의 엔진과 부의 근원이 될 수 있다고 본 점이다. 인적자원과 더불어 사람과 장소들 사이의 연결성과 상호의존성들이 가장 중요한 것들로 나타난다. 고뜨망은 미국 북동부의 최초의 메갈로폴리스를 특히 국내경제와 국제경제를 잇는 중심점으로 여겼다. 이 메갈로폴리스 개념은 도시분석의 용어들을 새로이 정의하게 되었다.

# 종결부: 장소감

상호 연결된 모자이크, 인간정주공간으로서 지구, 세계에 대한 지리학적 인식틀 등은 함께 결합되어 지리학자들이 즐겨 부르는 장소감이된다. 어떤 특정한 맥락과 지리적인 정주공간에 우리들을 자리매김함으로써 장소감은 우리를 세계에 뿌리내리게 한다. 그러나 잘 발달된장소감, 즉 한 장소에서 살아감으로써 공유하게 된 상징, 경험, 의미를통해서 형성되는 정체성은 아이러니로 가득 차 있다. 왜냐하면 그것은우리를 한 지방에 연결시키면서 동시에 우리가 보다 넓은 세계로도 연결되는 기초를 제공하기 때문이다. 이 점에서 보면 마치 우리들은 세계와 연결되기 전에 먼저 우리가 어디에 존재하는지를 알아야만 하는듯하다. 허나 아이러니컬하게도 장소감은 우리를 한 장소에 천착시킴으로써 다른 장소와 사람에게서 우리를 분리시킬 수도 있다. 국지적으로 강조된 장소감이 이방인에 대한 적대감을 증대시킬 때 우리는 이점을 확인할 수 있다.

이러한 아이러니들은 장소감이 의미하는 모든 사실들에 기인한다.마지막 장에서 에드워드 렐프(Edward Relph)는 어떻게 장소감이 '선천적인 능력'(innate facility)일 뿐만 아니라 '후천적인 비판적 환경인식능력' ─특수성에서 보편성을 볼 수 있는 능력을 연마하게 하는 기술─이 될 수 있는지를 설명한다. 모든 장소는 특수성과 보편성의 결합이다. 예를 들어 렐프는 러스킨의 19세기 영국 산업도시의 묘사를 제공하였다. 우리는 또한 기술혁신이라는 보편적인 과정이 각각 다른 장소들에서 어떻게 다양하게 나타나는 것을 보여주기 위해 메사추세츠나캘리포니아의 첨단기술단지에 초점을 둘 수 있다(Saxenian, 1994 참조).잘 발달된 장소감을 지닌 사람은 장소들간에 공유되는 특성과 한 장소의 특이성을 만들어내는 보편적인 과정을 잘 파악한다. 아울러 그러한 사람들은 또한 보편성과 특수성이 연결되는 장소들의 결합을 만들어 내는데 장소들간의 연결성 혹은 비연결성이 수행하는 역할도 잘 파악한다.

렐프는 지리학 교육이 이러한 건전한 장소감을 적어도 두 가지 측면에서 증진시킨다고 지적한다. 첫째, 지리학자들은 학생들을 현장으로 데려가서 그 장소를 이해하는 방법을 가르친다. 신중한 관찰을 통해 학생들은 경관의 제 요소들-노동계층 및 중산층 주택, 공장, 유독성 폐기물 집합장, 하수도 및 수원처리시설, 낡은 여성대피소, 사무실 및 야채 재배장들-간의 관련성을 보는 법을 배운다. 둘째, 지리학은 학생들에게 많은 다른 장소들의 특성에 대해 교육한다. 사람들이 장소들간에 무엇이 공통적인지 또한 장소들은 왜 서로 다른지를 이해하는 데 도움을 줌으로써, 지리학은 그들이 장소간의 다양성을 받아들일 수 있도록 만든다.

따라서 지리학은 '후천적인 비판적 환경인식'으로서 장소감을 육성한다. 이런 면에서 장소감은 이 책의 다른 아이디어들처럼 세계를 변화시킨 지리학적 아이디어라기보다는 세상의 변화를 가까이하고 이해하는 것을 뒷받침하는 기술이라고 할 수 있다. 세계화 시대에 어째서 지방에 기초한 정체성이 번성하고 그 지방에 속하지 않는 사람들을 거부하고 배제하려는 운동이 그리도 자주 발생하는가? 또한 어째서 장소감이 삶의 대부분을 비행기로 세계를 떠돌며 객지에서 머무는 극소수 특권층의 결심을 읽어내는가?

장소감이 변화를 알려주는 방식에 대한 이해를 구축하면서 렐프는 세 가지-전근대, 근대, 탈근대-시대를 강조하였다. 여행이 어렵고 비용이 많이 들어 장소간 연결이 지금과 달리 미약했던 전근대 시대의 경우, 장소감은 제한된 한 장소에 뿌리를 두고 있었다. 장소간 다양성은 컸지만 서로에 대한 지식은 적었다. 근대성은 한편 전세계 도시경관을 지배하게 된 보편적이며 비장식적인 독일의 바우하우스건축에서 정형화되었다고 렐프는 주장한다. 장소는 이제 무의미한 것이 되어버렸다. 경제활동의 세계화와 그에 의해 만들어진 장소간의 강한 연결성은 특히 장소간의 구별성을 지워버렸다. 보편성으로서 지배하는 동질성은 특이성에 대한 우위를 공고히 하였다. 렐프에 따르면 라스베이거스로 대표되는 탈근대성의 시대에는 새로운 장소들이 자신들의 원래의 위치에서 이탈된 여러 파편적인 장소들로 이루어진 집합체로 만들어진다. 이러한 장소들은 극적인 효과를 주목적으로 하는 일종의 모방품으로 새로이 구성되어 나타난 것들이다. 이러한 탈근대적인 경관에 대한 장소감을 갖기 위해서는 장소감 자체에 대한 뛰어난 이해가 요구된다. 그러한 이해는 우리로 하여금 "다양성과 함께 더불어 살아가고 여러 문화와 장소에서 특징적이며 또한 공유되는 것을 올바르게 인식할 수 있게 한다"고 렐프는 결론짓는다.

이런 열 가지 위대한 지리학적 아이디어들을 관통하는 주제는 상호관계, 연결성, 결합 및 상호의존성, 즉 장소에서, 인간과 자연환경 간에, 그리고 장소들간의 연결성과 관련되어 있다. 이러한 연결성은 지방에서부터 전지구적 차원까지 다양한 규모로 이루어진다. 아이러니컬하게도 그것은 한편으로는 렐프의 근대주의 건축의 예처럼 장소간의 이질성을 없애고 동질화시키기도 하며, 다른 한편으로는 장소간의 특화와 상호보완성을 강화시키는 장소간 연결성에 대한 테이프의 예처럼 장소간 이질화를 만들어내기도 한다. 한 장소 내에서 확립된 연결성은 또한 공유되는 경험과 소속감에 대한 이해를 증진시키기도 하지만 다른 장소와 문화에 대한 무지와 적대감을 키울 수도 있다. 이렇게 장소는 연결도 되지만 나누어지기도 한다.

그러나 그러한 장소의 분열성은 고립성에 기초하여 현실에 기초한 상호의존성을 부인하고자 하는 생각에만 존재하는 것이다. 장소간 연결성은 언제나 존재하며 경계는 항상 통과가 가능하다. 시인이자 수필가인 캐슬린 노리스(Kathleen Norris, 1993)는 그녀의 걸작 『다코타: 정신지리학』(Dakota: A Spiritual Geography)에서, 우리가 그러한 연결성을 무시하기 때문에 변화의 과정을 인식하지 못하고 또한 그 변화에 대응하는 데 무기력하게 되었다는 점을 환기시켜 준다. 다코타주 농업경제의 쇠퇴를 보면서 노리스는 그 평원 주민들의 자기만족적이며 파괴적인 고립성을 언급한다. "낙원은 결코 자족적이지 않았지만, 자족적이라고 여기는 태도와 믿음이 바로 그 낙원이 사라지게 만든 원인 중 일부분이다"(47쪽). 그녀는 사우스다코타주 한 작은 마을의 주민을 변화를 꺼리는 사람들로 묘사하면서 그러한 변화에 대한 저항이 "TV라는 왜곡된 창을 제외하고는" 외부와 연결되기를 거부하고 외지인에 대한 불신과 적대감을 가지며 자신들의 고립을 애써 미화하는 데까지 나아갔다고 보고 있다(50쪽). 또한 연결성을 회피하면서 마을 사람들은 "변화할 수 있는 능력을 저버렸고" 그와 함께 "희망을 가질 수 있는 여지조차 줄어들게 만들었다"고 그녀는 지켜보고 있다(64쪽). 이 책에서 기술된 열 가지 지리학 아이디어는 우리들의 상호의존성을 강조함으로써 세계를 변화시켜 왔으며, 그를 통해 우리들의 지적 유연성과 변화능력을 높여왔다.

## 참고문헌

Norris, K. 1993, *Dakota: A Spiritual Geography*, New York: Ticknor and Fields.

Saxienian, A. 1994, *Regional Advantage: Culture and Competition in Silicon Valley and Route 128*, Cambridge: Harvard University Press.

Winters, H. 1992, "Geography and Civil War – The Eastern Theater and

Gettysburg," In *The Capital Region: Day Trips in Maryland, Virginia, Pennsylvania, and Washington, D.C.*, Anthony R. DeSouza(ed.), 137~ 177, New Brunswick, N.J.: Rutgers University Press.

제1부

# 세계를 바라보는 틀

# 1
## 지도에 관한 아이디어

앤 굿류스카

지난 수천 년간 지리학자들에 의해 연구개발되어온 지식 중에서 지도(地圖)는 문명사회의 중심이 되어왔다. 왕족이나 성직자와 같은 특권층의 전유물이었던 지도가 이제는 잡지 구독자, 기상관측자, 상점 이용자, 박물관 이용자, 그리고 복잡한 도시에 사는 시민 등 모든 사람들이 사용하는 일상적인 도구가 되었다. 이제 지도는 더 이상 지리학자만의 점유물이 아니다. 언론인, 과학자, 그래픽 예술가 등 다양한 사람들이 지도를 만들고 있으며, 특히 컴퓨터 지도화 프로그램의 발달로 누구나 지도를 만들 수 있게 되었다. 천문학자들이 우주를 그리려고 하고, 유전학자들이 유전자 지도를 그리려고 하듯이, 지도는 권력과 통제를 영상으로 표현하는 가장 보편적인 방법이 되었다. 지도는 또한 광고나 식탁매트, 우편엽서에 이르기까지 '보기만 해도 즐겁도록' 사람의 마음을 사로잡고 있다. 지난 200년 간 지도는 그 지위의 부침(浮沈)이 심했다. 지도는 지리학자들이 발명한 것 중 가장 성공한 작품이라 할 수 있다.

모든 지도가 다 똑같이 만들어지는 것은 아니다. 예를 들면 식탁매트용 지도와 지형도는 완전히 다른 사회적 기능을 하고 있다. 이것은 지도 본연의 특성뿐만 아니라, 지도의 제작과 이용 목적의 차이 때문이다. 실제로 지도의 내용에 관심을 갖고 지도를 주의 깊게 파악하면, 자신이 살고 있는 사회에 대한 많은 양의 정보를 알 수 있다. 그러나 전기를 사용하는 대부분의 사람들이 전기의 원리에 대하여 잘 알지 못하듯이, 현대의 대부분의 지도 이용자들 혹은 지도 제작자들은 지도의 역사를 잘 모르고 있으며, 지도가 표현하고자 하는 미묘한 부분을 이해하지 못하고 있다. 지도의 역사는 인류의 역사에서 잘 나타나고 있다. 지도는 대륙의 역사에서 지구의 역사에 이르기까지 인류의 위대한 발견의 중심에 있어 왔다. 또한 지도는 인류가 사람, 자연, 그리고 심지어 역사까지 통제하고 점령하려고 했던 욕구의 증거물이기도 하다.

## 지도—위대한 지식

지도는 가장 오래되었으며, 아마도 가장 강력하고 지속적인 지리학적 지식 중의 하나일 것이다. 지도는 공간적 관계 속에서 가장 특징적으로 나타나는 사실이나 개념을 설명한다. 지도를 예술작품처럼 미적으로 보기도 하지만, 지도를 보는 관점은 엄밀한 의미에서 예술과는 구별된다. 예술작품에서는 각 요소들이 전체적인 효과에 기여하고, 이러한 전체 조화는 관객에게 다가온다. 물론 지도 역시 이러한 관점에서 볼 수는 있다. 지금까지 우리는 세계지도, 지적도(地籍圖), 행정구역도, 동네지도, 그리고 회화적인 지도들을 보아왔다. 실제로 많은 고지도(古地圖)들은 표현을 목적으로 하기보다는 회화적 아름다움을 강조해왔다. 또한 데이비드 호크니(David Hockney)가 시도한 것처럼, 기호

의 일부와 심지어 지도의 구조를 모방하여 예술작품을 만드는 것도 가능하다.[1]

대부분의 지도 사용자, 특히 현대의 지도를 읽는 사람들에게 지도의 메시지는 전체적인 효과를 전달하는 것이 아니다. 지도는 기하학적인 틀 안에서 기호들의 복잡한 배열과 기호들간의 상대적인 위치 관계로 표현된다. 지도를 사용하는 대부분의 사람들은 지도가 표현하고자 하는 바를 제대로 보지 못한다. 이러한 측면에서 지도는 지도제작자와 사용자 간의 합의하에 탄생되었다고 할 수 있다. 지도 이용자들은 지도 제작자가 정한 원칙을 충실히 준수해야 표현된 지역을 이해할 수 있다. 이러한 이해가 지도 사용자의 시각을 형성하고 방향을 제시한다.

그러나 오늘날에는 과거 어느 때보다도 예술과 지도학과의 차이가 확실하게 나타나고 있다. 과거에는 분석과 표현을 하는 데 지도를 사용하였을 뿐만 아니라 지도를 통하여 상상력을 표현하기도 했다. 결국 선사시대 사회에 대한 구체적인 지식이 없거나, 지도 사용자나 지도 제작자에 대한 올바른 이해 없이는, 선사시대의 지도를 뚜렷이 파악하고 해석할 수 없다. 아직도 역사학자들은 선사시대의 지도를 정밀하게 파악하기 위한 노력을 계속하고 있다. 왜냐하면 지도에서 하나의 형태로 표현되지 않는 시간이나 문화를 상상하는 것은 어려운 일이기 때문이다. 지도학은 예술과는 동떨어진 개념이지만, 그럼에도 불구하고 지도를 제작한다는 것은 예술적인 기술과 판단을 요구하는 창의적인 작업이다. 여기에 수학적 능력과 분석능력과 같은 특별한 작업이 덧붙여진다.

현재, 그리고 미래의 지도는 다양한 형태를 지니기 때문에, 일반화

---

1) David Hockney, 1980, *Mulholland Drive: The Road to the Studio*, 캔버스에 아크릴로 그린 지도(규격: 86×243 인치) 참조.

는 중요한 문제로 다루어진다. 개념도(槪念圖, conceptual map) 또는 심
상도(心象圖, mental map)2)는 일반지도와는 다르게 실물을 표현한다.
심상도는 일상적인 생활에서 개개인의 생활공간을 그린 것이다. 이와
는 반대로, 종이에 인쇄된 지도의 기능은 의사소통과 정보교환이 주를
이루고 있다. 개인의 경험이나 필요성, 감정 등으로 표현된 심상도는
형태 면에서 현대의 지도와는 큰 차이를 보이고 있다. 어떻게 공간을
개념화할 것인가, 즉 어떻게 심상도를 만들 것인가의 문제는 막연하게
이해되고 있을 뿐, 이에 대한 체계적인 연구는 잘 이루어지지 않고 있
다. 그러나 케빈 린치(Kebin Lynch, 1964)와 피터 굴드(Peter Gould,
1974)의 연구 이후, 심리학적 공간지각과 심상도에 대한 연구가 속속
들이 나오고 있으며(McGuinness, 1992), 최근에는 인공지능 연구와 기
독교 사상에 대한 저서가 뒤를 잇고 있다(Jacob, 1992). 그러나 활동적
인 성인과 어린이들은 모두 매일 어지러울 정도로 많은 심상도를 만들
고 있으며, 이는 평생동안 계속될 것이다(Castner, 1990; Wood, 1992).

  자연을 표현하는 지도는 다양한 형태와 기능을 갖고 있다. 이는 3차
원 모형이 될 수도 있고, 그냥 일반적인 지도로 남을 수도 있다. 그리
고 우주의 구조와 본질에 대한 설명과 같이 추상적일 수도 있다. 길을
찾을 수 있는 도구는 종이, 모래, 나무껍질, 파피루스(papyrus)3), 동물
가죽, 허공, 눈, 시멘트 위의 기름 등 어떠한 매체를 이용해서도 만들
어질 수 있다. 지도는 실생활에서 지각하고 있는 세계나 상상의 세계
를 표현하기도 한다. 대부분의 지도는 생활을 위해 만들어지지만, 때
로는 이러한 지도가 죽은 후의 세계를 표현하여 장차 나아갈 길을 제

---

2) 개인의 생활에서 느끼는 거리를 표현하는 개념이다. 실제거리와 심리적으로 느끼는
   거리는 다를 수가 있다. 예를 들어 처음 가보는 곳은 실제거리보다 멀게 느껴지는
   경우가 종종 있다. 반면 자주 가는 곳은 실제거리는 멀어도 가까운 것처럼 느껴진
   다.
3) 고대 이집트, 그리스, 로마 시대에 종이 대신에 글과 그림을 그리는 데 사용되었던
   물질.

시하기도 한다. 이러한 지도는 지형도와 같이 모든 사람들에게 모든 것을 전달하도록 백과사전식으로 구성된다. 지도는 동시에 허점도 많고, 혼란스럽고 어지러울 수도 있다. 실제로 우리가 광고에서 지도를 볼 때, 지도는 단순히 상징적인 의미만을 전달하거나 이데올로기적인 기능만을 하는 경우가 있다.

지도는 일상 생활에서 복잡한 계획을 세울 때, 가치 있고 필수적인 도구가 될 수 있다. 예를 들면 항공로나 정보통신 시스템, 전쟁이나 사냥, 사람들간의 협력이 필요한 모든 경우에서 지도는 중요한 역할을 한다. 질병의 경로, 동·식물의 분포, 암석의 구조, 행성과 태양계의 변화, 두뇌와 신경의 구조 등을 조사하고 개념화하는 과정에서도 지도를 활용한다(Hall, 1992). 지도는 그밖에 과학적인 문제를 해결하기 위하여 필수적으로 사용되는 도구이다. 결론적으로 지도는 다른 물체들간의 운동과 활동을 규정하고 방향을 잡으며 조절하고 제한할 수 있는 기본적인 도구로 널리 이용되기 때문에, 시민사회와 종교활동에 있어 핵심적인 역할을 하여 왔다(Godlewska, 1994; 1995). 지도를 통하여 사회적인 상황을 이해할 수 있도록 지도의 의미를 명확히 밝히는 것이 우리에게는 매우 중요하다. 지도학의 역사를 연구하는 학자들은 주로 이러한 의미를 밝히고자 한다(Harley, 1989; Wood, 1992).

## 지도의 기원

이 책에서 다루는 지리학 아이디어 가운데서, 그 기원을 구분하기 가장 어려운 것 중의 하나가 바로 지도이다. 우리는 지도가 문자나 수학보다는 먼저 출현하였고 음악이나 무용보다는 나중에 출현하였다는 사실을, 인간의 지각발달에 대한 지식이 없고 고고학적 증거나 역사언어학과 기호학에 대한 지식이 없더라도 잘 알고 있다. 또한 지도는 몸 짓을 이용한 의사소통 발달단계의 연결고리를 이루고 있다(McNeil, 1992; Raffler-Engel et al., 1991; Wind et al., 1989). 언어의 기원에 대 하여 연구한 몇몇 학자들은 지도가 현생인류인 호모 사피엔스(Homo sapiens)보다 먼저 출현하였으며, 현생 인류의 두뇌의 형성시기보다 앞 선다고 주장하고 있다(Hewes, 1977; Kendon, 1975). 문맹의 사람들, 특 히 북서 오스트레일리아의 왈비리(Walbiri) 족의 기호언어 및 모래 그 림들이나 북미 대평원 인디언의 기호언어를 유추해 보면, 몸짓, 기호, 그림문자, 지도, 회화의 요소들이 결합된 것임을 알 수 있다(Meggitt, 1954; Munn, 1966; Kendon, 1981). 아직도 많은 사람들은 아동심리학 자 피아제(Piaget)의 아이디어를 이용하여, 유아기와 어린 시절의 공간 인지능력을 분석하고 초기 인간의 인지능력을 파악하려는 연구를 하 고 있다(Malcolm Lewis in Harley and Woodward, 1987). 어떤 사람들은 이러한 논의들을 모두 무시한 채 인간이 지도를 만드는 능력, 즉 공간 인지 능력은 선천적인 것이라고 주장한다. 인간만이 지도를 만들 수 있으며, 복잡한 사회와 문화계층을 가진 인간만이 특정한 사회구조를 보다 강력히 지배하기 위하여 지도를 사용하고 있다. 따라서 지도는 사회·문화적 구조의 일부라 할 수 있다(Turnbull, 1989; Rundstorm, 1990). 데니스 우드(Danis Wood, 1992)는 지도에 대하여 이와는 상반 된 입장을 취하고 있다. 그는 사회를 특징짓는 복잡한 계층구조에 대 한 이해가 없으면, 지도 안에 존재하는 사회를 설명할 수 없다고 주장 한다. 이러한 주장은, 사회에서 나타나는 사회관계의 한 종류로 지도 를 정의한 것이기 때문에, 현대의 지형도와 40,000년 전의 지도벽화는 아무 관련이 없는 것이 되고, 르네상스 시대 이전의 지도는 오늘날의 사상이나 기술, 과학 등의 관점에서 보았을 때 지도라고 할 수 없는 것이 된다. 우드의 주장은 논리적이면서 동시에 반역사적이라고 할 수 있는데, 그 이유는 지도란 아주 오래 전부터 지도의 형태로 묘사된 작품을 모두 포함하는 것이기 때문이다. 최소한 40,000년 전부터 지도는 발달해 왔다. 아마도 이 시기가 인간이 지도를 최초로 인지하기 시작하면서 지도와 함께 한 시기일 것이다.

지도는 말, 몸짓, 연상기호,[4] 무용보다 더 많은 장점을 가지고 있다. 말은 인간 사회에서 매우 중요하지만, 글과 마찬가지로 선형적이다. 한 단어는 다음 단어 뒤에 놓인다. 그러나 인간의 생각은 이와 같이 전후가 분명한 선형관계로 구성되지 않을 수도 있다. 이러할 경우 선형으로 표현되는 말과 글을 가지고는 그 의미를 잘 전달할 수 없는 경우가 있다. 독자의 주위에 있는 도시공원의 배치를 설명하고, 여러 계층의 사람들에게 도시공원의 용도를 설명해 보자. 어느새 여러분은 말과 함께 몸짓을 하고 있을 것이다. 지도는 몸짓보다 더욱 발달된 형태이다. 공원의 이용에 대한 설명이 복잡하다면, 손에 있는 아무 도구를 이용하여 지도를 그리고 있을 것이다. 지도는 선사시대의 바위예술과 같은 연상기호가 발달한 한 형태이다. 이러한 연상기호의 대표적인 예가 나선형이다. 선사시대 사람들은 어떠한 행사를 기념하기 위하여 나선형을 사용한 것으로 보인다. 나선형은 어떠한 사건을 묘사하는 데 사용될 수 없기 때문에, 보다 복잡한 상징체계를 발달시키기 위해서는 단순한 조형물처럼 정적인 표현보다는 상세하게 묘사하는 형태로 표현방법을 바꾸어야만 했다. 민담(民談, folk tale)과 문맹인에 대한 연구 분석 결과, 무용은 초기에 공간적 관계를 표현하고 공간차원에서 사건을 설명하는 데 사용되었다는 것이 밝혀졌다. 무용의 사상은 낙천적이지만, 어떠한 사상을 표현하기 위해서만 무용을 한다면 이는 불편하고 피곤한 일일 것이다.

---

4) [원주] 연상기호란 어떠한 사건을 아주 쉽게 기억하거나 전달하기 위하여 단순화한 기호이다.

따라서 지도는 처음 이용될 때부터 사상의 혁명을 가져왔으며, 그 이용은 표현과학의 시작과 함께 하였다. 지도는 비선형적인 공간관계를 표현하고, 재사용을 위하여 공간관계에 대한 데이터를 저장하며, 후세를 위한 징표로 사용될 수 있다. 지도는 공간적으로 명확한 표현이 가능하고, 이러한 공간관계를 단순한 표현으로 전달할 수 있다. 지도는 계속적으로 발달하여 오늘날에도 현대의 지도라는 형태로 우리 곁에 남아 있다. 특별한 설명이 없어도 공간관계를 표현할 수 있도록 고안되었고, 임의적인 연상 기호들(나무를 표현하기 위한 그림기호나 경작지를 표현하기 위한 선이나 사각형과 같은 관습적인 기호들, 그리고 거주지를 표현하기 위한 점과 같은 일반적인 기호들)로 구성되었다는 사실 자체가 지도를 통한 의사소통이 오랜 역사를 거쳐 내려온 산물이라는 것을 나타내준다.

## 지도와 지리학

지리학사를 연구하는 사람들은 일반적으로 고대 그리스나 고대 이집트를 지리학의 뿌리로 해석하고 있다. 두 지역 모두 당시 사회에서 지리학이라고 인정한 것이 바로 지도였다. 우리는 스트라보(Strabo)와 헤로도투스(Herodotus)의 작품을 통해 아낙시만더(Anaximander), 아리스타고라스(Aristagoras)의 지도와 카르타고 사람인 하노(Hano)의 항해술, 그리고 히파르쿠스(Hipparchus)와 에라토스테네스(Eratosthenes) 등의 사상을 알 수 있다. 그 당시의 작가들에 의해 논의된 지도들이 그 후 오랫동안 사라진 반면, 프톨레미 지도집(Ptolemaic atlas)은 오랜 세월 동안 모사되고 전파되면서 고대 유산에 대한 지식을 후손에게 확대시킬 수 있었다. 고대 이집트에 대해 알 수 있는 것은 홍수 이후의 토지 측량, 에메랄드(Emerald) 광산지역의 지도, 사후 세계의 지도, 그리고 천체지도 등이다. 알렉산드리아(Alexandria) 제국 이전의 고대 이집트에서는 매우 다른 세계를 지도로 그리고 있었다. 특히 고대 그리스 지도학과 확연히 다른 점은 스트라보와 헤로도투스 시대 동안에 변화한 사상을 반영하기 위한 지도와 관련한 노력이나 기술, 지식이 부족했다는 점이다(Jacob, 1991). 장소에 대한 지식을 필요로 하는 현대 지도의 노력들을 고대 그리스 지리학에서도 찾아볼 수 있다. 호머나 아가타르시드(Agatharchide)는 신화적인 역사여행을 하는 과정에서 상상의 세계를 지도로 표현하였다.

18세기 말엽까지도 지리학은 지도학과 같은 의미로 쓰였다. 실제로 지리학자와 지도학자를 따로 구분할 만한 명칭이 당시에는 없었기 때문에, 지리학자와 구분되는 '지도학자'(cartographer)라는 단어가 존재하지 않았다. 지도는 단지 지리학자가 지구를 묘사할 때 동원되는 효과적인 수단으로만 이용되었다. 프랑스에서는 '왕립지리학자'(geographies du roi)가 된 사람들만이 지도를 제작할 수 있었다. 또한 지도 제작자와 측지학자(測地學者), 천문지리학자들은 대중적 인기를 누리는 사람들이나 교육자라기보다는 과학자로 대접받았다. 18세기 말까지도 지리학자는 위치를 그림과 언어로 표현하고 결정하는 일에 주로 간여했다.

18세기 동안에 수학, 천문학, 측지학, 야외 지도학 등의 발달로 말미암아 중축척이나 소축척 지도에서 위치를 결정하고 지도를 제작하는 과정이 과학적 문제로 다루어졌다. 즉 위치를 결정하는 문제는 기술적으로 해결되는 문제라고 인식한 것이다. 지구를 묘사하고 표현하기 위하여 지리학이라는 하나의 분야가 세 가지 새로운 분야로 나누어졌다. 첫째는 측지학(測地學, geodesy)이다. 이 분야는 과학의 명칭을 유지하면서 대축척에서 위치를 결정하는 중요한 문제에 초점을 두고 있다. 둘째는 지도학이다. 이 분야는 위치를 결정하는 데 관계되는 기술을 주요 관심사로 하고 있고, 여러 가지 그림으로 표현할 수 있는 요소를 강하게 견지하고 있다. 셋째는 원래 의미의 지리학이다. 이 분야는 원래의 이름을 유지하지만 글로 표현된 것을 지칭하며, 지구상의 지표면 위에 있는 모든 것과 그 위의 점이지대를 연구영역에 포함하고 있다. 따라서 핵심적인 문제를 풀기 위해 지리학 분야는 새로운 형태를 가지게 되었고, 새로운 연구대상을 찾기 시작했다. 지리학에서 고대 이후 다루어졌던 지도학은 이제 시대에 뒤떨어진 것으로 인식되었고, 심지어 19세기의 지리학자들은 지도학을 비학술적인 것으로 여기게 되었다(Godlewska, 1989).

그 이후의 시대에는 새로운 핵심이론에 대한 의문들이 나타나기 시작하였다. 즉, 지금까지 수행하지 못했던 문제들에 관심을 갖기 시작했다. 지리학을 다른 과학의 입문(入門)으로 정의하는 학자도 있었으며, 지리학의 본질적인 기능을 찾는 학자도 있었다. 또한 지리 조사방법에 치중하는 학자도 있었다. 지리학과 교육학, 지리학과 민속학, 지리학과 식민지론, 지리학과 토지행정, 지리학과 식물학, 지리학과 지구과학 등과 같이 다른 학문과 연결하려는 움직임도 뚜렷이 나타나고 있었다. 이런 분야들은 너무나도 포괄적이었기 때문에, 당시의 지리학이 나아갈 잠재적인 방향은 수도 없이 많았다고 할 수 있다.

그러나 19세기 이후 진행된 대부분의 연구에서는 지형도를 이용하였고, 인간과 자연과의 공간적인 관계를 지도화할 수 있는 방법을 모색하였다. 비교적 최근에 들어서야 지리학자들이 그들의 연구과정에서 지도의 실질적인 경계를 측정하기 시작하였다. 예를 들면 권력의 사회적 관계를 연구하는 데 있어, 지도는 연구결과에 영향을 크게 미치지는 않았지만 사회현상을 설명하는 데는 필수적인 도구가 되고 있다. 실제로 제2차세계대전 중에 인문지리학자와 자연지리학자들은 지

도의 의미나 관심분야를 구축하였고, 오랜 학문적 정체성을 탈피하였
다. 따라서 우선적으로 자신들의 위상을 과학자, 사회과학자 혹은 인
문학자로 구분하기 시작하였고, 그 다음으로 지리학을 생각하게 되었
다. 지리학자들은 그들의 노력의 주요 결과물이자 지리학의 상징까지
될 수 있는 지도를 버렸지만, 공공 학문이나 다른 학문들은 계속하여
지리학과 지도를 동일한 것으로 생각하고 있었다. 지리학의 경계를 넘
으려는 사람들에게 있어 지리학의 영역은, 위치를 결정하고 지도로 표
현할 수 있는 공간적 관계를 파악하는 것이었다. 그러나 오늘날 대부
분의 지리학자들은 대부분의 사회과학자들과 마찬가지로 그들의 영역
을 제한적으로 정의하지 않고 지적인 문제를 파악하고자 한다.


## 지도의 발달과정에서 나타난 주요 개념의 발달

오랜 역사적, 학문적 발달을 통하여 지도 자체는 더 이상 정(靜)적인
것에 머무르지 않게 되었다. 지도가 가지고 있는 개념이나 의사소통을
위한 형태나 물질, 그리고 지도가 포괄하고 나타내는 자료의 성격을
통하여 지도는 진화하고 변화하였다. 여기서는 지도의 발달을 서양의
과학적 전통에서 살펴보고자 한다. 그 이유는 우리가 현재 접하고 있
는 지도의 형태나 성격에 이러한 전통들이 큰 영향을 미쳤기 때문이
다. 그러나 유럽인들은 그들과 무역하는 사람들로부터 지도와 관련한
아이디어를 받아들였다. 중국인들은 유럽인에게 종이와 나침반을 전
해주었고, 아랍인은 숫자 체계와 함께 향후 수학, 과학, 항해술로 발전
되는 지식을 전해주었다. 유럽인들은 또한 아즈텍인(Aztecs)[5]과 같이
그들이 점령하였던 사람들로부터 아이디어를 전수받았다. 아즈텍인들

---

5) 1519년 스페인의 코르테스(Cortes)에 의해 점령당한 멕시코의 원주민.

은 유럽인에게 지리정보 뿐만 아니라 지도학의 기초까지 제공하였다. 이러한 영향들은 지도학의 발달에 있어서 매우 가치가 있었지만, 이 글의 범위나 목적을 벗어나는 방대한 내용이므로 생략하도록 한다.

지도의 개념적인 발달은 지도를 보는 관점에서 초기와 매우 다르게 변화했다. 초기의 지도는 암면(岩面) 조각 혹은 알아보기 힘든 포이팅거(Peutinger) 지도6), 혹은 매우 예술적이고 은유적인 티오지도(TO Map) 였다(Harley & Woodward, 1987). 이러한 변화 중에서 지도의 초기에 나타난 가장 중요한 변혁은 단일 축척의 개념이다. 그러나 단일 축척과 기타의 변혁들에 대한 필요성은 시간에 따라 변한다. 심지어 현재에도 뉴욕 시민들에게 널리 알려진 유명한 미국 지도는 의도적으로 단일 축척을 사용하지 않고 있다. 따라서 지도를 제작할 당시의 목적에 따라 지도상의 개념이 발달되었다. 지도의 목적은 과학적 기술과 함께 지도에 필수적인 영향을 미치는 요인을 중심으로 살펴보아야 한다는 것이다.

단일 축척의 개념은 지도학의 역사 중에서도 초기부터 발달된 것이라 할 수 있다. 아마도 바빌로니아 시대, 이집트 시대, 그리고 로마 시대 토지측량이나 지적도7), 도시와 건물계획도를 그릴 때에 사용되었을 것이다. 그러나 기원전 131년에서 서기 192년 사이에 제작된 로마의 도시계획도(Forma Urbis Romae)는 대축척 지도임에도 불구하고 단일 축척을 가지고 있지 않았다. 현존하는 건물과 지도를 비교하면, 어떤 건물은 지도가 더욱 크게 그려져 있고, 어떤 건물은 매우 작게 그려져 있다. 이것이 우연한 것인지 아니면 19세기의 도시 조망도나 지방지도(Conzen, 1984), 혹은 현대의 관광지도와 같이 계획적인 것인가

---

6) 자신들이 알고 있는 실세계를 6.75m 길이와 34cm 폭을 가진 양피지(羊皮紙)에 표현한 지도.

7) [원주] 지적도는 토지를 등록하고 과세하기 위하여 토지의 소유권을 나타내는 지도이다.

는 밝혀지지 않고 있다. 그러나 로마 사람들이 남부 프랑스의 오렌지 지역의 지적도와 같이 토지소유나 세금을 파악하려는 목적으로 센티화(centuriated)[8]할 때, 그들이 가지고 있는 도구의 범위 내에서 단일 축척을 유지했다는 점에는 이론의 여지가 없다.

단일 축척이 가지고 있는 개념, 즉 균등하게 공간을 다루려는 개념은 과학적으로 매우 중요하였다. 단일 축척의 개념은 그 이면에 단일 격자(grid)의 개념을 가지고 있으며, 이는 공간을 객관화하는 것을 의미한다. 즉, 공간을 자기만이 인식하는 것이 아니고 그 영역을 차지하는 사람들이 함께 생각하는 것이다. 공간이란 모든 사람들이 합의할 수 있는 객관적인 실체이다. 오늘날 일부 사회과학자들은 문화, 경제적 가치, 역사 등에서의 상대성을 중요 의미로 여기지만, 객관적이면서 단일한 공간의 개념은 유클리드(Euclidean)나 데카르트(Cartesian), 뉴턴(Newton), 라플라시안(Laplacian) 과학 등에서는 아주 근본적인 문제였다. 또한 이것은 대축척 지도와 우리의 일상생활에서도 중요한 문제로 남아있다.

투영법(投影法)에 대한 이해와 발달, 그리고 사용 역시 단일 축척의 발달만큼이나 중요한 혁신이었다. 그러나 투영법은 단일 축척에 비해서는 훨씬 최근에 등장하였다. 우리들 대부분은 우리가 공 모양에 가까운 행성에 살고 있다고 생각한다. 그러나 지도를 그릴 때는 지구를 평면에다 그린다. 이렇게 하는 데에는 여러 가지 이유가 있다. 지구의 축척에서 지구의 모든 것을 그리기 위해서는 지구와 같은 비율의 공이 필요하며, 이 공에는 지도로 그릴 필요가 없는 부분까지 포함될 수 있다. 지도는 공과는 달리 한 지점에서 보는 세계의 그림을 제공한다. 그럼에도 불구하고 구형(球形)의 지구를 평면의 종이에다 표현하면, 우리

---

8) [원주] 센티화는 특정한 토지를 100등분한 측량기법으로, 사람 100명이 살고 있는 군사단위와 일치시키는 기법이다.

가 표현하고자 하는 물체의 실제 형태나 면적, 거리는 왜곡되게 된다. 지도의 축척이 작을수록 시각적인 왜곡은 심하게 나타난다. 하지만 투영과 관련한 왜곡은 대축척 지도에서도 나타난다. 일반적으로 투영법은 체계적이고 수학적으로 계산된 왜곡을 이용하여 둥근 표면의 지구를 평면에 표현하는 방법이다. 이러한 왜곡은 수학적으로 계산되어, 평면지도와 둥근 지구와의 관계를 정의하고, 지도를 측정할 때의 오차가 최소가 되도록 한다.

지도 투영법을 이해하고 개발하기 위해서는 우선 지구가 둥글다는 점을 인식해야 한다. 지구가 둥글다는 개념은 기원전 6세기경부터 논쟁을 불러일으켜 왔으며, 기원전 5세기에 그리스 과학자에 의해 받아들여졌다. 4세기 동안 이 개념은 더욱 강력하게 자리잡았고 실질적인 증명을 위해 많은 사람들이 노력하였다. 기원전 2세기에 히파르쿠스 (Hipparchus, 기원전 190~126년)에 의해 최초로 투영법이 작성되었다. 그는 평면 위에 하늘을 그리려고 노력하였다. 그러나 불행히도 그의 지도가 입체 지도일 것이라는 추정 이외에는 이 투영법에 대하여 알려진 바는 거의 없다. 100년 이상 지난 후에 티레(Tyre: 고대 페니키아의 항구도시)의 마리누스(Marinus, 기원후 100년)와 톨레미(Ptolemy, 기원후 90~168년)가 최초로 세계를 투영하였다고 알려진 지도를 제작하였다. 마리누스는 직사각형 투영법을 제작하였고, 톨레미는 마리누스의 투영법을 수정하여 두 개의 원추도법 지도9)를 만들었다. 톨레미는 지도 투영의 역사에서 특별한 위치를 차지하고 있다. 그는 투영법의 제작과정을 자세하게 제공함으로써, 지도학에 실질적으로 기여하였다. 그의 투영법 제작방법은 수학적이라기보다는 그림을 도해(圖解)하는 것이었

---

9) 원추도법은 지구본을 원추에 투영시켜서 원추를 전개하는 기법이다. 둥근 지구 위에 원뿔을 씌운 후, 지구의 중심에서 빛을 비치면 지구표면이 원뿔에 투영된다. 투영된 원뿔을 펼치면, 위선은 극으로부터 뻗어 나오는 방사형의 직선으로 표현되며, 위선은 극에 중심을 둔 동심원의 호로 나타난다.

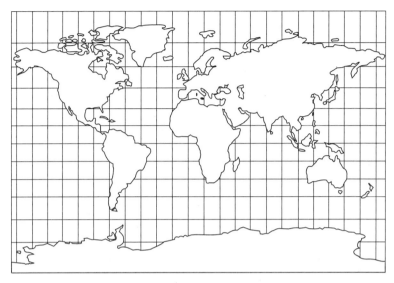

그림 1.1   메르카토르(Mercator) 투영법에 의한 세계지도. 이 투영법은 원래 16세기에 대서양 항해에 사용되기 위하여 제작되었으나 19세기의 교육용 지도의 투영법으로 선택되었다. 이 투영법은 북반구를 실물보다 크게 왜곡하였고, 아프리카를 실물보다 작게 왜곡하고 있다. 이 지도는 퀸 대학 지도 도서관(Queen's University cartographic laboratory)에 있는 로스 하우(Ross Hough)의 작품이다.

다. 따라서 그 이후의 지도학자들은 수세기 동안 수학적 배경지식을 이해하지 않고 지도를 복사하여 왔다. 실질적으로 수학적인 투영법은 에드워드 라이트(Edward Write)에 의해 시작되었다. 그는 기하학적 원리로 투영법을 설명하였다. 그는 기하학적으로 정확한 정각도법[10]을 설명하였는데, 그것이 1599년 메르카토르(Mercator) 투영법으로 발전하였다.

오늘날 수많은 종류의 지도 투영법들이 수학적으로 개발되어 컴퓨터로 구현되고 있으며, 현재는 왜곡의 차이가 있는 것과 없는 것에 관

---

10) 지도상에 나타난 경위선의 교차각도가 지구본상에서와 같이 그대로 유지되도록 한 투영기법이다. 정각도법은 지표면의 모양이 지도상의 모양과 같게 표현되며, 지도 에서 측정한 각도와 실제의 각도가 같기 때문에 항해할 때 주로 사용되어 왔다.

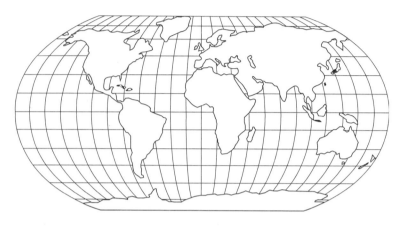

그림 1.2   로빈슨(Robinson) 투영법에 의한 세계지도. 로빈슨에 의해 개발된 훌륭한 투영법이다. 이 지도는 그림 1.1의 지도와 마찬가지로 퀸 대학 지도 도서관에 있는 로스 하우의 작품이다.

계없이 거의 제한이 없을 정도로 발달하고 있다(Synder and Voxland, 1989). 그러나 세계를 하나의 지도로 그리는 과정에서 투영법의 역할은 매우 중요하다. 투영법은 우리가 살고 있는 세계의 전반적인 개념을 반영할 뿐만 아니라, 우리가 살고 있는 장소에 대한 매우 특별한 느낌도 전달하기 때문이다. 현재 가장 널리 사용되고 있는 메르카토르 투영법에 의한 지도의 경우, 위도가 높은 지역에서는 왜곡이 매우 크게 나타나지만, 많은 인구가 거주하고 있는 유럽 지역은 왜곡이 거의 나타나지 않는다(그림 1.1). 로빈슨(Robinson) 투영법의 경우, 메르카토르 지도에서 나타나는 그린랜드(Greenland) 지역의 왜곡은 줄였으나, 아프리카의 모양은 실제보다 작게 나타나는 결과를 가져왔다(그림 1.2). 서양에서 널리 사용되지 않고 있는 피터(Peter) 투영법은 지구상의 어떤 지역도 면적의 왜곡이 나타나지 않는 정적도법[11]이다(그림

---

11) 지구상에서의 모든 지역간의 면적관계가 지도상에서도 그대로 유지되도록 한 투영법이다. 지표면의 면적이 지도에서 측정된 면적과 같아야 하므로, 경선과 위선에 따라 축척이 조정되며, 그 결과 지표면의 모양이 왜곡되어 표현된다. 정적도법은

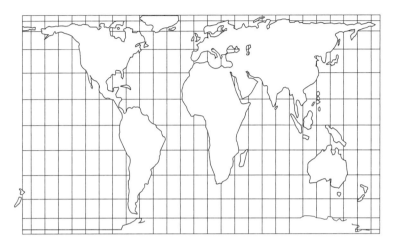

**그림 1.3** 갈(Gall) 투영법에 의한 세계지도. 피터의 투영법보다 훨씬 이전에 제작된 정적도법으로 정치적인 영향이 없으면서도 피터의 투영법과 효과가 같다. 이 지도 역시 퀸 대학 지도 도서관에 있는 로스 하우의 작품이다.

1.3). 이 지도는 반(反)제국주의자와 반(反)인종차별주의자들이 널리 사용하고 있는 투영법이며, 모든 시민이 평등하다고 여기는 사상을 적절히 표현한 지도라 할 수 있다(Wood, 1992). 따라서 투영법은 과학, 특히 지리학, 원근법과 같은 예술, 그리고 중요한 공간과 지역에 대한 사회조직 등 모든 분야에 영향을 미치는 개념이라 할 수 있다. 물론 그 표면에는 객관적이고 등질적인 공간의 개념이 드러나 있다.

지도에서 기호(symbol)는 개념적으로 가장 중요하지만, 아직도 그 면면에 대한 연구성과는 적은 편이다. 지도학의 기초는 세 가지 수준에서 분석된다. 첫째는 기호의 인지적이고 개념적인 특성이고, 둘째는 개별 기호와 기호 유형들이 표현하는 복잡한 의미이며, 세번째는 시간에 따른 기호표현방법의 변화이다. 지도에서 표현되는 모든 것은 기호이다. 여기에는 지도의 제목, 지도의 경계를 나타내는 도곽선(圖郭線.

---

어떤 현상들의 밀도를 나타내거나 면적의 관계가 중요시되는 지도에 적합하다.

neat line), 글씨, 그리고 선형 기호가 모두 포함된다. 자연적 세계나 문화적 세계, 상상의 세계나 환상의 세계와 상관없이 인지되는 모든 것이 기호로 표현된다. 지도에서 현실성은 없다고 할 수 있다. 모든 것은 기호로 표현된 것이며, 따라서 인간에 의해 특징지어지는 과장, 혹은 해석적 분석 등이 모두 기호화에 포함된다(Harley and Blakemore, 1980).

기호의 중요한 역할은 인간 자체와 인간의 기본적인 지적 욕구를 다룬다는 점이다. 기호로 표현하는 것은 은유법과도 비슷하며, 의사결정의 과정에서 언어나 문서를 이용하는 의사소통과도 유사하다. 우리는 스스로를 이성적으로 계산하는 동물인 것처럼 착각하고 주어진 사실과 증거를 통해 이익과 비용을 판단하는 것 같지만, 실제로 모든 인간의 마음은 자료나 증거를 충분히 고려하지 않고 의미 없는 패턴을 찾으려 한다. 실제로 우리는 자료가 끊임없이 반복적으로 과장되는 복잡한 세계 속에서 살고 있다.

세계가 복잡하다는 것은 종교의 경우와 같이 항상 우리를 위협하고 있다. 기호는 복잡한 세계를 단순한 형태로 재구성할 수 있도록 한다. 기호는 또한 조직적인 틀을 가질 수 있으며, 세계 전체를 시각적인 면이나 지적인 면의 위계질서로 서열화(序列化)시킬 수도 있다. 이러한 지식의 구성과정이 너무나 필요하기 때문에, 어떤 종류의 위계질서나 순서를 생각하지 않는, 기호가 없는 세계를 상상하기란 쉽지 않다. 실제로 다른 위계질서나 순서를 가진 사람들과는 대화하기조차 매우 어려운 것이 현실이다. 예를 들어 회교도와 기독교도, 혹은 라플라스 학파와 데카르트 학파, 지구 평면설 주장자와 구형설 주장자 간의 대화란 이루어지기가 쉽지 않다. 그러나 기호를 사용하고 기록하기 위해서는 정보를 신속하게 전달할 수 있어야 한다. 크리스찬 하곱(Christian Hacob, 1992)은 이를 '경험의 혼란'이라 지적하였다. 기호를 통하여

우리들은 세계의 혼란스런 모형들을 적절하게 조화시킬 수 있다. 지도
와 기호체계는 실세계를 단순화시킨다. 기호란 세계를 이해하는 데 도
움을 주고 있으며, 실세계를 표현하는 다음 단계의 모형이나 경쟁모형
에 대한 연구도 기호를 통하여 이루어질 수 있는 것이다.

지도학자에 의해 사용되는 기호는 여러 가지 의미를 가지고 있다
(Bertin, 1983; Harley 1982; Tufte 1983). 예를 들어 도곽선은 독자로
하여금 지도 자체로 주의를 집중시키는 역할을 한다. 그러나 형태만으
로 보면 도곽선은 그림의 공간에서 지도공간을 분리하는 역할을 하며,
도곽선이 그림으로 둘러싸여 있을 때 경계선 내에 표현된 모든 것들은
지도, 그림, 글씨에 상관없이 지도의 내용과 관련이 있음을 암시한다.
도곽선은 지도에서의 과학적 실체를 제공하며, 알려진 세계의 한계를
표현하고 있다. 이것은 또한 지도의 독자와 묘사하고자 하는 영역간의
거리감을 표현한다. 또한 주요 영역을 포함하거나 제외시킴으로써, 특
별한 영역을 강조하기도 한다. 혹은 영역을 제외함으로써 어떠한 지역
에서는 왜곡이 많다는 점을 보여주기도 한다. 도곽선은 무의식적으로
전달되는 많은 의미를 가지고 있다.

이와 유사하게 마을과 관련된 기호 역시 축사, 교회, 가옥 등과 같
이 다양하다. 이들은 지도학자가 개인적으로 각 마을을 방문했던 것과
같은 착각을 일으키기도 한다. 반면에, 여러 가지 크기의 점으로 마을
을 그렸다면, 주어진 크기의 모든 마을들이 실제로 똑같다는 느낌을
줄 수 있다. 또 하나의 중요한 기호는 지도의 제목이다. 이것은 지도가
묘사하고자 하는 것을 간단히 보여주는 얼굴과 같은 역할을 한다. 그
러나 '국가'(nation), '영역'(領域, realm), '지방'(地方, country), '영토'(領
土, territory) 등과 같은 단어는 모두 다른 의미를 가지고 있으며, 이에
따라 주제에 대한 독자들의 시각을 미리 설정할 수 있다. 이와 유사하
게 지도의 제목으로 오랫동안 잊혀진 나라의 이름을 사용한다면, 단순

히 이상하고 기이한 느낌을 줄 뿐만 아니라 현재의 거주지보다는 지역
의 역사를 표현하고 있다는 느낌을 줄 수 있다. 심지어 자연의 특징에
대한 묘사를 할 경우, 자연에서 그것이 존재하는가에 대한 것과는 아
무 관련이 없는 내용을 표현하기도 한다. 따라서 시간에서 찾아지는
규칙성, 반복성, 예측성이라는 과학적 상상 때문에 18세기 말과 19세
기 초에 제작된 많은 지도에는 산과 강 체계의 패턴이 규칙적이고 기
하학적으로 그려지고 있다. 지도에서 하나의 사상마다 다양한 수준의
의미와 이를 둘러싼 선입관이 나타나고 있다. 해안선을 그릴 때에도
실제로 바다와 육지가 완전히 분리되어 표현된다.12)

지도상의 기호는 시간에 따라 변화해 왔다. 예를 들어 산 기호를 원
뿔형 백설탕 모양으로 표현한 것에서부터 언덕을 표시하기 위해 곡선
으로 표현하거나, 북서쪽에서 빛이 비칠 때 그늘을 우모식(羽毛式,
hachures)13)으로 표현하거나, 우모 없이 그림자로 표현하거나, 물에 돌
을 던질 때의 파장과 비슷한 모양의 등고선으로 표현하거나, 혹은 이
모든 것들을 종합하여 표현하는 기법으로 변화하여 왔다(Robinson,
1982). 이와 같이 지도에 있는 형태와 기호들에 대한 역사는 지도 언
어나 다른 여러 가지 언어, 혹은 다른 방언(方言)들의 역사이기도 하다.
이러한 언어의 발달에 대하여는 연구가 거의 이루어지지 못했는데, 프
랑소와 드 뎅빌르(Francis de Dainvulle, 1964)는 이러한 부분을 연구한
대표적인 인물이라 할 수 있다. 그는 지리용어의 정의를 추적하였다.
어떤 경우에는 지도상의 기호를 10세기까지 추적하였다. 이러한 재조
명을 통하여 우리는 현상 자체를 이해하기 위해 지도 언어가 어느 정

---

12) 그러나 실제로는 밀물과 썰물에 의해서 끊임없이 침수와 노출이 반복되기 때문에
    해안선의 명확한 경계를 칼로 무 자르듯이 그리는 것은 불가능하다.
13) [원주] 우모식 표현은 가늘고 짧은 평행선을 연속하여 그림으로서 기복을 표현하
    는 기법이다. 보통 비 내리는 방향으로 그리며 가장 경사가 높은 지점에서는 짙게
    나타난다.

도까지 변화해 왔는가를 알 수 있으며, 지도 제작자들이 자료를 수집하고 묘사하고 제작하는 기술의 변화를 알 수 있다. 아울러 그의 연구 결과를 통하여 19세기 초에 프랑스에서 발간된 지도에서 기호의 균일성이 의미하는 바도 파악할 수 있으며, 그 결과가 지도학이나 그래픽적 의사소통, 혹은 지리적 지식에 미친 영향도 파악할 수 있다.

## 지도의 발달과정에서 나타난 중요한 기술적 발전들

지도의 역사에서는 개념적인 발달만이 혁신되어 온 것은 아니다. 지도를 제작하는 기술의 형식 또한 자료수집 기술에 변화를 주었고, 지도의 형태도 변화되어 왔다. 많은 종류의 물질들이 지도를 그리기 위한 기본 재료로 사용되었다. 중국에서 8세기경 서양으로 전래된 종이는 글씨와 그림을 표현하는 데 있어서 혁신을 가져왔다. 종이의 장점은 상당히 많다. 종이는 양피지보다 싸고 만들기 쉽다. 돌이나 금속합금보다도 이동이 편리하고, 파피루스보다 자주 쓸 수 있다. 또한 습기와 햇볕으로부터 보호만 되면 오랫동안 보관할 수도 있다. 종이와 19세기의 펄프 용지의 혁신은 많은 사람들에게 문서와 그림, 책 등을 쉽게 접할 수 있도록 하였다.

종이의 혁신이 오랫동안 글이나 그림의 재료로 전반적인 확산을 가져온 반면, 인쇄술은 5세기 전반에 걸쳐 일반화되었다(Woodward, 1975). 특별한 지도나 공간정보는 일반 대중에게는 언제나 이용이 제한되어 있었다. 예를 들면 핵무기의 위치나 전략적인 공격무기나 방어무기의 위치, 그리고 권력에 민감한 정보 등이 그것이다. 글이나 그림의 대중화는 인류의 역사에서 중요한 의미를 가지고 있다.

종이와 인쇄술이 결합하면서 문화적 전통은 더욱 더 널리 공유할 수 있게 되었고, 지식의 교환도 더욱 더 확대될 수 있었다. 지도학에서 이러한 혁신은 지리학적 지식의 지속적인 수정과 갱신, 그리고 지식의 축적을 가능케 했다. 지리학적 지식은 처음에는 유럽지역만을 생각하였으나 세계의 다른 지역에도 영향을 미치게 되었다. 실제로 오늘날의 지도 문화는 지역적, 국가적, 대륙적 차원이 아닌 전세계적 차원이 되었다. 이러한 특징을 명확히 반영하고 있는 예가 국제 경제력을 표현하는 기호로서 지구본과 지도를 이용하는 것이다. 국제적 경제 쟁점을 다루는 잡지인 ≪이코노미스트≫의 광고, 사설이나 표지에서 지도학적 주제를 쉽게 찾을 수 있다(그림 1.4). 그러나 이러한 지도의 세계화는 오랫동안 계속되어 온 지구적, 국가적, 지역적 조정의 일부만을 보여준 것이며, 아마도 같은 지도학적 도구가 지방자치단체간의 경쟁에 이용된다면 더욱 효과적인 결과를 가져올 수 있다.

지도 수집기술은 정교성, 이해성, 그리고 넓은 관찰 범위를 필요로 한다. 유럽의 초기 역사에는 정확한 위도정보와 작은 지역에 대한 위치정보를 수집하는 과정에서 한계가 있었다. 18세기에 해리슨(Harrison)의 크로노미터(chronometer)[14]와 경위의(經緯儀, theodolite),[15] 평판(plane tables),[16] 망원경, 합금 체인 등과 같은 측량도구가 개발되어 자료수집기술을 보완하였고, 이러한 기기들은 더욱 넓은 지역에 대한 경도 위치와 정보를 더욱 정확하게 수집할 수 있도록 하였다. 그 이후로 이 분야에 대한 기술과 수학은 측지학으로 발달하였고, 지표면에서 한

---

14) 항해중인 배가 천문관측에 의해 배의 위치를 구할 때 사용하는 정밀한 시계로, 경선의(經線儀)라고도 한다.
15) 천문관측이나 측량에 사용되는 소형 망원경으로 세오돌라이트라고도 한다. 방위각을 측정하기 위한 수평 눈금의 고리 위에 회전할 수 있는 작은 망원경이 부착되어 있다. 이 장비로 경위도를 구할 수 있어 경위의라 한다. 측량에서 사용되는 트랜싯(transit)과 그 원리와 구조가 같다.
16) 평평한 도판에 삼각을 달아 붙인 측량기기. 현지 측량을 할 때 도판에 종이를 붙인 후 측량 지점의 위치를 기입하고 지도를 그린다. 지형 측량에 주로 이용되고 있다.

그림 1.4 터키 항공의 광고는 지도, 사진, 그리고 문자라는 세 가지 표현방법을 사용하였다. 이것들을 통하여 이스탄불(Istanbul)의 역사적, 문화적, 지리적 중심성과 항공사의 기술이 일치되고 있음을 보여주고 있다.

지역에 위치한 주소에서 지구상의 반대 면의 특정 주소로, 지표면에서 불과 몇 미터 위를 날아가는 미사일을 조준하는 프로그램이 가능할 정도까지 발달하였다. 실제로 지도정보의 정확성과 구체성은 현실로 나타나고 있다. 예를 들어 위성과 레이저 측정기술은 컴퓨터의 수정과 갱신기능과 결합하여 종이지도의 경계를 허물고 있으며, 이를 제작하는 데 필요한 비용과 시간을 절감하였고, 정보를 배포할 때의 효율성도 증가하였다. 이러한 기술의 발달은 지도사업 부분에 커다란 변화를 가져왔다. 지도를 해석하고 그림으로 제작해 왔던 기술은 정보들을 비트(bit)로 관리하는 기술로 변화하였다. 지도 정보에서 위치의 정확도에 대한 수요가 폭발적으로 증가하여 왔다. 다양한 유형의 공간정보 가치에 대한 인식 역시 중요해졌다. 특히 의료시설 서비스, 하수도, 전기 시스템, 교통과 같은 사회서비스의 계획분야에서 지방적, 지역적, 국가적, 지구적 차원에서 그 중요도는 더욱 커지고 있다.

## 지도의 힘

지도의 역사를 통하여 볼 때, 그 형태가 암각화(岩刻畵)인가 종이문서인가 아니면 컴퓨터 영상인가와는 상관 없이 지도는 가공할 힘을 지니고 있다. 이러한 힘의 원천은 무엇일까? 지도가 정보를 전달하는 방법이 지도의 힘에 영향을 미치는 가장 중요한 요인이다. 앞서 서술한 바와 같이 문자, 언어, 몸짓, 수학(대수)에 비하여 지도는 보는 동시에 그 의미를 파악할 수 있다. 즉, 지도를 읽는 순간 우리 주위의 세계를 곧바로 지각할 수 있다. 어느 정도까지 우리는 건물의 꼭대기에서 마을을 보는 것과 같은 방법으로 지도를 볼 수 있다. 지도의 독자는 동시에 방위, 축척, 친숙한 기호나 표지, 위치의 인식, 그리고 독자의 경

험이나 지식과 관련한 모든 것을 알 수 있다. 심지어 눈의 운동패턴과
도 유사하여 독자의 눈은 지도나 경관을 한눈에 알아볼 수 있다. 이것
은 일반 사람들이 지도에 매혹될 수 있는 부분이다. 글자는 몇 년의
학습과정을 통해 알게 되고 읽혀진다. 지도는 보다 직접적이고 단순하
게 우리에게 다가온다. 지도를 잘 읽기 위해서는 지식과 기술이 필요
하다. 그러나 지도는 글을 모르는 많은 사람에게도 접근할 수 있다.

아마도 이러한 결과로, 지도는 언어와 문화에 걸쳐 더욱 보편적으로
접근할 수 있는 도구 중의 하나가 되었을 것이다. 지도와 관련된 언어
에 대한 지식이 있건 없건 간에 대부분의 지도에서 기본적인 요소를
추출하기란 어렵지 않다. 그러나 지도를 만든 문화를 전혀 모른다면
지도의 목적을 잘못 이해할 수 있다. 또한 그림 영상으로서 지도는 많
은 상상과 해석의 여지를 남겨놓고 있다. 지도의 독자와 제작자가 서
로 다른 문화에 속해 있을 때, 지도의 독자와 제작자는 서로 공유되지
못하는 문화적 차이로 말미암아 의사소통이 잘 안될 수도 있다.

지도는 이미 소화된 정보를 단순화하고 여기에 위계질서를 부여하
는 과정에서 효과적이기 때문에 계획분야에 많이 이용되고 있다. 지리
현상의 공간적 특성에 대한 구체적인 연구에서 지도는 그 정보를 보다
단순하고 명확하게 표현할 수 있다. 우리는 정치가나 군사 전략가를
추상적이라고 생각하기 쉽다. 그러나 그들은 유클리드 공간[17]에서 계
획하고 행동한다. 그렇지 않으면 그들의 계획이 비현실적이 될 위험이
있기 때문이다. 여러 시대에 걸쳐서 군사 전략가들이 평가해왔듯이,
적당한 축척과 적당한 시간에서의 적절한 지도보다 더욱 효과적인 것
은 없다. 더군다나 협동작업에서 나타나는 것처럼, 신속하고 효과적인

---

17) 그리스의 수학자 유클리드가 고안한 개념으로 기하학의 기초로 사용되는 공간이
다. 유클리드 공간을 기초로 피타고라스의 정리와 같은 모든 기본적인 기하학이
적용된다.

의사결정을 위해서는 이미 소화된 정보를 이용해야 한다. 지도의 표현 기능이 강력하기 위해서는 그림은 간단해야 한다. 그러나 시각적으로 간단하다고 지도의 정보가 복잡하지 않고, 깊이가 없는 것은 아니다. 지도는 정보를 모으기 매우 어려운 문서 중의 하나이다. 그럼에도 불구하고 정보는 그림으로 단순하고도 복잡한 기호의 의미를 복합적으로 표현하고 있다. 지도의 의미는 너무나 뚜렷하기 때문에, 지도를 조직적이고 논리적으로 분해한다면, 지도가 가지고 있는 매우 복잡한 의미가 나타날 것이다.

지도에서 선의 정밀도, 사용된 기호의 일관성, 격자와 투영체계, 사용되는 지명의 확실성, 그리고 범례와 축척의 정보 모두가 과학적인 정확성과 객관성을 드러내는 증거이다. 비록 지도의 제작과정에서 주관적인 해석이 개입되지만, 최종 지도는 어떠한 해석이나 영향과 관계 없이 세계에 대한 절대적인 진실을 표현한다. 이러한 뚜렷한 객관성이 있다는 사실 때문에 지도로 이데올로기를 전달할 수 있는 것이다 (Harley, 1989). 아무리 축소하여 생각하더라도 지도는 제작자나 제작자 집단의 세계관을 반영한다. 여기에 지도가 만들어진 정치적, 사회적 상황이 반영된다. 지도가 전달할 수 있는 간단한 이데올로기적 메시지는 다음과 같다. 지도는 지금까지 그래왔던 것처럼 지금도 지리학자의 영역이다. 지도는 세계의 중심이다. 지도에서 다루는 단위는 사람이 아니라 공간의 다양한 상태이다. 영역이라는 공간현상을 지배하는 것은 영광스럽고 중대한 임무이다. 만약 지리학자가 이 땅을 관리하지 않는다면 다른 분야에서 우리들을 위협할 것이다.

지도가 가진 힘은 오랫동안 권력의 일부로 이용되어 왔다. 즉, 지배층의 우세한 지위에서 장소에 대한 지식을 표현하는 데 사용되어 왔다. 지도의 제작에 대한 수요는 지금까지 있어 왔으며 앞으로도 계속 있을 것이다. 지도는 훈련, 시간, 야외조사와 기록 연구, 재료, 그리고 보건과 생활이라는 측면에서 많은 비용이 필요하다. 실제로 지도의 가치에 대하여 상상할 수 있을 정도의 투자나 재산을 바칠 지도자는 드물었다. 역사를 통해 가장 유용한 지도들에서 나타나는 정보는 결과적으로 특권적이고 제한적이다. 따라서 사회적, 정치적 권력과 결부되어 있는 것이다.

## 결론

지도는 지금까지, 그리고 계속해서 가장 강력한 지리적 사상이 될 것이다. 지도는 완전한 멀티미디어이며, 구조적으로 공간 자체만큼이나 다양하다. 지도는 전쟁과 비즈니스 전략에서부터 인간심리학의 해석에까지 매우 다양한 목적으로 사용되고 있다. 지도의 기원은 아직 알려지지 않고 있지만, 인간의 인지, 언어, 종교의 역사와 함께한다. 지도는 지리학보다 앞서 등장하였지만, 초기 역사에서부터 지리학은 지도와 함께 지내왔고 지도를 통하여 공간적 문제를 해결하여 왔기 때문에, 지리학과 지도는 보편적인 의미에서 분리할 수 없다. 지도의 역사를 통해 볼 때, 지도는 매우 개별적이고 주관적인 공간을 표현하는 예술 작품에서부터 평면지도에서 나타나는 왜곡과 지속적으로 변화하는 기호체계로 일관적인 공간을 표현하는 것까지 다양한 변화를 겪어 왔다. 시간에 따라 지도의 중요성은 커지고 있으며, 지도를 만드는 데 필요한 재료와 기술은 어디서나 구할 수 있다. 실제로 지도의 영향은 너무나도 크기 때문에 자연스럽게 일상적인 벗이 되어 왔다. 지도는 세계, 우리 영역, 우리 상호간, 그리고 우리의 과거를 이해하는 막강한 도구가 되고 있다.

## 참고문헌

Bertin, J. 1983, *Semiology of Graphics: Diagrams, Networks and Maps*, Madison: University of Wisconsin Press.

Castner, H. W. 1990, *Seeking New Horiaons: a Perceptual Approach to Geographic Education*, Montreal, Kingston: McGill University Press.

Conzen, M. P. 1984, "The County Landownership Map in America: its Commercial Development and Social Transformation 1814~1939," *Imago Mundi* 36: 9~31.

Dainville, F. de. 1964, *Le langage des géographes*, Paris: Editions A. et J. Picard et Cie.

Godlewska, A. 1989, "Traditions, Crisis, and New Paradigms in the Rise of the Modern french Discipline of Geography 1760~1850," *Annals of Associations of American Geographers* 79(2): 192~213.

_____. 1994, "Napoleon's Geographers; Imperialists and Soldiers of Modenity," In *Geography and Empire*, A. Godlewska and N. Smith (ed.), 31~53, Oxford: Blackwell.

_____. 1995, "Map, Text and Image—The Mentality of Enlightened Conquerors: A New Look at the *Description de l'Egypte*," *Transactions of the Institute of British Geographers* 20(ns): 5~28.

Gould, P. 1974, *Mental Maps*, Harmondsworth: Penguin.

Hall, S. S. 1992, *Mapping in the Next Millenium: the Discovery of New Geographies*, New York: Random House.

Harley, J. B. 1982, "Meaning and Ambiguity in Tudor Cartography," In *English Mapmaking 1500~1650: Historical Essays*, S. Tyacke(ed.), 22~45, London: British Library Reference Division Publications.

_____. 1989, "Deconstructing the Map," *Cartographica* 26(2): 1~20.

Harley, J. B. and M. J. Blakemore. 1980, "Concepts in the History of Cartography: A Review and Perspective," *Cartographica Monograph* 26.

Harley, J. B. and David Woodward(eds.). 1987, *The History of Cartography*, vol.1, *Cartography in Prehistoric, Ancient and Medieval Europe and the Mediterranean*, Chicago: University of Chicago Press.

Hewes, G. W. 1977, "A Model for Language Evolution," *Sign language*

*Studies* 15: 97~168.

Jacob, C. 1991, *Géographie et ethnographie en Grèce ancienne*, Paris: Armand Colin.

_____. 1992, *L'Empire des cartes, Appoche théorique de la cartographie à travers l'histoire*, Paris: Albin Michel.

Kendon, A. 1975, "Gesticulation, Speech and the Gesture Theory of Language Origins," *Sign Language Studies* 9: 349~373.

_____. 1981, "Geography of Gesture," *Semiotica* 37(1-2): 129~163.

Lynch, K. 1960, *The Image of the City*, Cambridge: MIT Press.

McGuinness, C. 1992, "Spatial Models in the Mind, Special Issue: Perciptual Constancies," *Irish Journal of Psychology* 13(4): 524~535.

McNeil, D. 1992, *Hand and Mind: What Gestures Reveal about Thought*, Chicago: University of Chicago Press.

Meggitt, M. 1954, "Sign Language among the Walbiri of Central Australia," *Oceania* 25: 2~16.

Munn, N. 1966, "Visual Categories: an Approach to the Study of Representational Symbols," *American Anthropologist* 68(4): 936~951.

Robinson, A. H. 1982, *Early Thematic Mapping in the History of Cartography*, Chicago: University of Chicago Press.

Rundstorm, R. 1990, "A Cultural Interpretation of the Inuit Map of Accuracy," *Geographical Review* 80: 155~168.

Snyder, J. P., and P. M. Voxland. 1989, "An Album of Map Projections," *USGS Professional Paper* 1453, Washington D.C: U.S. Government Printing Office.

Tufte, E. R. 1983, *The Visual Display of Quantitative Information*, Cheshire, Conn.: Graphics Press.

Turnbull, D. 1989, *Maps Are Territories, Science Is and Atlas: Portfolio of Exhibits*, Geelong, Australia: Deakin University.

Von Raffler-Engel, Walburga, J. W., and Abraham, J(eds.). 1991, *Studies in Language Origins*, vol.2, Amsterdam and Philadelphia: Benjamins.

Wind, J., E. G. Pulleyblank, E. de Grolier, and B. H. Bichakjian(eds.). 1989, *Studies in Language Origins*, vol.1. Philadelphia: Benjamins.

Wood, D. with J. Fels. 1992, *The Power of Maps*, New York: Guilford Press.

Woodward, D(ed.). 1975, *Five Centuries of Map Printings*, Chicago: University of Chicago Press.

_____. 1987, *Art and Cartography: Six Historical Essays*, Chicago: University of Chicago Press.

# 2

## 기상도 : 대기현상을 예보하기 위한 전자 원격통신의 활용

마크 몬모니어

    날씨는 우리 모두가 매일같이 시청하는 인기 드라마다. 그날그날의 날씨는 다음 날의 날씨를 암시하면서 우리 곁을 떠나고, 이러한 매일 매일의 날씨는 합쳐져 하나의 계절을 형성한다. 우리의 생활에 끊임없이 영향을 주면서 진행되는 날씨는 친한 친구나 처음 만나는 사람과의 일상적인 대화에서 나오는 주된 화제이다. 우리는 날씨를 직접적으로 관찰하고 살피기보다는, 단지 TV나 신문을 통하여 오늘과 내일, 그리고 국가 전체의 날씨에 관한 정보를 얻는다. 기상도(氣象圖, weather map)는 아침과 저녁 뉴스의 중요 부분을 차지하고, 24시간 방송되는 케이블 TV에서 매력적인 역할을 담당하고 있다. 아침 일찍 일어나 공영 방송기관에서 보도하는 항공상의 날씨를 접하는 사람들은 오늘과 내일의 날씨가 공항상태와 비행운항에 어떤 영향을 미칠 것인지에 대해 알게 되고, 6시와 11시 저녁 뉴스에서 지역 레이더 지도를 통한 지방 기상학자들의 예보를 통하여 다음 날 눈이나 비가 올 지역을 정확히 알게 된다. 이에 덧붙여, 시·공간을 압축한 '위성 이미지'는 제트기류(jet stream)[1]의 이동경로 및 폭풍의 생성과 사멸에 대한 정보를 제공해준다. 주(州)의 기상상태를 찍은 스냅사진은 너무나 쉽게 접할 수 있는 것이어서, 우리는 이러한 스냅사진이 현대 지리학의 위대한 발명품이라는 사실을 쉽게 망각하는 경향이 있다.

기상도가 상대적으로 희귀했던 1세기 전의 생활을 상상하거나, 기상도가 아예 없었던 2세기 전을 상상해 보자. 1790년대까지 농부, 어부, 그리고 일반인들은 자신들이 보는 하늘의 상태를 '속담'에 적용하여 앞으로의 날씨를 예측하였다. "아침에 하늘이 붉으면 항해하는 사람들은 조심해야 한다"는 속담이 그 예이다. 비록 날씨에 관한 이러한 민간전승 지식이 강수를 예측하는 데 있어 유용했다고는 하지만, 막연한 격언 형태의 말들은 현대의 예보에 비해서는 훨씬 덜 정확하며, 강수량과 강수시간에 대한 정확한 정보를 제공해주지 못하였다. 따라서 학자들은 신뢰할 만한 기상예보의 필요성을 느끼게 되었다. 그런데 신뢰할 만한 기상예보를 위해서는, 공간적으로 분산되어 있으면서도 잘 조직된 네트워크에 의해서 기온, 기압, 바람, 하늘의 상태 등을 종합할 수 있는 기구가 동시에 작동되어야 하고, 이를 통하여 데이터를 신속하게 수집하고 적절한 시간에 지도화와 해석 작업을 수행해야만 했다. 1820년대와 1830년대에 발견된 기상도의 가치는 1840년대와 1850년대에 발달한 전자·전신기술과 결합되어, 종합적인 기상 데이터를 수집하는 데 필요한 사회간접자본의 투자를 촉진시켰다.

이 장에서는 기상도의 발달과정과 기상도가 날씨를 예측하고 대기

---

1) 일반적인 바람은 지표 근처에서 불기 때문에 지표풍계(surface wind)라고 한다. 그러나 대기권 전체로 보면 대류권 상층부에도 바람이 나타난다. 이러한 대류권 상층부 바람 중에서 성층권에 가까운 고도 30~35km에서 부는 시속 50~60km의 빠른 바람을 제트기류라고 한다. 제트기류는 제2차세계대전 당시 B29 폭격기를 운행하던 비행 조종사들에 의해 발견되었다고 해서 붙여진 이름이다. 최근 연구에 의하면 이 제트기류는 적도지방의 급작스러운 한파나 아시아 및 아메리카 대륙의 계절풍(monsoon) 현상에도 영향을 미친다고 알려져 있다.

현상을 이해하는 데 있어 차지하는 역할에 대하여 살펴보고자 한다. 초창기 지리학적 아이디어의 적용과 마찬가지로, 기상도는 대기와 관련된 데이터를 종합하고 기상현상에 대한 경험적인 연구 및 폭풍과 대기대순환에 대한 이해를 증진시켰다. 기상도의 제작은 18세기에 온도계와 기압계를 정비하면서 나온 자연스러운 산물이었다. 19세기 초반, 몇 십년 전의 기상 데이터에 근거한 실험차트를 통하여 기상도가 기상예보를 하는 데 있어 매우 효과적인 도구라는 점이 밝혀졌다. 그러나 기상도 제작이 기술적·정치적 장애물을 극복하고 국가 기상서비스의 형태로 자리잡은 것은 1870년을 지나서야 비로소 가능하였다.

　기상도의 제작은 지도학적 관점에서의 혁신 이상으로 사회 전반에 걸쳐 제도적인 변화를 유발하였다. 예를 들면 지도제작에 있어서의 사기업의 역할 대두, 광고에 있어 지도의 이용, 기상 데이터의 질을 높이기 위한 예산안의 확충 등을 들 수 있다. 그러나 기상도의 형태와 기능은 단순히 정부의 정책에 의해서만 결정되지는 않았다. 오늘날 기상도의 형태와 이용 방안은 매우 다양하게 나타나고 있는데, 인공위성영상의 이용, 대중매체를 통한 생생한 기상 그래픽의 전달, 컴퓨터를 이용한 기상예보 모델의 개발, 공항에서 하늘의 상태를 자동적으로 감지하는 센서의 이용, 과학적인 방법에 의거한 기상현상의 시각화(visualization) 등이 그 예이다. 이와 동일하게 중요한 것은 기상도가 우리와 연관되어 있는 다른 지역에 대한 이해를 증진시켰다는 점이다. 따라서 우리 지역의 날씨와 다른 지역의 날씨를 연관시킬 수 있게 되었고, 이와 함께 (기상현상을 인공적으로 조절할 수는 없지만) 기상현상에 대비할 수 있는 기회를 제공해주었다.

# 대기상태의 지도학적 스냅사진

기상도는 대기상태를 지도학적으로 표현한 스냅사진(snapshot)이라고 할 수 있다. 한 장의 기상도에는 특정 시간의 몇 가지 중요한 기상요소들이 결합된 정보가 내재되어 있다. 다양한 기상요소를 측정하고 감지하는 데에는 기상요소의 종류에 따라 상이한 방법이 필요하다. 예를 들면 기온과 기압은 잘 정비된 도구로 측정되어야만 하고, 강수의 출현 유무와 유형은 단순한 관찰로도 감지가 가능하다. 또한 '맑다', '약간 흐리다', '흐리다', '매우 흐리다'와 같은 구름의 상태는 서로 다른 지역에서 동시에 사용할 수 있는 표준화된 기준이 있어야만 한다.

기상도 가운데에서 가장 괄목할만한 것은 기상 예보도이다. 이 기상 예보도는 가까운 미래의 특정 시간에 나타날 것으로 예상되는 대기의 상태를 나타낸다. 기상 예보도는 주 정부나 지방 정부, 농부, 어부, 조종사로 하여금 허리케인, 토네이도(tornado), 폭설(blizzard), 한파, 기타 혹독한 기상현상에 대비할 수 있도록 도와준다. 폭풍우에 대한 경보는 적절한 대피와 인명 및 재산보호라는 측면에서 매우 중요하다. TV와 신문지상에 나오는 기상 예보도는 국지적인 예보를 하기 때문에, 일반인들이 소풍이나 야외 활동을 계획하는 데에도 도움을 준다.

기상도는 두 가지 방법으로 예보를 가능토록 한다. 직접적으로 기상 스냅사진은 반나절, 한나절 또는 며칠 동안의 대기상태를 예측하는 데 출발점이 된다. 간접적으로 현재의 기상상태를 나타내는 기상도는 과학자들로 하여금 대기 프로세스를 발견하도록 하고 기상을 예보할 수 있는 지식을 습득할 수 있도록 해준다.

지도학적으로 표현한 기상도의 가장 실질적인 효용성은 기압과 바람의 관계를 알 수 있도록 한다는 것이다. 그림 2.1은 L이라고 표시된 저기압 세포(low-pressure cell)[2]의 중심부로 순환하는 공기의 흐름을 보여준다. 등압선(isobar)이 동심원상으로 나타나는 것은 기압표면이 저기압이라는 것을 나타내는 것이다. 지표의 바람은 폭풍의 주변부인 저기압에서 폭풍의 중심부인 고기압으로 공기가 이동하면서 발달한다. 바람은 코리올리 효과(coriolis effect)3)에 의해 오른쪽으로 꺾이면서 시계 반대방향으로 이동하는데, 그림의 화살표가 이를 나타낸다. A라고 표시된 상대적으로 등압선 간격이 좁은 지역은 비교적 짧은 거리 사이의 기압차이가 크다는 것을 나타내는 것이다. 이러한 가파른 기압경도4)는 혹독하고 파괴적인 바람을 유발할 수 있다. 강한 저기압은 기압의 중심과 주변부 사이의 기압차가 매우 크다는 것을 반영하는데, 일반적으로 혹독한 폭풍현상을 유발한다.

현재의 일기도에 나타나는 폭풍과 일련의 기상현상에 대한 지식은 기상학자로 하여금 폭풍의 진행방향과 그 영향에 대하여 예측할 수 있도록 도와준다. 예를 들면, 북미와 유럽에서 저기압 세포와 기타 기상현상은 일반적으로 서쪽에서 동쪽으로 움직인다.5) 기상 예보관은 기

2) 기압대를 이루는 작은 기압 덩어리를 의미한다. 일반적으로 북반구에서는 기압대보다는 이러한 기압세포들의 역할이 강조되는 반면, 남반구에서는 기압대의 형성이 중요하다.

3) [원주] 코리올리 효과는 지구의 자전에 의하여 부수적으로 나타나는 현상이다. 이 현상은 바람을 포함한 움직이는 물체에 가속력을 부여해준다. 이러한 가속력은 회전목마를 타고 있는 사람이나 턴·테이블 위의 파리가 경험하는 원심력을 의미한다. 극지방에서는 코리올리 가속력이 전혀 나타나지 않으며, 적도 지방에서는 밖으로 향하는 힘이 매우 미약하다. 그러나 지구 어디에서나 코리올리 효과에 의하여 북반구에서는 움직이는 물체가 오른쪽으로 틀리면서 이동하고, 남반구에서는 왼쪽으로 틀리면서 이동한다. 물론 지표를 걷는 사람들은 이러한 코리올리 효과를 직접 느낄 수 없지만, 지구의 대기권, 특히 저기압과 고기압 세포 주변의 바람패턴에는 중요한 영향을 미친다. 적도 이북의 북반구에서는 오른쪽으로 힘이 작용하여 고기압에서는 시계 방향으로 바람이 불어 나가고, 저기압에서는 시계 반대방향으로 바람이 불어 들어온다.

4) 기압경도는 등압선 사이의 기압의 차이를 나타내는 것이다.

5) [원주] 폭풍의 움직임은 지구의 자전현상과 대기권 상·하부 사이의 상호작용을 반영한다. 겨울철의 폭풍은 차갑고 무거운 캐나다 대기에서 발원하여 미국의 남부로 이동한다. 지구는 서쪽에서 동쪽으로 자전하기 때문에 기단은 동쪽으로 이동한다. 그러나 제트기류와 관계 있는 고위도의 바람은 지표에 폭풍을 유발하며 더 앞쪽으

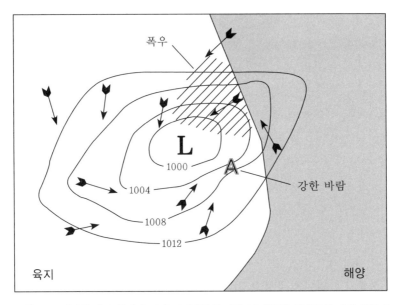

**그림 2.1** 저기압 세포 주위의 시계 반대방향의 바람 및 폭풍우 중심부와 수분 공급지 사이에서 나타나는 강력한 강수대(음영부분)를 표시한 가상 기상도

압세포를 지도학적으로 관찰하는 과정에서 폭풍의 향후 진로방향을 예측하고 폭풍에 대비한 적절한 방안을 세울 수 있다. 기상도는 폭풍의 크기와 강도뿐만 아니라 수분의 공급까지도 묘사할 수 있기 때문에, 기상 예보관은 강수의 양과 지속시간까지도 예측할 수 있다. 그림 2.1의 폭풍의 중심부 북동쪽에 표시되어 있는 음영부분은 저기압 세포의 중심 사이에 놓여 있는 강력한 강수대(precipitation belt)로서, 해양에서 증발작용을 통하여 충분한 수증기를 공급받아 형성된 것이다. 서

---

로 전진하여 동쪽으로 움직인다. 극지방의 제트기류는 지표에서 상승한 더운 공기 때문에 형성되는 것이다. 이 경우 기압이 높아지면 대기권에서 상부로 이동하며, 기압이 낮아지면 약 40,000피트의 고도에서 찬 공기가 북쪽으로 이동한다. 코리올리 효과에 의해 나타나는 강한 동풍은 북쪽으로 이동하는 공기의 흐름을 동쪽으로 바꿔놓는다. 따라서 대기권 상부의 기상현상은 찬 기단을 서쪽에서 동쪽으로 끌면서 지표기상에 영향을 미친다.

부에서 북동부로 이동하는 해안 폭풍은 일반적으로 두 가지 기본적인 원리를 갖는다. 폭풍이 발생함에 따라 기압은 떨어지고 북동풍을 동반한 폭우가 발생한다. 그후에 폭풍이 계속적으로 이동하면서 기압은 상승하고 남동풍을 동반한 맑은 날씨가 시작된다. 비록 날씨에 관련한 속담도 이러한 현상을 암시하지만, 기상도에 근거한 시기 적절한 비상대책과 같은 체계적인 데이터를 제공하지는 못한다.

## 1870년 이전의 일기도 제작

과거 기상도에 근거한 기상예보는 3가지 장애물에 부딪쳤다. 첫번째는 대기권을 측정할 장비가 없었다는 것이고, 두번째는 기상도에 정보를 제공할 데이터가 불충분하였다는 것이며, 세번째는 시기 적절한 데이터를 수집할 수 있는 네트워크가 결여되었다는 점이다. 비록 과학자들과 자연철학자들이 1800년부터 기온과 기압을 측정하였지만, 기상도가 대기권의 시시각각의 상황을 표현해 주는 것과 같은 효과를 얻지는 못했다. 기상도를 통하여 기상을 예보하는 효과를 얻기 위하여, 그들은 우선 거리라는 장애물을 극복해야만 했다. 비록 속도가 느리고 비공식적인 네트워크를 통해서도 기상도가 가지는 효과를 검증할 수는 있었지만, 기상예보가 대중에게 좀 더 효과적으로 다가가기 위해서는 더욱 빠른 통신시설이 필요했다.

대부분의 초창기 과학시설과 마찬가지로, 온도계와 기압계 역시 몇 단계의 정비과정을 거쳤다. 비록 갈릴레오(Galileo)가 1593년 초반에 조잡한 온도측정기를 만들었지만, 1650년 레오폴도(Leopoldo, Cardinal dei Medici)가 온도계를 발명하기 전까지는 정확한 기온 측정이 불가능했다. 레오폴도가 발명한 온도계는 바닥에 포도주가 깔려 있고 윗부분은 폐쇄된 유리관 형태의 온도계로서, 포도주의 수평 눈금으로 온도를 측정하는 것이었다. 1714년 가브리엘 다니엘 파렌하이트(Gabriel Daniel Fahrenheit)는 어는점을 32도, 인체의 온도를 96도로 보정한 단순한 수은 온도계를 제작하였고,[6] 1742년 앤더스 셀시우스(Anders Celsius)는 해수면 높이 물의 끓는점과 어는점을 백분 단위(0~100도)로 압축한 온도계를 제작하였다.[7] 최초의 기압계 역시 이와 유사한 물질로 만들어졌다. 1643년 에반젤리스타 토리첼리(Evangelista Torricelli)는 30인치가 약간 넘는 길이의 유리관을 이용하여 기압계를 제작하였다. 그의 기압계는 한쪽 끝은 막혀 있고 다른 한쪽 끝은 열려 있는 수은으로 채워진 튜브가 기본 구조로서, 열려 있는 부분은 수은으로 채워진 컵에 삽입된 형태로 이루어졌다.[8] 1843년 프랑스의 루시엥 비디에(Lucien Vidie)는 덜 조잡하고 가격도 저렴한 아네로이드 기압계(aneroid barometer)[9]를 발명하였다. 이 기압계는 얇으면서도 압력에 민감한 눈금을 통하여 기압을 직접 측정할 수 있는 것이었다.

18세기 후반 유럽의 과학자들은 기상정보를 수집하고 그 정보를 서로 공유하기 시작하였다. 1780년에 창설된 왕립기상학회(The Societas Meteorological Palantina)를 통하여, 이 학회의 회원인 기상학자들은 온도, 압력, 풍향, 강수, 하늘의 상태에 관한 체계적인 관찰을 할 수 있게 되었다. 1820년경 브레슬라우(Breslau) 대학 수학과 교수인 브란데스(H. W. Brandes)는 이러한 일련의 기상 데이터를 종합하고 이를 통하여 1783년 동안 매일매일의 일기도를 제작하였다(Robinson, 1982: 73~74). 브란데스가 제작한 1783년 3월 6일의 일기도는 북부 유럽에 심각

---

6) 파렌하이트의 이러한 온도 측정법은 오늘날 화씨(°F)로 우리에게 알려져 있다.
7) 셀시우스의 이러한 온도 측정법은 오늘날 섭씨(°C)로 우리에게 알려져 있다.
8) 따라서 이 기압계를 이용하면 기압의 변화에 따라 튜브에 있는 수은이 컵으로 내려가 눈금이 내려가기도 하고 반대로 컵의 수은이 튜브 안으로 들어와 눈금이 올라가기도 한다.
9) 아네로이드 기압계란 액체, 특히 수은을 사용하지 않은 기압계를 뜻한다.

한 피해를 야기한 혹독한 폭풍우 동안 기압이 풍향과 풍속에 미치는 영향을 설명한 최초의 일기도로 평가되고 있다. 그림 2.1에서 보듯이 등압선은 폭풍우의 저기압 세포를 나타내고 기압경도와 바람과의 상관관계를 잘 표현해준다.

그후 30년 동안 유럽과 북미에서 기상도를 제작함에 따라, 많은 사람들이 폭풍의 기원을 알게 되었고, 시기 적절한 기상 데이터에 근거한 기상예보가 가능하게 되었다. 과학자들은 1시간 이내에 나타나는 기상현상을 관측하는 작업의 중요성과, 이러한 데이터를 종합하여 기온, 기압, 바람, 강수지역을 지도상에 표시하는 작업의 가치를 인식하게 되었다. 1830년대에는 폭풍의 행태에 대한 논쟁을 바탕으로 개인적인 관측 네트워크가 발달하였는데 때때로 이러한 개인적인 관측 네트워크는 제도적인 지원을 받기도 하였다(Fleming, 1990: 23~25, 40, 63). 기상관측과 관련한 '보스턴 학파'의 리더인 윌리엄 레드필드(William Redfield)는 중력과 지구의 자전운동에 기초하여 물리학의 운동학(kinematic) 개념을 응용한 '선풍이론'(扇風理論, whirlwind theory)을 주창하였다. 그는 미국, 유럽, 카리브해에 산재해 있던 과학자 및 기상 관측자들과 활발한 교류를 하였다. 한편 '필라델피아 학파'의 리더인 제임스 에스피(James Espy)는 열과 대류 흐름(convection flow)을 강조한 이론을 주창하였다. 에스피는 1840년대와 1850년대에 미 해군 군의성(軍醫省, Army Medical Department), 미국의 스미소니언 협회(Smithsonian Institution)[10]의 지원하에 다양한 제도적 네트워크를 발전시켰다. 비정규적인 네트워크에 근거한 이러한 이론적인 논쟁을 통하여 기상학적인 개념은 개선되었으며 기상예보 네트워크는 더욱 더 발전하였다.

---

10) 영국의 화학자 제임스 스미손(James Smithon)의 기부로 과학 지식의 보급 향상을 위하여 1846년 워싱턴(Washington D.C)에 창립된 학술협회.

당시까지(19세기 중반까지) 가장 중요한 기상학의 주제는 기상 데이터 수집 네트워크를 통하여 주요 폭풍의 강도, 범위, 지속시간의 지리학적 패턴을 밝히는 것이었다. 미국 오하이오주 클리블랜드의 웨스턴 리저브 대학(Western Reserve College)에서 수학과 자연철학의 교수로 있던 앨리어스 루미스(Elias Loomis)는 1843년 미국 철학회에서 「1842년 2월에 미국 전역에 영향을 미친 두 개의 폭풍」(On Two Storms which Were Experienced Throughout the United States, in Month of February, 1842)이라는 제목의 논문을 발표하였다(Loomis, 1846). 루미스는 68개의 관측소와 에스피의 도움을 통하여 얻은 기압과 기타 기상 데이터, 그리고 41개의 군부대와 22개의 관측자들로부터 수집한 바람, 기온, 강수와 관련된 추가 정보를 이용하여 폭풍에 관련된 지도를 작성하였다. 그림 2.2는 루미스가 혹독한 겨울 폭풍의 발달과 이동경로를 묘사한 5장의 지도 가운데 3번째의 지도이다. 그림에서 쇄선(dashed line)은 등압선의 변화양상을 나타내는데, 0이라고 표시된 것이 평균 기압을 나타내는 것이다. 따라서 +2, -2, -4라고 표시된 것은 평균 기압에 비해서 기압이 각각 2인치가 높거나, 2인치, 4인치가 낮다는 것을 의미한다. [여기서 등압선의 변화양상이라고 하는 것은 고도의 변화에 따라 압력이 어떻게 변화하는지를 반영하는 것이다. 따라서 그림에서 점선으로 표시된 등온선과 유사한 종류의 등치선도(等値線圖)이다.] 등압선 -4 안에 -6이라고 표시되어 있는 것은 저기압 세포의 중심을 나타낸다. 루미스는 등압선의 서쪽에서는 대부분 서풍 또는 북서풍 계열의 바람이 불고, 반면에 동쪽에서는 남풍 또는 남동풍의 바람이 분다는 것을 지적하면서 그 결과 시계 반대방향의 바람이 불게 된다고 분석하였다. 이 지도에 뒤이어 나온 두 장의 지도는 1842년 2월 15일 아침 오하이오 계곡에서 발원한 폭풍이 2월 17일 아침까지 캐나다의 대서양 지역으로 이동한 경로를 추적하여 제작한 것들이었다. 이것은 등온선과 등

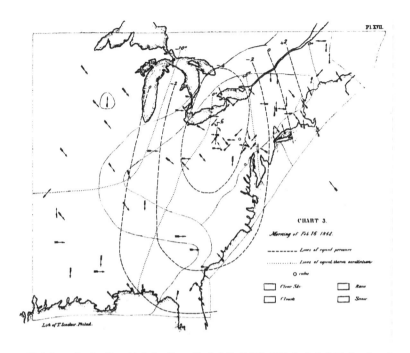

그림 2.2 1842년 2월 15일에서 2월 17일 사이에 발생한 폭풍과 관련된 루미스의 3번째 기상도 그림에서 얇은 점선은 4가지 유형의 하늘 상태와 강수의 카테고리를 표시하기 위한 가이드 라인으로 이 지도에서 핵심적인 요소이다. 출처: Loomis(1846, plate xvii)

압선을 이용하여 제작한 기상도를 공식석상에서 발표한 최초의 논문이었다(Miller, 1933: 191).

루미스는 그의 논문의 결론 부분에서 기상도를 이용하여 기상예보를 하는 작업의 적합성을 다음과 같이 기술하고 있다.

만약 우리가 미국을 대상으로 하루와 1년 단위의 2가지 기상학적 차트를 완성할 수 있다면, 그 차트는 미국 전역의 기압, 기온, 바람, 하늘의 상태를 나타내줄 것이며, 폭풍과 관련된 영구적인 자료로서 정착될 것이다. 어떠한 이론도 (기상도에 나타나 있는) 화살표에 근거한 기상자료를 반박할 수 없을 것이다. 이러한 일련의 지도들은 지금까지 기상학 분야에서 만들어져왔던 어떠한 지도

보다도 가치가 있을 것이다. 무엇보다도 이러한 작업은 매우 힘든 작업일 것이다. 그렇다고 하더라도 최소한 1년의 지속적인 관찰은 필수적이다. 왜냐하면 1년 동안에 폭풍이 얼마나 많이 나타날지는 알 수 없지만 한번 나타난 폭풍은 비슷한 형태로 차후 반복되기 때문이다(Loomis, 1846: 183).

그는 이와 같이 기상현상의 주기성을 강조하면서도 동시에 광범위하게 개선된 네트워크의 필요성을 잘 알고 있었다.

우리는 국가 전역에 걸쳐 최소한 15마일 이하의 간격을 두고 분포하고 있는 관측소들을 필요로 한다. 이렇게 된다면 아마도 미국 전역에 걸쳐 약 500~600개의 관측소가 필요할 것이다. 현재는 우리가 필요로 하는 관측소의 절반 정도가 운영되고 있으며, 적절한 노력을 기울인다면 관측소의 숫자는 2배로 늘어날 것이다(즉, 우리가 필요로 하는 관측소의 숫자가 달성될 것이다-옮긴이). 또한 이러한 관측소를 통합하여 관리하고 무작위적인 관측소의 기록을 의미 있는 것으로 전환시킬 수 있는 총괄 책임자의 역할을 할 단체가 필요하다. 이러한 역할을 미국 철학회가 할 수는 없는 것일까?(Loomis, 1846: 184)

당시까지만 해도 기상을 예보하는 데 있어 가장 중요한 걸림돌은 기상 데이터를 빠르고 효과적으로 수집하지 못하는 것이었다. 1793년 초반 프랑스의 화학자 라부아지에(Lavoisier)는, 송수신 탑 네트워크를 통하여 메시지를 그래픽 코드로 보내는 가시적인 항공통신(visual aerial telegraph)을 완성하기 위하여 클로드 샤프(Claude Chappe)의 구상을 이용하였다. 그러나 라부아지에는 프랑스 혁명에서 희생되었고, 샤프의 구상을 실현하려는 그의 구상은 시험단계에서 중단되어 빛을 보지 못하였다. 모스(Morse) 통신이 발명된 지 5년 후이자 볼티모어와 워싱턴을 연결하는 항공통신이 성공적으로 완성된 해인 1842년, 체코슬로바키아 프라하의 과학자 칼 크리엘(Carl Kriel)은 시간대별 기상도의 편집을 위하여 전자기(electromagnetic) 통신을 이용할 것을 제안하였다. 또한 1848년 존 벨(John Bell) 역시 대영과학진흥연합(British Association for the Advancement of Science)에 이와 유사한 제안을 건의하였다. 1858년 프랑스의 천문학자 위르뱅 르 베리에(Urbain Le Verrier)는 기상도를 제작하는 데 있어 통신 데이터를 이용하기 시작하였다. 그는 시기 적절한 기상정보가 크림 전쟁 당시 영국과 프랑스 연합군을 혹독한 폭풍으로부터 구하였다는 확신을 가지고 있었던 나폴레옹 3세(Napoleon III)의 지원을 등에 업고 유럽 전역에 걸쳐 관측소를 확장하는 작업을 진행하였다(Miller, 1933). 파리 기상관측소의 ≪국제회보≫(Bulletin Internationale)는 1858년부터 통신을 이용하여 수집한 기상데이터를 제공하였지만, 이 회보가 시간대별 기상도를 제공할 수 있었던 것은 1863년 9월 16일 이후부터였다. 그럼에도 불구하고 해링턴(Harrington, 1894: 330)은 당일 수집된 데이터를 기초로 당일의 기상도를 제작한 최초의 사람으로 르 베리에를 꼽는 데 주저하지 않았다.

미국의 통신 네트워크는 매우 빠르게 발달하여, 보스턴 학파의 레드필드는 이미 1846년 통신 네트워크를 이용하여 서인도 허리케인의 접근에 따른 시간대별 대비책을 강구하였다. 1846년 스미소니언 협회의 초대회장을 역임한 조셉 헨리(Joseph Henry)는 에스피와 공동으로 1849년 당시 150개였던 관측소를 궁극적으로 500개로 확대하기 위한 네트워크 확충사업을 실시하였다. 스미소니언 네트워크는 1857년 통신관측소를 모집하기 시작하였다. 그러나 1861년 워싱턴의 곳곳을 폐허로 만든 남북전쟁으로 말미암아 헨리의 혁신적인 실험정신은 꽃을 피우지 못하고 말았다. 비록 그가 남북전쟁 초창기에 기상통신의 실효성을 입증하였다고 하더라도, 르 베리에가 유럽 전역에 네트워크를 확산시킨 것과 유사한 수준으로 기상서비스를 확충하자는 그의 제안은 미 의회와 스미소니언 협회 관계자들을 충분히 설득시키지 못하였다(Miller, 1933: 192). 남북전쟁이 거의 끝나갈 무렵, 그는 다시 한번 국가적 차원에서 기상에 관련된 서비스를 제공할 것을 제안하였다. 그러나 1865년 1월 스미소니언 협회 빌딩이 화재로 거의 전소됨에 따라 기상 프로그램은 붕괴되었고 헨리의 주장은 다시 몇 년 후로 연기되어야만 했다. 물론 스미소니언 협회의 자체적인 노력은 칭찬받을 만한 것이기는 하지만, 헨리에 의해 주장된 통신관측소의 네트워크는 미국 '기상국(Weather Bureau)의 효시'였다는 평가를 받는다(True, 1929). 남북전쟁 후 몇 년간 스미소니언 협회의 기상 프로젝트는 경제적인 측면과 조직적인 측면에서 매우 열악한 상황에 처하게 되었다(Fleming, 1990: 148~150).

(미국에 비해서) 좀 더 아담한 국가인 영국에서는, 시기 적절한 기상 데이터를 수집하는 데 있어 신문사들이 중요한 역할을 하였다. 예를 들면 1848년 영국의 ≪데일리 뉴스≫(*Dailly News*)는 최초의 통신 기상보고서를 발간하였다. ≪데일리 뉴스≫는 1849년 주로 원거리의 지점에서 기차에 의해 수송된 기상관측자료의 테이블을 공식적으로 발간하기 시작하였다. 1851년의 2개월 동안 영국의 하이드 파크(Hyde Park)에서 개최된 대형박람회(the Great Exhibition)에서 기업가인 제임스 글레이셔(James Glaisher)는 당일에 수집된 정보를 기초로 한 일기도를 인쇄하였다. 1861년을 기점으로 런던에 본사를 둔 일기도회사(Daily Weather Map company)는 일기도를 편집하여 판매하였다(Marriott, 1901, 1903). 그림 2.3에 나타났듯이, 이 지도는 등압선과 등온선과 같이 다양한 사상이 들어가 있는 기상도는 아니었다. 그러나 그림 부호의 지리적 배열은 영국과 아일랜드 특정 지역의 기상조건을 잘 묘사하고 있다. 영국의 피츠로이(FitzRoy) 제독이 1860년경 기상통신을 조직하면서 영국 정부는 기상도 제작에 점차 깊이 간여하게 되었고, 새롭게 창설된 대영기상청(British Meteorological Office)은 1867년 일기도 차트를 제작하기 시작하였다. 신문사들은 정부로부터 기상 데이터를 획득할 수 있다는 데에 고무되었으며, 정부는 정부 나름대로

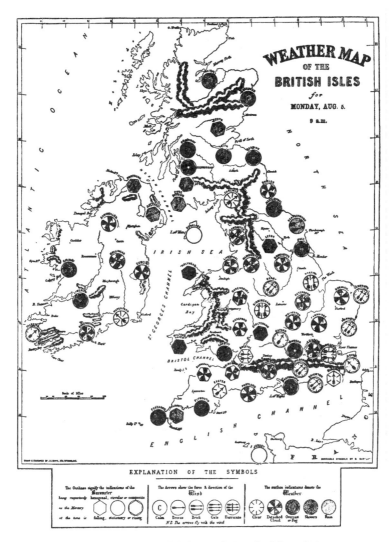

그림 **2.3**   1861년경 영국 일기도 회사의 견본에 수록된 기상도. 출처: Mariott(1901) and Shaw(1926: 309)

기상예보와 기상경보를 널리 전달하는 신문사가 있다는 사실에 고무되었다. 1875년 4월 1일 ≪런던타임스≫(*London Times*)는 세계 최초로 기상청에서 준비된 기상도를 일반적이면서도 공식적인 칼럼으로 지정하여 게재하였다(Scott, 1875).

유럽과 마찬가지로 미국의 기상학자들도 기상도 발달의 필요성에 대해서는 공감하고 있었다. 미국 내 대부분의 자연철학자들은 과학잡지와 사적인 교류에 의존한 기상 데이터에 관심을 가진 반면, 헨리는 미국 전역을 직접 조사하였다. 19세기의 과학은 전문화된 분야가 거의 없는 규모가 작고 동질적인 것이었다. 1850년 설립된 영국의 대영기상학회(British Meteorological Society)는 1823년에 형성된 런던기상학회의 업적을 능가하면서 발전해나갔다(Fleming, 1990: 166~167). 그러나 이보다 늦은 1870년에 태동된 미국 정부의 기상 서비스제도에는 기상현상을 대변하고 비판을 할 공식적인 기상학회가 전혀 없는 실정이었다.[11)]

## 기상도의 다양한 역할

기상도의 발달 역사는 단순한 지도학적 사상의 발달뿐만 아니라 과학적·기술적 진보의 혁신을 내포하고 있다. 앞 절에서 논의하였듯이, 초창기의 기상도는 기상현상에 대한 과학적인 발견과 이론의 발달을 위한 도구였다. 따라서 분산된 상태로 서로 멀리 떨어진 지역간의 기상 데이터를 전자통신을 통하여 시기 적절하게 조합할 수 있게 된 이후에야 기상도는 아주 일반적인 기상예보 도구로 간주되었다. 기상도가 더욱 신뢰성 있고 유용한 도구로 인식되어가면서, 기상도는 교육, 통신, 광고, 심지어는 오락의 기능까지 포함하는 새로운 기능을 갖게 되었다.

---

11) 미국은 유럽에 비해 기상 데이터 수집 및 기상도 제작에 있어서는 늦었다는 것이다.

기상도는 19세기 말과 20세기 초에 기본적인 기상학 이론으로 자리 잡으면서 교육의 역할을 수행하였다. 기상도를 잘 관찰하면 누구나 알 수 있는 몇 가지 단순한 원리들, 예를 들면 '폭풍은 시계 반대방향으로 바람이 부는 저기압 세포'라는 것과 같은 원리만 가지고도 기상예보는 훌륭한 사업이 될 수 있었다. 기상예보와 관련된 다양한 발견 중 많이 이용된 것 중 하나로는 애버크롬비(Abercromby, 1887)의 '등압선의 일곱 가지 기본 유형'(그림 2.4)을 들 수 있다. 애버크롬비는 기상학자가 이와 같은 몇 가지 기본형태를 가지고 지역의 기상조건을 추론할 수 있어야 한다고 주장하였다. 기상국의 워싱턴 사무소는 직원들을 교육시키기 위하여 하루 두 번(오전 8시와 오후 8시)의 상세한 기상도를 준비하였다. 이들은 기존의 기상 예보관과 신진 기상 예보관을 교육시키기 위하여 워싱턴 기상도의 복사 인쇄물을 지역사무소에 배포하였다. 한 기상국 직원은 다음과 같이 당시의 상황에 대하여 언급하였다. "대기물리학 분야에서 가장 우수한 학생이 가장 우수한 기상 예보관이 되는 것은 결코 아니다. 이 분야에서 빼어난 능력을 발휘하기 위해서는 기상도가 지시하는 바를 직관적이면서도 빠르게 감지하고 해석할 수 있는 전문가들이 있어야 한다. 이러한 전문가는 대기물리학에 대한 심오한 연구보다는 오랜 시간 동안 지속적으로 기상도에 대한 연구를 통해서 키워진다"(Bliss, 1917: 110). 당시 기상도는 주목할 만한 폭풍과 폭풍의 이동경로, 그리고 폭풍의 패턴을 발견하기 위한 지도화 작업을 수행하는 기상국의 ≪월간기상정보≫(Monthly Weather Review)의 중요한 부분이었다.

기상국 업무의 상당 부분이 기상도와 관련이 있었기 때문에, 기상도는 기상국의 명확하면서도 적절한 상징물이었다. 기상국의 한 관리는 1898년 다음과 같은 언급을 하였다. "기상도는 우리 기상국의 입지를 확고하게 만든 가장 중요한 출판물이다"(Beals and Sims, 1899: 76). 관

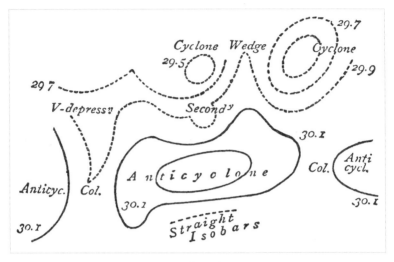

그림 2.4   등압선의 일곱 가지 기본 유형. 출처: Abercromby(1887: 25)

측소를 준비하고 늘리는 과정에서, 전국에 배포된 기상도의 수는 1891
년의 52개에서 1893년의 73개, 1898년의 84개, 그리고 1909년의 112
개로 증가하였으며, 기상도는 지역 기상예보의 중요한 부분이 되었다.
이러한 '관측소 기상도'(station weather map)는 국가 전체의 기상상태
를 단순한 그래픽 모형으로 동시에 제공하였으며, 대중들에게 기상학
적 원리에 관한 교육의 역할을 담당하였고, 기상국 자체 및 업무에 대
한 광고의 효과까지 수행하였다(Monmonier, 1988).

   공공기관에서의 이러한 노력의 결과, 기상도에 있어 그래픽의 질에
대한 논의는 1903년과 1909년 사이의 미의회 예산청문회에서 중요한
이슈가 되었다. 그리고 기상국은 지역관측소에서 제작된 기상도의 질
을 높이고자 더 좋은 장비를 충원하고 추가의 프린터를 임대해 줄 것
을 끊임없이 요구하였다. 소규모와 중소도시의 관측소에서는 일반적
으로 비숙련공이 조작하는 조잡한 등사기를 이용하여 기상도를 재생
산하고 있었다. 기상국 관리들은 추가적인 재정지원의 필요성을 강조

하기 위하여, 중소도시에서 재생산한 조잡한 기상도와 대도시에서 재생산한 질 좋은 기상도를 동시에 전시하는 방법을 동원하였다. 이러한 비교 전략은 적중하여 의회의 상·하원 의원들은 미적으로 떨어지는 관측소에게 추가 지원을 하기로 결정하였다. 기상국은 기상도를 공공장소에 게시했을 뿐 아니라 당시에 가장 일반적으로 사용된 우편배달을 통하여 신청자에게도 배송하였다.

기상국 관리들은 또한 기상도와 관련한 통신비용을 절감하는 방안도 언급하였다. 당시 지방의 관측소들은 워싱턴에서 송신된 데이터를 이용하여 기상도를 자체 제작하였다. 그러나 소규모 도시들은 대규모 도시들에 비해 관측소의 수가 적었기 때문에 기상도의 정확도뿐만 아니라 예보능력도 떨어지는 형편이었다.

의회가 비용을 조절하고 기상도의 보편화를 위해 노력한 결과, 기상국은 1910년 지방신문에 일기도를 게재하기로 결정하였다. 그림 2.5는 기상관측소가 판형을 프린트하거나 간편한 사진복사 기술을 이용하여 신문사에 배포한, 작지만 매우 일반화된 기상도의 예이다. 기상국은 신문지상에 인쇄되어 정부기관 밖으로 배포되는 이러한 기상도를 '상업 기상도'(commercial weather map)라고 명명하여, 기상관측소가 대규모로 상세하게 제작한 '관측소 기상도'와 구분하였다. 1910년 7월 1일 65개의 신문은 45개 도시의 기상도를 게재하였고, 1912년에는 총 290만 명의 독자를 보유한 147개의 신문이 106개 도시의 기상도를 게재하였다. 상업 기상도의 성공에 따라 기상국은 51개 도시의 기상관측소로 하여금 기상도의 재생산을 중단시켰다. 비록 훗날에는 147개 신문사가 기상도 제작에서 손을 놓았음에도 불구하고 여전히 상업 기상도는 관측소 기상도에 비해 일반인들로부터 큰 호응을 얻었으며, 그 결과 기상도를 재생하는 59개 관측소에서 하루에 재생산하는 기상도는 21,000여 장에 불과했다(Monmonier, 1988).

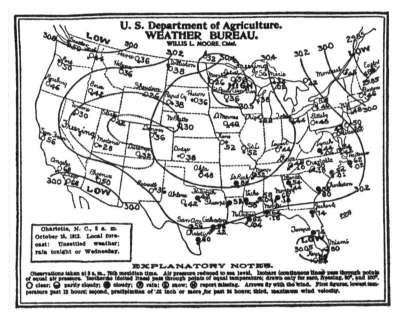

그림 2.5  미국 기상국이 신문사에 제공한 상업 기상도의 예. 출처: Heiskel(1912: 538)

제1차세계대전 이후 기상학 이론이 중요한 부분으로 자리잡게 되자, 기상도는 더욱 신뢰할 만한 자료가 되었을 뿐만 아니라 기상학의 발전과 기상국의 발전을 상징하는 지표로서 부각되었다. 노르웨이의 기상학자인 빌헬름 비에르크네스(Vilhelm Bjerknes)와 그의 동료들은 열대성 저기압(cyclone)의 발달에 관한 개선된 모델을 개발하였고 '극전선'(極前線, polar front)[12])이 유럽과 북미 기후에 미치는 영향을 발견하였다 (Friedman, 1989). 1920년대 한해 예산을 심의하던 미국 기상국 관리들은 기상도의 제작과 배포에 관해서는 할 말이 아무 것도 없었다.[13]) 그

12) 지표의 기단은 특정 지역에 오랫동안 머물러 있던 공기 덩어리가 그 지역 기후의 영향을 받아 독특한 성격의 공기 덩어리로 변하면서 형성되는 것이다. 전선은 서로 성격이 다른 기단이 만나면서 그 경계부분에 형성되는 대기상태를 의미한다. 따라서 극전선은 서로 다른 기단이 극지방에서 만나면서 형성하는 전선을 의미한다.

들은 이제 기상장비를 탑재한 열 기구와 소규모 라디오 송수신기를 이용하여 대기권 상층부의 데이터를 얻는 데에 관심을 쏟게 되었다. 라디오존데(radiosonde)라고 불리는 이 장비들은 500밀리바(millibar) 기압 이상의 기상도와 기단의 분석에 이용되었다.[14] 1930년대에는 온난전선, 한랭전선, 그리고 폐색전선과 정체전선을 상징하는 지도학적 기호들이 일기도를 더욱 풍요롭게 만들었다. 뒤이어 터진 제2차세계대전 중에는 공군 조종사들에 의해 제트기류가 기상패턴에 미치는 영향이 새롭게 밝혀졌다. 그러나 기상학자들이 제트기류와 대기권 상층부의 다양한 현상들을 지도화하려고 노력하였음에도 불구하고, 일반 대중들은 아직도 이러한 정보들을 단지 지표의 기상을 보여주는 기상 예보도를 통해 간접적으로 접할 수 있을 뿐이었다. 즉, 1980년대에 역동적인 TV 기상도가 널리 보급되기 이전까지는, 지표의 기상현상과 제트기류의 관계를 제대로 이해할 수 있는 사람들은 거의 없었다.

시기 적절한 기상도를 제작할 수 있도록 한 1850년대와 1860년대의 전자기술은 1세기가 지나서야 새로운 형태의 기술로 대체될 수 있었다. 적도 상공의 고정된 장소에서 35,900km의 궤도를 그리면서 이동하는 인공위성을 통하여 이제 지구 전체의 모든 해양과 대륙의 구름 패턴, 지표기온을 모니터링(monitoring)할 수 있게 되었다. 인공위성의 이미지 시스템은 30분마다 폭풍과 대기의 수분상태를 포착하고 이를

---

13) 즉, 이제는 기상도의 제작과 배포는 너무도 당연한 것이 되었기 때문에 그 이상의 것에 대해서 관심을 갖게 되었다는 말이다.

14) [원주] 대기권 상층부의 상황을 기술하기 위해, 기상학자들은 고위도 측량에 기초한 지도를 이용하는데, 이러한 접근방법 가운데 한 가지가 500밀리바 지도이다. 500밀리바의 기압이 나타나는 곳은 해수면을 기준으로 5,500미터(18,000피트) 정도의 고도이다. 기압은 일반적으로 고도가 증가함에 따라 감소하는데, 지표 기압이 상대적으로 낮은 곳에서의 500밀리바는 상대적으로 지표와 가까운 곳에서 나타난다. 즉, 일반적인 대기권 상부의 저기압 세포는 16,000피트 내외에서 500밀리바를 나타내는 반면, 대기권 상부의 고기압 세포는 19,000피트 이상에서 500밀리바를 나타낸다. 기상예보와 공기 흐름을 설명하는 데 유용한 500밀리바 지도는 고위도의 기온과 풍향을 잘 나타낸다.

지도학적 스냅사진으로 전송하였다. 동시에 컴퓨터 그래픽 시스템은 경선과 위선, 대륙의 경계와 기타 참고 데이터를 스냅사진에 추가하고 인공위성이 송신한 이미지를 자연스럽고 현실감 있게 보정하여 TV 기상예보 시간에 방영할 수 있도록 하였다. 현대 기상학에서 기상도를 제작하는 가장 대표적인 방법은 '컴퓨터 모델'을 이용하는 것이다. 이 컴퓨터 모델은 인공위성, 지표관측 장치, 라디오존데에서 수신된 전세계의 광대한 데이터 베이스를 종합하는 역할을 한다. 어떤 컴퓨터 모델은 100km 정도 거리의 데이터를 15단계의 서로 다른 고도에서 관찰할 수도 있다(Burroughs, 1991: 151~158). 그러나 좁은 그리드(grid)에 다양한 고도의 데이터를 포함시키다보니 자료를 다운로드받는 데 많은 시간이 소요되고 해상도도 떨어지는 단점이 나타나게 되었다. 따라서 뒤이어 나온 슈퍼컴퓨터는 미래의 기상현상을 관측하기 위하여 수문역학(hydrodynamic) 이론에 기초한 수학적 시뮬레이션 모델을 이용하였다.

1890년대 이후 기상도의 역할은 혁신적으로 바뀌게 되었다. 기상 예보관은 데이터를 직접 받고 이를 통하여 몇 장의 기상도만을 제작할 수 있었던 데 반하여, 상이한 상황과 개념을 반영할 수 있는 컴퓨터 모델은 상이한 시간과 고도에서의 다양한 기상도를 제작할 수 있었다. 컴퓨터가 제작한 기상 예보도는 실제 기상과 종종 맞지 않는 경우가 생겼는데, 이에 따라 기상 예보관들은 가장 적절한 가설을 선택하여 한 장의 기상도만을 채택하든지 아니면 여러 장의 기상도를 종합해야만 했다. 이와 같이 풍부한 기상정보들은 여러 면에서 장점을 발휘하였는데, 특히 농부와 야외 레크리에이션 회사에게는 매우 유용한 정보가 아닐 수 없었다. 기상도를 흥미 있게 만들어주는 신디케이트(syndicate)[15]와 만화가들의 도움에 힘입어, 지역 TV의 기상 예보관들은 더욱 흥미

---

15) 신문에 기사나 만화를 제작하여 배급하는 회사.

있고 역동적인 기상예보를 할 수 있게 되었다.

신문 발행인들은 기상도를 오랜 시간동안 열광적으로 이용하고 배포한 장본인들이었다. 비록 몇몇 신문사들은 기상도의 매력에 싫증을 느끼면서 상업 기상도의 게재를 중단하였지만, 많은 신문사들은 여전히 지역 기상 예보실을 통하여 지속적으로 일기도 차트를 인쇄하고 보급하였다. 1930년대에 기단의 이동과 발달에 관한 분석이 활기를 띠면서 기상패턴은 뉴스의 소재로서 더욱 의미를 갖게 되었고, 이에 따라 새로 일기도를 게재하거나 중단하였던 게재를 다시 시작하는 신문사가 늘어나게 되었다. 1935년 에이피(AP, Associated Press)통신은 유선전송사진(WirePhoto) 네트워크를 개설하고, 정부가 제공하는 기상차트를 바탕으로 새롭게 제작한 일기도를 조간과 석간신문에 게재할 수 있는 계약을 체결하였다. 유선전송사진 네트워크의 개발에 박차를 가하고 있던 유피아이(UPI, United Press International)통신 역시 조간과 석간 신문에 시간대별 기상도를 게재하였다(Monmonier, 1989: 112~124). 1966년 에사(ESSA) 기상 인공위성이 발사된 직후, 두 통신회사 (AP와 UPI)는 기상국으로부터 구름사진을 전송받아 기상서비스를 실시하기 시작했다. 1970년대에는 많은 TV 관측소들이 기상 인공위성으로부터 수신받은 구름사진을 종합하는 기상 그래픽 시스템에 막대한 투자를 하였다. 그 결과 사설(私設) 전자 기상서비스(electronic weather service)에서 제공받은 데이터와 지역 강수 패턴을 포착할 수 있는 방송국 자체의 레이더를 통하여 확보한 자료를 기초로 기상예보 그래픽을 칼라로 방영하기 시작하였다(Henson, 1990).

1970년대 후반과 1980년대 초반 미국의 신문사들은 자기 신문을 새롭게 디자인하는 과정에서 기상도를 필수적으로 고려해야만 했을 정도로 기상도는 이제 광고라는 측면에서 중요한 부분을 차지하게 되었다. 신문 발행인들은 독자들에게 더욱 편리하고 매력적으로 다가가

기 위해서 TV와 경쟁을 해야 하는 위기에 처하게 되었다. 신문 발행
인들은 1982년 한 페이지에 걸쳐서 총 천연색 기상도를 게재하는 것
을 새로운 광고전략으로 삼은 새로운 일간신문 ≪유에스에이투데이≫
(USA Today)의 창간에 위기감을 느꼈다. ≪유에스에이투데이≫의 기
상도에는 전통적으로 중요한 역할을 해왔던 전선과 기압세포가 결여
되어 있었다. 그럼에도 불구하고 지방과 대도시 신문들은 다양한 방법
으로 ≪유에스에이투데이≫의 창간에 대처하였다. 총 천연색 기상도
는 기본으로 하였고, 상대적으로 칙칙한 위성사진은 삭제하였으며, 비,
눈, 구름, 하늘의 상태를 한눈에 알아볼 수 있도록 그림 기호를 이용한
지역 기상 예보도를 추가하기도 하였다(Monmorier and Pipps, 1987).[16]
≪뉴욕타임스≫(New York Times)로 대표되는 몇몇 신문만이 ≪유에스
에이투데이≫와 같은 시각적인 효과를 포기하고 정보 중심의 기상도
를 게재하였는데, 이는 현재와 가까운 미래의 중요한 기상현상을 설명
할 수 있도록 디자인된 해설 위주의 기상도였다. 여기서 역설적인 사
실은 가장 풍부하고 교육적인 신문지상의 기상도는 상대적으로 작고
명확하지 않은 기상도였다는 사실이다.

신문지상의 '날씨 코너'(weather package)에 나오는 지도, 그래프, 도
표, 간단한 해설, 기타 요소들은 기상현상을 매우 사실적이면서도 (스
포츠 코너와 같이) 현실감 있게 나타내주기를 바라는 독자들의 갈증을
해소해 줄 수 있었다. 그러나 날씨의 오락적인 가치를 제대로 부각시
킬 수 있는 유일한 것은 TV 기상예보 시간에 나오는 역동적인 지도였
다. 결국 날씨는 압축적이면서도 끊임없이 변화하고, 부드러우면서도
때로는 거친 한편의 드라마였던 것이다. 날씨는 인간의 삶에 있어서

---

16) 정보라는 측면에서 보았을 때에는 칙칙한 위성사진이 아름다운 그림보다 많은 정
    보를 담고 있다. 그렇지만 독자들의 시선을 끌기 위하여 과감히 아름다움 위주의
    기상도를 선택하였다는 의미이다.

필수적인 현상이지만, 때로는 수천 명의 인명을 앗아가고 수천 개의 회사와 집을 파괴할 수 있는 원자폭탄과 같은 폭풍으로 피해를 주기도 한다. 늦여름과 초가을에 발생하는 열대성 폭풍(우리가 흔히 이야기하는 태풍-옮긴이)은 사람의 이름으로 표기되어 성난 청년의 모습으로 지도상에 나타난다. 비록 직접적으로 위협을 느끼지는 못할지라도, 독자들은 앤드루(Andrew), 보니(Bonnie), 찰스(Charles)17)라는 이름이 인류 역사가 만든 기상학적 괴물이라는 것을 어렴풋이 느낄 수 있다. 대부분의 열대성 저기압은 기상도상에서 어느 정도 진행되다 보면(시간이 지나다 보면-옮긴이) 소멸되는 것이 보통이지만, 몇몇 열대성 저기압은 직접적인 피해를 입히기도 하기 때문에 기상도상에 나타나는 열대성 저기압의 행태는 우리에게 매우 현실적인 문제이다. 1년에 걸쳐서 날씨는 우리에게 다양한 형태로 직·간접적인 위협을 준다. 폭설, 봄철의 홍수, 토네이도, 혹독한 가뭄 등이 대표적인 예이다. TV 스크린, 연속적인 위성사진, 기상 예보도, 레이더 사진, 제트 기류 다이어그램, 기타 날씨와 관련된 그래픽들은 이러한 위협들을 수천 마일에 걸쳐 살고 있는 수백만 명의 사람들에게 알려준다. 케이블 TV의 '기상채널'18)은 날씨에 관심이 많은 사람들, 여행자, 정규 뉴스시간의 기상예보를 기다릴 만한 시간적 여유가 없는 사람들의 요구를 충분히 채워준다. 1991년 초반 서남 아시아의 걸프지역 기상예보 시스템에 포함되어 있는 위성시스템은 걸프전의 상황을 전세계 사람들에게 생생하게 전달해 주는 데 탁월한 역할을 하였다.

---

17) 태풍의 앞에 붙은 대표적인 사람의 이름.
18) 하루 종일 날씨에 관련된 뉴스만 제공하는 유료 채널.

## 기상도는 세계를 어떻게 바꾸었는가?

기상도 제작의 아이디어는 대기권의 프로세스를 이해할 수 있는 여지를 만들어주었을 뿐만 아니라, 비록 짧은 기간이지만 기상을 예측할 수 있도록 하였다는 점에서 세계를 뒤바꿔놓았다고 할 수 있다. 비록 시기 적절한 예보를 할 수는 없었지만, 최초의 기상도는 기상 데이터를 종합하고 기상현상의 지리적 패턴을 나타내는 시각적인 효과를 가져다주었다. 초창기 기상학자인 브란데스, 루미스, 기타 여러 학자들은 2차원의 기상도를 이용하여 기압, 바람, 강수의 관계를 살필 수 있었고, 대기대순환 및 3차원적 프로세스와 관련된 가설을 정립할 수 있었다. 자연철학자와 기상학자들은 기상도를 이용하여 기상현상을 관찰하고 예측하는 과정에서 기상도의 시각적인 기능을 제공할 수 있었다. 그리고 실제 기상도와 기상 예보도를 비교하는 과정에서 새로운 기구, 풍부한 이론, 신뢰할 만한 예보를 발전시킬 수 있었다.

기상도의 신뢰성과 예측성을 개선시키는 데에 촉매 역할을 한 전자기술은 기상도 발달에 기념비적인 영향을 미쳤다. 1980년대에 나타난 기상학 분야에서의 전자기술의 발달은 기상 데이터의 수집과 분석과정을 한 단계 더 발전시켰다. 전자통신, 라디오존데, 기상 인공위성을 통하여 초창기의 거리라는 장애물이 제거되고 현재의 기상과 프로세스를 알려주는 시간대별 기상도가 제작되면서, 슈퍼컴퓨터는 기존의 기상예보가 극복하지 못했던 '36시간 장애물'을 파괴하였다(Kerr, 1990). 무엇보다도 컴퓨터 시뮬레이션 모델을 강조하면서 기상학자와 기후학자 사이의 관계가 매우 공고해졌다. 또한 전지구적 기후변화에 관심을 갖고 있는 기후학자와 다른 대기 과학자들은 대기권의 현재 상황뿐만 아니라 수십 년 이후의 상황도 관찰·분석할 수 있게 되었다. 화석연료를 사용하는 공장과 같은 영향을 주는 아마존 유역의 삼림벌

채, 기타 생태적으로 영향을 미칠 만한 인간활동을 설명하는 과정에
서, 인류는 컴퓨터에 기초한 기상도를 이용하여 후손들이 살아갈 지구
의 기후에 영향을 미칠 자신들의 행동양식을 현명하게 선택할 수 있게
되었다. 매일 매일의 날씨를 예보해주고 장기간의 기후변화에 영향을
주는 인간의 역할을 설명할 수 있는 능력을 통해, 기상학적 지도학
(meteorological cartography)은 돈들이지 않고 광고를 하는 효과를 얻게
되었다(Hall, 1992: 127~138).

전지구적 기후변화에 관한 모델이 (생태학적으로 의미가 있는) 소비
와 생산의 관계 속에서 대중의 지지를 얻기 위해서는, 대기권의 드라
마인 기상현상을 효과적으로 방영하고 이를 통하여 대중의 이해를 구
해야만 하였다. 교사가 어떤 사안에 대해서 성공적인 수업을 진행하기
위해서는, 우선 교육받는 사람들의 관심을 유발해야 한다. 또한 수업
중에 흥미 있는 그래픽을 이용하는 것은 학생이나 대중들을 사로잡을
수 있는 효과적인 방법이다. 이러한 의미에서, 드라마틱하고 흥미를
유발하는 역동적인 기상도는 전세계 사람들로 하여금 대기오염, 해안
지역의 범람, 혹독한 폭풍에 관심을 갖도록 하는 실질적인 작품이었
다. 역동적인 기상도가 멀리 떨어져 있는 사람들과 우리들과의 연관성
을 표현해줌으로써, 우리는 국제적인 환경 갈등을 해결하기 위해서는
전지구적인 시각을 가져야 한다는 것을 인식하게 되었다.

## 참고문헌

Abercomby, R. 1887, *Weather: A Popular Exposition on the Nature of Weather Changes from Day to Day,* New York: D. Appleton.
Beals, E. A., and A. F. Sims. 1899, "Relations with the Press, Commercial Bodies, and Scientific Organizations," *U.S. Weather Bureau Bulletin* 24:

69~79.

Bliss, G. S. 1917, "A History of Weather Records, and the Work of the U.S. Weather Bureau," *Scientific American Supplement* 84(2172), 110~111.

Burroughs, W. J. 1991, *Watching the World's Weather,* Cambridge: Cambridge University Press.

Clarke, K. C. 1992, "Mapping and Mapping Technologies of the Persian Gulf War," *Cartography and Geographic Information Systems* 19, 80~87.

Fleming, J. R. 1990, *Meteorology in America, 1800~1870,* Baltimore: Johns Hopkins University Press,

Friedman, R. M, 1989, *Appropriating the Weather: Silhelm Bjerknes and the Construction of a Modern Meteorology,* Ithaca: Cornell University Press.

Hall, S. S. 1992, *Mapping the Next Millenium,* New York: Random House.

Harrington, M. 1894, "History of the Weather Map," *U.S. Weather Bureau Bulletin* 11: 327~335.

Heiskel, H. L. 1912, "The Commercial Weather Map of the United States Weather Bureau," In *Yearbook of the Department of Agriculture 1912,* 537~539, Washington D.C.: U.S. Government Printing Office.

Kerr, R. A. 1990, "Squeezing out Better Weather Forecasts," *Science* 250: 30.

Loomis, E. 1846, "On Two Storms which Were Experienced Throughout the United States," in the Month of February, 1842, *Transactions of the American Philosophical Society* 9: 161~184.

Marriott, W. 1901, "An Account of the Bequest of George James Symons, F.R.S. to the Royal Meteorological Society," *Quarterly Journal of the Royal Meteorological Society* 27: 241~260, esp. 258~259.

_____. 1903, "The Earliest Telegraphic Daily Meteorological Reports and Weather Maps," *Quarterly Journal of the Royal Meteorological Society* 29: 123~131.

Miller, E. R. 1933, "American Pioneers in Meteorology," *Monthly Weather Review* 61: 189~193.

Monmonier, M. 1988, "Telegraphy, Iconography, and the Weather Map: Cartographic Weather Reports by the United States Weather Bureau," 1870~1935. *Imago Mundi* 40: 15~31.

_____. 1989, *Maps with the News: The Development of American Journalistic Cartography,* Chicago: University of Chicago Press.

Monmonier, M., and V. Pipps. 1987, "Weather Maps and Newspaper
    Design: Response to USA Today?" *Newspaper Research Journal* 8(4): 3
    1~42.
Robinson, A. H. 1982, *Early Thematic Mapping in the History of Cartography*,
    Chicago: University of Chicago Press.
Scott, R. H. 1875, "Weather Charts in Newspapers," *Journal of the Society of
    Arts* 23: 776~782.
Shaw, N. 1926, "Manual of Meteorology," vol. 1, *Meteorology in History*,
    Cambridge: Cambridge University Press.
True, W. P. 1929, "The Beginnings of the Weather Bureau," Chap. 18, in
    *The Smithsonian Institution*, 299~310, Washington D.C.: Smithsonian
    Institution Series

# 3
# 지리정보시스템

마이클 굿차일드

　제1장에서 우리는 지도에 내재되어 있는 사상을 알아보았다. 또한 우리 주위에서 보여지는 세계를 표현하는 방법들이 어떻게 발달하여 왔는가를 보았다. 세계에 대한 생각을 엮어내는 지도의 역할은 바로 그것이 실제와 다르더라도 매우 신비롭다. 현재의 지도학자들은 인간과 환경과의 관계에 영향을 미치는 지도의 힘에 관심을 기울여왔다. 우리는 지도를 그림으로 생각하고, 세계를 표현하는 중립적인 기법으로 보지만, 세계를 지도로 표현할 때 필요한 지도사상을 구분하고 선택하는 과정과, 지구의 둥근 표면을 평면의 종이에 맞추기 위한 변형기법은 모두 우리가 세계를 이해하는 데에 큰 영향을 미친다. 심지어 지도의 위쪽을 북쪽으로 두는 관습마저도 미묘한 문화적 메시지를 보내는 것으로 여겨지고 있다.

　지난 30년간 정보를 다루는 디지털 기술의 이용이 점차 보편화되는 추세의 일환으로, 지리정보(地理情報)의 본질과 사회에서의 그 역할에 대한 중대한 변화가 나타나고 있다. 숫자나 문자와는 달리 지도와 영상을 수치(數値)로 저장하고 처리하는 데에는 많은 문제가 뒤따른다. 왜냐하면 이들 자료는 상대적으로 복잡하고 정보가 매우 밀집되어 있기 때문이다. 컴퓨터 하드웨어와 소프트웨어의 획기적인 연구개발로 인해 지난 20년 사이에 이른바 '지리정보기술'(地理情報技術, geographic information technologies)이 등장하여 전자 자료 처리와 응용분야에 새로운 영역이 형성되기에 이르렀다. 새로운 기술은 지도가 세계에 대하여 생각했던 문제에 미세한 부분까지도 영향을 미치게 되었다. 새로운 기술은 우리의 시야를 넓게 만들었고, 동시에 종이지도로 작업할 때 구별하기 어려웠던 부분도 다룰 수 있도록 새로운 기법을 제공하고 있다.

## 전통적인 지도제작의 한계점

일찍부터 우리 주위의 세계를 기호로 표현할 때 지도를 새긴 바위로부터 태평양 항해에 사용되던 막대기모형(stick model)[1]에 이르기까지 매우 다양한 종류의 재료들이 사용되었다(Harley and Woodward, 1987). 그럼에도 불구하고 20세기에 들어 항공사진과 수치 영상이 개발되기 전까지 지도 제작을 위한 주요 재료는 여전히 종이였다.

간단한 도구만으로도 방대한 지리현상과 사상들을 종이 위에 표현할 수 있게 되자, 지도를 판독하는 것만으로도 사람들은 서로가 가진 지식들을 주고받을 수 있게 되었다. 활자를 이용해서 글자를 인쇄하고, 일정 폭의 선을 그리고, 일정한 색으로 영역을 칠할 수도 있게 되었다. 그렇지만 이러한 기술들은 실제로는 많은 한계점을 가지고 있다

---

1) 태평양 마셜 제도의 원주민들은 코코아야자나무의 잎줄기에 돌이나 조개껍질을 엮어서 자신들의 주변 환경을 상징적으로 표현하였다. 이것을 막대기모형(stick model) 혹은 막대기해도(stick chart)라 한다.

(Goodchild, 1988). 예를 들면, 도로나 하천 폭의 변화를 표현할 때, 혹은 경계선이나 등고선의 위치에 대한 불확실성을 표시하고자 할 때, 선의 폭을 계속하여 변화시키기는 쉽지 않다. 삼림에서 수종의 경계에 밀도를 표현하거나 산맥에서 바람이 부는 방향에 따라 강수량을 표현할 때와 같이 점진적인 변화를 표현할 때 색이나 패턴으로만 연속적인 변화를 표현하기란 매우 어렵다. 또한 지도를 읽는 사람들이 연속되는 변화를 정확히 해석하는 것 역시 매우 어렵다. 따라서 지도로 표현할 때 급작스럽거나 뚜렷한 지리적인 변화를 강조하는 경향이 있으며, 조그만 변화나 모호함은 어쩔 수 없이 축소되게 된다.

이런 점에서 기술적인 한계가 가장 두드러진 부분이 지형고도를 표현하기 위한 기존의 방법들이다. 현재 우리에게 친숙한 등고선 표현기법은 수십 년에 걸쳐 표준이 되어왔다. 그러나 지도를 읽을 때 학교에서 독도법(讀圖法)을 배워야 하고, 등고선의 패턴을 해석하기 위하여 색상이나 무늬와 같은 보조적 기법을 사용해야 한다는 점에서 그 한계가 명확히 드러난다. 지금까지는 등고선이 지형고도에 대한 정보를 좀 더 효과적으로 제공할 수 있었다. 또한 지도학적 기법의 한계로 인하여 지형을 정확하고도 효과적으로 표현할 수 있는 다른 기법이 마땅치 않았기 때문에, 등고선을 펜으로 그리는 방법을 주로 사용했다. 그러나 이 기법은 등고선에서 표현되는 고도와 고도 사이에 내재되어 있는 정보를 전혀 제공하지 못한다. 또한 고도를 측정할 때 지도화 과정에서 나타나는 불확실성이나 등고선 위치가 불확실하기 때문에 나타나는 영향에 대한 정보 역시 제공할 수 없다(그림 3.1).

지도의 목적이 지도제작자와 이용자 간에 지식을 서로 전달하는 것이기 때문에 의사전달의 효율성에는 항상 의문을 제기할 수 있다. 등고선의 경우, 몇몇의 지점을 선택하고, 그 지점의 고도를 직접 측량하거나 사진측량을 실시한 후, 다른 위치의 고도를 예측하는 것이 전통

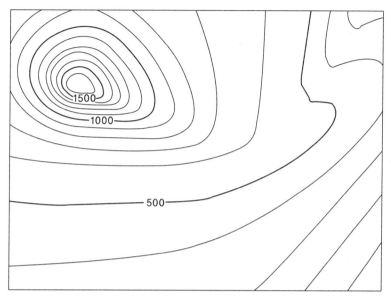

**그림 3.1** 지표면을 표현한 등고선의 일부. 지도제작 기술에서는 등고선이 균일한 폭을 가져야 한다. 그러나 등고선 위치의 불확실성의 변화나 등고선 사이에 내재되어 있는 위치나 형태에 대한 정보는 표현할 수 없다.

적인 지형도 제작기법에서 지도제작자가 수집할 수 있는 정보의 전부였다. 지도의 사용자는 등고선 위에 놓인 점에 대해서는 정확한 고도를 알 수 있지만 다른 지점의 고도는 정확하게 예측할 수 없다. 대부분의 지도에서 실제의 고도는 주위 등고선의 고도 사이라면 어디에나 있을 수 있다. 따라서 지도에서 등고선 간격이 조밀할수록 정확도는 높아진다고 예측할 수 있다.

간단히 표현하면 지도 제작자가 이용할 수 있는 정보의 일부만이 실제로 소통되기 때문에, 의사전달의 효율성은 대단히 적다. 토양학자들이 현지 측량으로 얻은 지식을 전달하는 토양도의 경우도 비슷하다. 또한 인구밀도에 관한 지식을 전달하는 단계구분도의 경우도 그렇다. 이런 예들에서 알 수 있듯이 지도를 이용하는 사람이 얻을 수 있는 정보는 지도제작자가 제공할 수 있는 것 중에서 단지 일부만이 전달될 뿐이다. 이것은 지도학적 표현이 기술적 한계 때문에 제약을 받기 때문이다. 그러나 실세계는 매우 복잡하고 때로는 놀라울 정도의 공간이기 때문에, 지도가 세계를 단순화하고 실제의 복잡한 상황을 일부분만 전달한다는 측면에서 생각해보면, 지도에 대한 이용자의 신뢰가 줄어들 수도 있다.

마크와 프랭크(Mark and Frank, 1991), 그리고 그밖의 여러 학자들은 최근에 인지과학(認知科學, cognitive science)과 언어학(言語學, linguistics)의 기본원리를 받아들여 지리정보와 지도제작의 본질에 관하여 논의하기 시작했다. 우리가 지리정보에 관하여 배우고 이해하는 능력이 구조적으로는 언어로 제한되어 있으며, 인위적으로 구분된 관점으로만 세계를 보기 때문에, 심하게 왜곡된 구조를 가지고 있다고 이들은 주장하였다. 이런 이유로 말미암아 일반적으로 지리학적인 표현을 할 때에는 구분된 항목을 사용하고 표식을 붙이는 경향이 있다. 예를 들어 영어는 다양한 전치사(예컨대 within, over, across, outside 등)가 있어 물체의 공간적 관계를 표현한다는 점에서 풍부하다. 그러나 사람들 간의 일상적인 대화에서 필요한 모호함, 불확실성, 점진적 변화는 잘 사용되고 있지 않으며 이와 관련된 어휘 또한 풍부하지 않다.

고도를 표현할 때 등고선을 이용하거나, 토양분포를 표현할 때 경계선으로 정의된 영역을 이용하는 이유는 단지 지도학적 기법의 한계뿐만 아니라 인간 인지능력의 선호도를 반영하였기 때문이다. 이러한 관점에서 의사 전달과정에서 나타나는 여과과정은 정보의 손실만 있는 것이 아니라, 일반화라는 긍정적인 측면, 즉 지도를 이용하는 사람이 지도 속에 함축되어 있는 정보를 더욱 효과적으로 사용할 수 있는 수단이 될 수도 있다.

실세계는 복잡하고 모호하며, 변화양상도 공간적인 연속성을 갖고 있다. 이를 표현하는 지도는 기존의 지도보다 유용성이 떨어질 수도 있는데, 그 내용이 우리의 인지과정과 맞지 않을 수 있기 때문이다. 간단히 말해, 실세계에 대하여 정확하게 배우는 것은 매우 어려우며, 이것을 애매 모호한 개념으로 표현하기도 어렵다. 그리고 이러한 정보를 해석하는 것 역시 어렵다.

불완전한 의사소통을 극복하기 위해서는 명쾌하고 과학적인 시각으로 지도에 접근해야 한다는 견해와, 인간 이해의 한계를 분석해야 한다는 인지적 견해가 대립함에 따라서, 새로운 기술의 역할에 초점이 맞추어지게 되었다. 한편으로는 컴퓨터 기술로 인해 지도학적 기술의 한계점을 극복하고 새로운 세계의 지평을 열 수 있게 되었다. 예를 들면 새로운 표현방법을 통하여 토양학의 과학적 지식을 다른 사람들이 이용할 수 있게 되었다. 인간의 공간에 대한 이해능력에는 제약이 있지만, 컴퓨터 기술은 이러한 인간의 제약을 반영하도록 고안되어, 지도를 더욱 쉽게 읽을 수 있게 하고 있으며, 인간의 직관과 더욱 가까운 디자인을 할 수 있게 하였다. 앞에서 제시한 두 가지 관점은 분명히 동시에 존재한다. 이는 어떤 것이 응용하는 분야에 더욱 적합한 것인가에 달려 있다. 이 장의 다음부분에서는 지도와 지리정보 처리를 위한 컴퓨터 기술의 발달과 함께 새로이 등장한 아이디어를 소개하고자 한다. 아울러 세계를 이해하는 데 있어 이들의 잠재적인 영향을 살펴보고자 한다.

## 새로운 지리정보기술

### 지리정보시스템

지리정보시스템(Geographic Information Systems)이라는 용어는 1960

년대에 처음 등장하였다. 캐나다의 지리학자인 로저 톰린슨(Roger Tomlinson)이 캐나다의 토지관리국(土地管理局, Canada Land Inventory)에서 제작한 방대한 양의 지리자료를 다루기 위한 컴퓨터 시스템을 제작하면서 지리정보시스템은 시작되었다(Tomlinson, Calkins and Marble, 1976). 토지목록은 경작할 수 있는 토지의 면적과 같이, 면적 측정을 중심으로 이루어진다. 면적 측정은 지도에 점을 찍어서 그 개수를 세는 기존의 방법으로는 구하기가 매우 어렵다. 또한 구적계(planimeter)[2]를 이용하여 경계선을 그리는 방법 또한 쉽지가 않다. 이러한 방법은 조잡하여 정확한 측정치를 구할 수 없다. 더욱 심각한 문제는, 토지이용 계획가들이 다양한 특성을 가진 토지의 정확한 측정을 원하고 있는데, 그러기 위해서는 지도를 투명지에 중첩하는 대단히 노동집약적인 작업을 거쳐야 한다는 문제가 있다. 삼림이용 계획에서는 삼림지역의 토지만을 알려고 하지는 않는다. 휴경지나 농업적으로 이용되는 토지도 조사되어야 한다. 컴퓨터는 잠재적인 비용을 절감할 수 있으며, 훨씬 정확한 결과를 얻을 수 있다. 지리정보시스템이라는 용어는 자료의 지리적 차원에서의 컴퓨터 시스템을 강조한 것이다. 지리정보시스템을 이용하면 단순한 조작만으로도 다양한 유형의 자료를 수집, 저장, 검색, 분석할 수 있다(GIS의 정의에 대한 자세한 논의는 Maguire, 1991 참조).

초창기부터 지리정보시스템은 지속적으로 성장하여 전자자료 처리에 있어 탁월한 영역을 구축하고 있다. 최근 미국에서는 지리정보시스템 소프트웨어의 연간 매출액이 무려 45억 달러에 이른다(Daratech, 1994). 지리정보시스템과 관련한 하드웨어, 자료 수집비, 유지관리비,

---

2) 지도 위에 그려진 사상의 면적을 측정하는 기기이다. 지도가 붙여진 평탄한 탁자 위에 구적계를 고정시키고, 구하고자 하는 지역을 포함하는 경계선을 따라 그리면 면적에 비례한 값을 구할 수 있다. 읽은 값에 축척에 따른 단위면적을 곱하면 면적이 계산된다.

분석비용까지 합치면 그 매출액은 훨씬 크다고 할 수 있다. 초기에는 많은 연구들이 지리정보시스템과 연계함으로써 돌파구를 마련하였다. 톰린슨의 캐나다 지리정보시스템, 1970년대의 하버드 컴퓨터 그래픽 과 공간분석 연구실(Havard Laboratory for Computer Graphics and Spatial Analysis)의 작품 등이 대표적인 예이다. 이러한 발달에 발맞추어 상업적인 제품들이 1970년대 후반부터 등장하기 시작하였다. 1980년대 말까지 지리정보시스템과 관련된 연구는 많은 대회, 잡지, 학회, 그리고 대학 교과과정을 양산하였다. 지리정보시스템 분야는 계속 확장되어 소프트웨어 시장은 매년 20% 이상씩 증가하고 있으며, 앞으로도 이런 추세는 계속될 것이다. 지리정보시스템은 지역 분석과 종합적인 고찰을 위한 망원경인 동시에 현미경이며, 컴퓨터이고 복사기라고 표현된다(Alber, 1988). 또한 지도의 발명 이후에 지리정보를 다루는 가장 역사적인 발전이라고도 표현하고 있다(Department of Environment, 1987: 8).

미국 에스리(ESRI)사(社)에서 개발한 아크-인포(ARC/INFO)나 미 공병단 연구실에서 개발한 그라스(GRASS, Geographical Resources Analysis Support System)와 같은 현재의 지리정보시스템은 다양한 범위의 지리 사상과 지리학적인 변화유형을 디지털로 표현하고 처리할 수 있는 기능을 갖추고 있다. 지도를 그림으로 표현하는 기능 이외에도 지리정보시스템은 지도사상과 관련된 다양한 속성정보를 다룰 수 있다. 또한 연결성(connectivity), 인접성(adjacency), 근접성(proximity)과 같은 지도 사상간의 다양한 관계도 처리할 수 있다. 어떤 투영법에서 작성된 지도를 다른 투영법으로 변환하는 것 역시 가능하다. 다양한 시스템이나 기기로부터 자료를 입력할 수도 있으며, 이를 지도의 형태로 출력할 수도 있다. 그러나 지리정보시스템의 진정한 장점은 면적을 측정할 수 있고, 여러 가지 자료를 중첩할 수 있으며, 여러 가지 공간 분석이나 모델링을 할 수 있다는 점이다. 지리정보시스템은 통계분석에 필요한 도구로서의 통계 패키지와 같이 지리분석을 위한 도구로 볼 수도 있다. 두 가지 시스템 모두 연구자가 정의한 분석기법을 수행할 수 있도록 도와주기 때문이다.3)

　지리정보시스템은 가장 단순한 단계에서 하나 또는 그 이상의 지도 내용을 디지털로 표현하고 있다. 지도에 나타난 사상들은 명확하고 정확한 경계를 가지면서 변하지 않는 부분들이기 때문에, 디지털로 이들을 표현하기 위해서는 점이나 선 그리고 면으로 조직해야 한다. 점은 두 개의 좌표(X축과 Y축의 조합)로 표현되고, 선은 점들이 직선으로 연결되어 표현되며, 면은 점들이 다각형의 경계를 표현하는 꼭지점으로 이루어진다. 여기서 선을 표현할 때 폴리라인(polyline)이라는 용어를 쓰는데, 이것은 다각형(polygon)과 비슷한 의미이다. 따라서 지리정보시스템 자료구조를 통하여 지도화된 지리사상이 뚜렷이 표현되며, 아울러 실제로는 부드러운 곡선을 직선의 선분으로 나누는 것과 같이 지도사상이 다분히 추상화된다. 폴리라인과 다각형은 도시의 도로나 지적 경계를 표현할 때 적절한 수단이 될 수 있다. 그러나 하천을 지리정보시스템으로 표현할 때 단순화된 형태를 그대로 적용한다면, 수문 현상의 영향에 대한 지식이 반영되지 않을 수도 있다. 이러한 경우 지리정보시스템의 자료구조가 지도보다 효과적이지 않다는 주장도 있을 수 있다. 지도는 부드러운 곡선을 표현할 수 있기 때문이다. 이와 유사하게, 토지피복도의 경우, 지리정보시스템 이용자들은 공간적으로 연속되어 변화하는 특성을 표현하는 것보다는 기존의 토지이용에 나타나는 삼림, 초지, 침엽수, 활엽수 등과 같은 뚜렷한 경계만을 표현해왔다.

---

3) [원주] 지리정보시스템에 대한 소개는 스타와 에스터스(Star and Estes, 1990), 버로 (Burrough, 1986), 로리니와 톰슨(Laurini and Thompson, 1993) 등 그밖에 여러 학자에 의해 출판되었다. 매쿼에, 굿차일드, 린드(Maquire, Goodchild and Rhind, 1991)는 지리정보시스템 기술의 동향을 이해하기 쉽게 설명하였다.

## 원격탐사

초기의 항공사진(航空寫眞, aerial photographs)은 19세기부터 시작되었다. 그러나 1960년대에 지구궤도 인공위성이 등장하면서 기술적인 면에서 새로운 분야가 등장하게 되었다. 지구를 촬영한 디지털 위성영상은 국가간의 경계를 고려하지 않고 지구 전체의 상세한 정보를 취득하여 데이터베이스로 저장할 수 있게 되었다. 원격탐사(遠隔探査, remote sensing)는 군사적인 목적으로 말미암아 급속히 발달하였다. 그러나 민간의 응용분야가 뒤를 이었으며 이는 지도화의 역사에 새로운 지평을 열게 되었다.

지도와는 달리 원격탐사 영상은 직사각형의 그림요소, 즉 화소(畵素, pixel)로 이루어져 있다. 각각의 화소는 특정한 파장대에서 지표면의 반사도를 신호 값으로 표현하고 있다. 랜드셋(Landsat) 위성에 탑재된 티엠(TM: Thematic Mapper) 센서와 같은 장비는 고해상도의 영상을 제공하고 있다. 이러한 위성영상은 일정한 시간간격으로 지구의 어디서나 지표면의 정보를 수집하고 있다. 티엠의 경우 약 30m의 공간 해상도4)를 가지며 19일 간격으로 촬영되고 있다.

우주로부터 촬영된 모든 영상은 수천 가지의 복사량(radiation) 강도를 측정한 수치로 구성되어 있다. 영상에서 색상과 질감은 연속적으로 변화한다. 영상에서 각각의 화소들이 연구자가 설정한 계급항목 중의 하나로 분류될 때 그 결과는 지도와 유사해진다. 여기에 영상에서 잡티를 제거하기 위한 필터링(filtering, 여과작용)과 같은 후처리 과정이 추가되면, 우주에서 본 것과 같은 지구의 영상이 좀더 지도와 가까운

---

4) 위성영상에서 하나의 화소로 표현되는 영역이 실제 지표면에서 가지는 면적을 공간 해상도라 한다. 공간 해상도가 30m이면, 위성영상에서 하나의 화소, 즉 하나의 점이 지표면에서는 30m×30m의 면적을 차지하게 된다. 공간 해상도의 수치가 클수록 어색한 영상으로 표현되며, 수치가 작을수록 자세한 영상을 얻을 수 있다. 최근에는 1m 해상도의 상세한 위성영상도 등장하고 있다.

형태로 표현될 수 있다.

구름에 의해 가려지지 않는다면, 원격탐사는 다양한 수준에서 넓은 영역의 지리적인 변화를 파악할 수 있다. 최근에는 원격탐사로부터 구해진 자료가 지리정보시스템에서 분석하고 모델링하기 위한 입력자료로 사용되고 있다. 이때는 인구나 경제적인 변수, 행정경계, 토지소유와 같이 위성영상으로부터 구할 수 없는 정보들과 함께 연결되어 사용된다. 지리정보시스템과 원격탐사를 통합할 때 발생할 수 있는 문제로는 정확성의 문제, 비호환적인 용어의 문제, 제도적 문제 등이 있다.

### 범지구적 측위체계

지난 5년간 원격탐사는 범지구적 측위체계(Global Positioning System, 이하 지피에스)라고 알려진 제3의 디지털 지리자료 처리기술과 함께 발달해왔다. 원격탐사의 경우와 마찬가지로, 지피에스 역시 군사용 목적으로 크게 발전해왔다. 이 시스템은 정밀한 시간대별 신호를 보내는 지구궤도 위성들로 이루어진다. 이 위성들은 지상의 수신기에서 지표면의 위치를 계산하는 데 이용된다. 군사적 목적에서 간단한 지피에스 수신기는 90% 신뢰도에서 약 32m의 오차를 가지고 위치를 측정할 수 있다. 그러나 민간의 경우에는 신호가 교란되어 90% 신뢰도에서 약 100m의 오차거리를 가진다. 최근 수신기술이 발달하여 휴대용 전자계산기 크기의 휴대용 수신기를 불과 몇백 달러면 구할 수 있다. 또한 개인용 컴퓨터에 설치되는 지피에스 보드도 이용되고 있다.

지피에스의 정확도를 개선하고 신호의 교란을 피하기 위한 여러 가지 기술들이 개발되어 왔다. 디지피에스(Differential GPS)는 두 개의 수신기를 이용한다. 하나는 정해진 위치에 고정하며, 하나는 이동한다. 두 개의 수신기는 라디오 주파수 신호로 서로 연결된다. 이러한 시스템을 사용하면 오차범위가 1m 이내로 정확해진다. 또한 장시간에 걸쳐 미지의 지점에서 자료를 수집하고자 할 때 더욱 정확한 정보를 획득할 수 있다.

지피에스는 전문 측량 분야에서 혁신적인 효과를 얻을 수 있다. 일반적으로 위치측량은 몇몇의 공인된 측량점을 기준으로 거리와 각도를 측정함으로써 구해진다. 모든 나라에서는 이러한 측량 기준점을 매우 높은 정확도를 가진 소수의 기준점을 포함하여 등급별로 유지관리하고 있다. 지피에스를 이용하면 지표면의 위치를 곧바로 구할 수 있다. 따라서 지피에스를 이용하면 기존의 측량지점, 특히 원격지에서의 많은 오차들을 줄일 수 있다. 남극대륙과 같이 거의 알려진 지형지물이 없는 지역을 연구하는 과학자들에게 지피에스는 정확한 측정을 할 수 있는 최초의 신뢰성 있는 방법이다.

원격탐사와 같이 지피에스는 좌표측정의 자료원으로서 지리정보시스템과 통합된다. 물론 원격탐사와 같이 정확도, 전문적인 연습, 그리고 용어 등에서 많은 문제도 나타나고 있다. 지리정보시스템과 원격탐사, 지피에스라는 세 가지의 새로운 지리정보 처리기술들은 모두 통합되어, 사회에서 지리정보의 가용성과 신뢰성, 그리고 가치를 급격히 높이고 있다. 이러한 변화는 우리가 세계를 표현하고 이해하는 방법에 많은 시사점을 주고 있다.


## 지리표현의 새로운 아이디어

세 가지 지리정보 기술 모두 지리적 표현의 새로운 가능성을 열었다. 우리가 이미 보아왔듯이 지도의 표현은 펜과 잉크로 일하는 전통적인 지도학자의 몫이었다. 그러나 전통적인 기법의 제약으로 인해 인간의 인지패턴 또한 제약을 받아왔던 것이 사실이다. 디지털 환경에서는 이러한 제약이 존재하지 않는다. 지도제작자가 상상할 수 있는 세계의 모습만이 지도로 표현될 때 제한요소로 작용될 뿐이다. 이 장에서는 지난 30년간 제시되어 온 새로운 발달 방향을 살펴보고자 한다

### 지형지물과 속성

지도는 지형지물의 위치를 보여주기 위하여 고안되었다. 많은 기법들이 지도에서 표현되는 지형지물, 즉 지도사상을 구분하고 그 속성을 표현하기 위하여 개발되어왔다. 예를 들면 탑이나 소화전(消火栓)을 표시하기 위하여 기호로 점을 그려 넣거나, 철도와 도로를 구분하기 위하여 점선과 실선으로 그 특성을 기호화하고 색상을 달리 주었다. 또한 토지피복 구분이나 행정단위를 표시하기 위해 면의 무늬를 넣거나 색상을 다르게 사용했다. 그러나 각각의 경우마다 하나의 지도사상을 동시에 표현하기 위한 속성의 수에는 한계가 있다. 색상과 무늬, 그리고 주기를 결합하여 가능한 한 5개의 독자적인 속성을 표현할 수는 있다. 그러나 이것은 어떤 지역의 유형을 표현하는 데 필요한 속성의 수에 비하여 턱없이 모자라는 실정이다. 예를 들어 평균 가구소득이나 질병분포와 같은 센서스에 의해 조사된 속성은 각 구역마다 수백 가지가 될 수 있다. 그러나 한 지도에서는 불과 몇 개의 속성만이 동시에 그려질 수밖에 없다. 그림 3.2와 같은 지도가 지도기술의 한계 내에서 최대한 많은 속성을 동시에 보여줄 수 있는 좋은 예라 할 수 있다.

지리정보시스템은 이에 비하여 훨씬 좋은 환경을 제공한다. 일반적으로 사용하고 있는 기술은 화면상에서 센서스 조사구역과 같은 특정한 사상을 사용자가 마우스로 그 위치를 선택하는 것이다. 그러면 데이터베이스는 선택된 사상의 속성을 검색한다. 예를 들면, 어떤 지역에서 65세 이상의 인구특성이나 토지의 소유주 정보를 찾는 것을 생각해 보자. 지리정보시스템에서는 많은 속성들을 분류하여 다음 화면

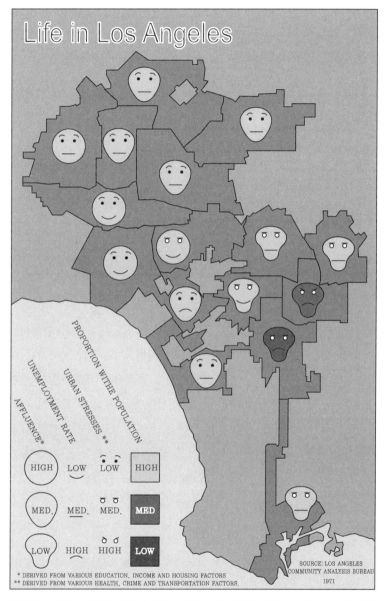

**그림 3.2** 다른 종류의 많은 속성을 표현한 지도. 체르노프(Chernoff, 1973)에 의해 개발된 기법으로, 하나의 지도에서 일반적으로 표현할 수 있는 속성보다 많은 속성을 얼굴의 표정으로 표현하고 있다.

의 다른 부분에 그 결과를 나누어 표시할 수 있다. 따라서 종이지도와 비교해 볼 때 이 기법은 동적인 측면을 표현할 수 있으며, 사용자의 요구에 따라 시각적인 정보로 바꿀 수도 있다. 그 결과, 기존의 지도작업에서 할 수 있었던 것보다 더욱 넓은 범위의 정보를 다룰 수 있게 되었다. 이러한 기법을 통하여 사용자는 더욱 강력한 힘을 얻었으며, 더 이상 지도제작자들에게 지도제작을 의뢰하지 않게 되었다. 그러나 이러한 기술이 너무 발달한 나머지, 지리적인 상세함을 새로이 다룰 때 개인 사생활이 침해를 받을 우려도 있다. 예를 들어 전화번호부나 지번도(地番圖)와 같이 이미 대중에게 공개된 자료들은 단순히 마우스를 몇 번 클릭함으로써 집주인의 이름과 전화번호가 나올 수 있을 정도로 지리정보시스템은 발달하였다.[5]

### 계층적 접근

2차원의 지도가 가지고 있는 공간적인 한계를 극복하기 위해서는 속성들을 더욱 충분히 표현할 수 있어야 한다. 지리학적 실세계는 지구의 표면에 가까울수록, 더욱 자세해지는 특성을 가지고 있다. 어떤 지리교사는 학생들에게 이러한 현상을 설명하기 위해 지도에서 나타나는 $0.25m^2$의 캠퍼스 잔디의 복잡성을 설명하기도 한다. 이것은 복잡한 것을 푸는 과정과 유사하며, 어떤 경우 해안선과 같은 자연적 지리사상을 어느 정도의 정확도로 표현하는가 하는 문제와 같다. 이러한 특성은 전통적인 기하학과는 일치하지 않기 때문에 브누아 만델브로 (Benoit Mandelbrot, 1982)는 프랙털(fractal)[6]이라는 이론과 함께 이러

---

5) 야후(YAHOO) 지도나 한미르(HANMIR)와 같이 인터넷상에서 운영되고 있는 검색 사이트들은 이미 이러한 서비스를 제공하고 있다.

6) 만델브로는 자연 속에 존재하는 불규칙한 현상이 실제로는 일정한 규칙을 가지고 있는 것으로 파악하고 이것을 프랙털 기하학으로 설명하였다. 즉, 무질서한 자연의 불규칙한 형태의 특성을, 언제나 부분이 전체를 닮는 자기 유사성(self-similarity)과 소수(小數)차원으로 설명한 이론이다.

한 종류의 표현방법을 제시하였다. 물론 지도로 표현되는 모든 것이 이러한 특성을 가지는 것은 아니다. 이미 정해진 지도축척에서 상세함이란 늘 한계가 있게 마련이다. 아무리 지표상의 물체가 크더라도 지도에서 약 0.5mm보다 작은 물체를 표현하는 것은 어렵기 때문이다. 일본의 히타치(Hitachi)사는 현재의 에칭기술(etching technology)[7])의 잠재력을 보여주기 위하여, 5cm의 실리콘 회로로 런던의 시가지를 자세히 표현한 지도 이미지를 만들었다. 그러나 이와 같은 기술적 혁신은 아직은 실용성이 없다.

지도와는 달리 공간 데이터베이스에는 축척이라는 개념이 없다. 따라서 많은 지리정보시스템의 표현기법에서는 윈도우 형태의 확대법을 이용한다. 즉 지도에서 확대할 영역을 선택하여 주어진 축척에서 사용자가 볼 수 있도록 한다. 이미 보여진 지도사상은 더욱 자세한 속성으로 표현되며, 원래의 축척에서는 나타나지 않았던 새로운 사상들이 첨가되어 표현된다. 물론 이러한 과정 역시 데이터베이스에서 가능한 한계까지만 자세하게 나타난다. 그러나 이것은 지리학적인 차이를 파악하는 강력하고도 새로운 방법이다.

지도제작자들은 여러 가지의 연속되는 지도를 출판하여 세계를 다른 축척으로 보이고 싶어한다(우리나라의 경우 1:5,000, 1:25,000, 1:50,000, 1:250,000, 1:1,000,000 지도 등이 있다-옮긴이). 각각의 다른 축척에 따라 사용되는 정의와 지도사상도 다르다. 또한 지도제작과정도 대부분 축척별로 다르게 진행된다. 그 결과 많은 다축척의 지리정보시스템 데이터베이스가 서로 다른 축척의 자료 사이에는 아무런 관계를 가지고 있지 않다. 이것은 같은 지역의 지도가 다른 축척에서의 지도와 논리적인 연결이 되지 않는 것을 의미한다. 예를 들어 1:100,000 축척[8])과

---

7) 지도를 인쇄하기 위해 지도원판에 날카로운 칼로 선을 파는 기술. 원래 미술에서 동판을 제작하는 기법으로 지도를 제작할 때도 같은 원리를 이용한다.

1:2,000,000 축척의 수치지도에서 같은 철도망을 표현한다면, 그 내용
이 서로 달라서 같은 지역인지 분간하기도 어려울 정도이다. 최근에는
대축척 지도로부터 소축척 지도를 자동으로 제작하는 기술이나, 두 가
지 축척의 정보를 합성하는 기술이 개발되고 있다. 그러나 지도학자들
에 의해 사용되었던 복잡하고 경험적인 과정들이 디지털 컴퓨터 프로
그램에서 구현된다는 것은 매우 어려운 일일 것이다(Buttenfield and
McMaster, 1991).

이를 극복하기 위하여, 현재의 지리정보시스템 기술은 계층의 개념
을 이용하고 있다. 계층을 이용하면 다른 축척에서의 표현기법간의 관
계를 명확히 나타낼 수 있다. 대표적인 예인 사지수형(四肢樹型, quad-
tree)은 전통적인 지도화 작업에는 없었던 다축척의 변화를 표현하는
기법으로 사용되고 있다. 그림 3.3은 토지피복 계급과 같은 변수의 공
간적 변이를 간단한 사지수형으로 표현한 예이다. 지도화될 전체 영역
이 하나 이상의 계층을 가질 때, 이것은 4개의 균등한 사분면(quadrant)
으로 나누어진다. 그리고 각각의 사분면 내에서 토지피복 계급이 모두
같은지를 검사한다. 하나의 사분면 내에서 토지피복 값이 다를 경우
그 격자는 다시 사등분된다. 이러한 과정은 전체 지도가 하나의 토지
피복 값만 가지는 사분면으로 구성될 때까지 반복된다. 각각의 사분면
에서는 토지피복 계급이 균일하며, 자료의 공간 해상도가 가장 작은
크기로 구성되어 있다. 그림 3.3은 지도와 트리(tree)구조로 사지수형을
표현한 예이다.

사지수형은 지역을 구성하는 요소들이 복잡한 정도에 따라 격자의
크기를 다르게 표현하기 때문에 경제적인 표현기법으로 널리 이용되
고 있다. 이 기법은 캐나다 오타와에 본사가 있는 타이덱(Tydac)사의

---

8) [원주] 이러한 수치는 지도에서의 거리와 지표면에서의 거리 간의 비율을 표시한
것이다. 예를 들어 1:250,000 지도에서 1cm는 실제 지표면에서는 2.5km와 같다.

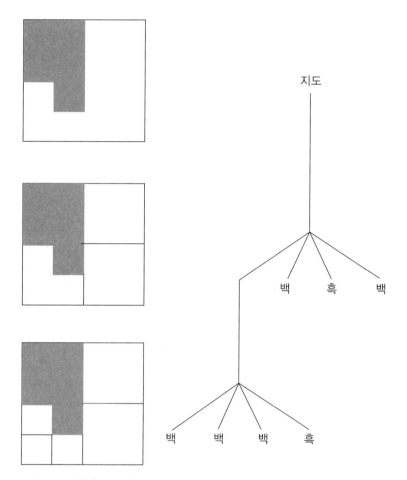

그림 3.3 간단한 두 가지 계급(흑백) 지도를 사지수형으로 표현한 예. 전체 지도는 트리의 뿌리를 형성하며, 이것은 처음에 4개의 균일한 사분면으로 나누어진다. 하나의 사분면 내에서 하나 이상의 다른 계급이 있으면, 이것은 다시 사등분된다. 이러한 과정은 하위의 모든 격자들이 하나의 계급만 가질 때까지 계속된다. 간단한 패턴보다는 복잡한 패턴이 더 많은 트리구조를 가진다. 트리 수준의 수는 자료의 기본크기인 해상도에 의해 결정된다.

스팬스(SPANS) 지리정보시스템이나 사메트(Samet)사의 퀼트(QUILT) 등에 이용되고 있으며, 네트워크상에서 단시간에 전송될 수 있도록 영상을 압축하는 데에도 사용되고 있다. 사지수형 개념은 지구의 곡면을 일반화할 때도 사용되며(Goodchild and Yang, 1992), 나무모양의 구조는 복잡한 선사상을 표현하거나 사상을 색인화할 때도 사용된다(Van Oosteram, 1993). 최근에는 웨이브렛(wavelet)의 개념에 많은 관심이 기울어지고 있다(Chui, 1993). 이것은 각 사분면 내의 차이를 간단한 파형함수(波形函數, wave function)로 표현하여 사지수형을 제작하는 기법이다. 이러한 모든 경우에서 계층 트리는 모든 수준의 공간해상도에서 정보를 표현하는 기법으로 사용되고 있으며, 이러한 개념은 전통적으로 지도나 위성영상에서 사용하고 있는 균일한 해상도와는 근본적으로 다르다.

지리자료를 구조화하는 계층적 접근법은 균일한 축척에서 지도나 영상을 표현하는 2차원적 표현방법과는 매우 다르다. 이 방법은 관심 있는 지역만을 더욱 상세히 조사할 수 있는 환경을 제공해주며, 반대로 지역적인 차원으로 표현하기도 한다. 계층적 구조는 주어진 축척에서 보이지 않는 국지적인 상세함을 표현할 수 있다는 점에서 중요한 의미를 가진다. 또한 실제와 가깝게 지도를 일반화할 수 있다는 장점을 가지고 있다.

### 스캔 순서

원격탐사 영상은 화소를 이용하여 정보를 표현한다. 이러한 영상은 왼쪽 위로부터 줄에 따라 화상을 저장하는 것이 일반적이다. 이것은 글을 쓰는 방법과 유사하여 일반적으로 많이 이용되고 있다. 이러한 자료구조를 이른바 래스터(raster)[9] 지리정보시스템이라 일컫는다. 래

---

9) 래스터식 표현은 지표면을 일정 크기의 격자(셀, 래스터)로 분할한 후 분할된 격자의 속성을 행렬 형태로 표현한 것이다. 격자의 크기가 작을수록 정확하게 지표면을 표현할 수 있다. 공간적으로 연속된 사상을 표현하기 쉬우며, 지도중첩과 모델링에 편리하다.

스터 기법은 공간을 직사각형이나 정사각형의 격자로 나누어 공간적
변화를 표현한다. 이와는 대조적으로 벡터(vestor)10) 지리정보시스템은
지리사상을 점, 선, 면으로 구분하여 기하학적 형태의 속성을 표현한
다. 예를 들어 지리정보시스템에서는 지형고도를 표현하기 위하여 세
가지 방법이 이용된다. 첫번째, 수치고도모형(Digital Elevation Model)
은 일정한 간격의 점 고도를 정사각형의 배열이나 래스터로 표현한다.
두번째 수치지도(Digital Line Graph)는 지형도와 같이 수치화된 등고
선을 벡터로 표현한다. 마지막으로 불규칙 삼각망(Triangulated Irregular
Network)은 표면을 불규칙한 삼각망으로 표현하고, 각 삼각형 내에는
공간적 변화가 선형으로 나타난다고 가정한다.

래스터 데이터베이스는 격자의 순서에 따라 줄별로 체계적인 스캔
순서가 있는 반면에, 벡터 데이터베이스는 지도 사상들을 저장하거나
스캔하는 특별한 순서가 없기 때문에 임의의 순서로 공간을 스캔한다
고 할 수 있다. 아마도 벡터 데이터베이스와 사람의 눈이 작품을 훑어
보는 방식간에는 유사성이 있어, 영상을 보여주는 순서는 사람이 보는
순서에 맞게 조절할 수도 있다. 반대로 줄별로 스캔하는 방식은 TV나
컴퓨터 모니터에서 주사하는 영상과 유사하다.

지리정보시스템의 개발 초기에 어떠한 물체를 표현할 때 공간을 스
캔하는 순서는 글을 쓰는 방식과는 다른 방식이었다. 캐나다 지리정보
시스템(CGIS)의 경우, 각 지도의 도엽으로부터 나온 자료는 테이프에
저장되었는데, 하나의 테이프에 하나의 도엽이 저장되었다. 이때에는
주어진 지도와 일치하는 자료, 즉 테이프를 찾는 시간이 중요하게 작
용되었다. 긴 테이프를 감는 데 소요되는 시간과 새로운 테이프를 거

10) 벡터식 표현은 지도에서 표현하고 있는 물체의 형상을 점, 선, 면으로 나눈 후, 각
각의 모양을 공간상의 좌표로 표현하는 기법이다. 지도에서 표현되는 물체의 모양
을 그대로 표현할 수 있다. 일반적으로 지도사상간에 인접성과 연결성을 표현하기
위해 위상구조를 사용하기도 한다.

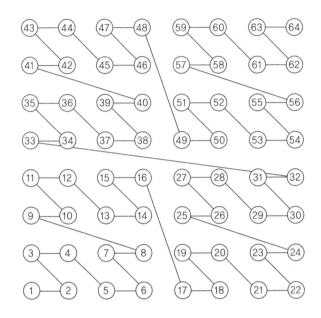

그림 **3.4**  모턴이 제시한 스캔 순서. 이 기법은 공간적으로 인접된
자료들이 데이터베이스에도 인접되어 저장되도록 고안되었다.

는 시간이 많이 걸리기 때문이었다. 테이프로 오랫동안 작업한 결과,
이들 자료간에는 특정한 패턴이 있다는 점이 발견되었다. 즉 필요한
다음지도가 현재 처리되고 있는 것과 공간적으로 인접한다는 것이다.
이러한 원리는 기본자료의 편집에서 출력까지 다른 모든 과정에도 유
사하게 적용되었다. 따라서 공간적으로 인접한 지도 도엽들을 가장 적
절하게 이용하는 순서는 이들이 인접되게 저장하는 것이다.

물론 2차원 공간에서 공간적 인접성을 유지하면서 1차원적인 순서
를 찾는다는 것은 불가능하다. 1차원의 순서에는 하나의 지도가 두 장
의 인접한 지도를 필요로 하지만, 2차원적인 공간에서는 4장이 필요하
기 때문이다. 가이 모턴(Guy Morton, 1966)에 의해 고안된 순서가 그
림 3.4이다. 이 방법이 캐나다 지리정보시스템에서 가장 그럴듯한 방

법으로 선택되었다. 이것은 사지수형과 근본적으로 연결된다(Samet, 1990a; 1990b). 그리고 마크(Mark, 1990)는 여러 통계기법을 이용하여 이 방법과 다른 스캔기법을 체계적으로 비교하였다.

인간의 눈은 2차원의 정보를 처리할 수 있는 가장 효과적인 장치이다. 그러나 통신에 필요한 여러 가지 기법들은 일차원적이다. 우리가 쓰고 있는 일상적인 도구들, 즉 파일 캐비넷, 리스트, 표 등은 모두 일차원적이다. 모턴이 개발한 스캔기법은 정보를 조직할 때 1차원과 2차원의 공간적인 개념간의 관계를 생각할 때, 지리정보시스템 연구가 새로운 아이디어를 제공한 예로 볼 수 있다. 이 기법은 자료간의 변환을 고려할 때 매우 중요한 방법론을 제시할 수 있다.

### 시간

지도는 정적인 특성이 있기 때문에 지도학에서는 공간적인 변화가 매우 정적이거나 시간에 따라 매우 느린 현상을 표현하려 한다. 에스테스와 무니한(Estes and Moonyhan, 1994)은 미국의 지형도 제작 현황을 언급하면서 많은 지도들이 15년 이상 갱신되지 않았다고 한다. 이러한 느린 갱신주기 때문에 지형도의 어떤 사상은 다른 사상에 비하여 품질이 떨어지게 된다. 지표면의 자연적 형태는 대체로 일정하지만 문화적인 사상들은 더욱 변화가 빠른 편이기 때문이다.

최근 지리 데이터베이스에 시간요소를 첨가하는 연구가 많은 관심을 끌고 있다. 원격탐사 영상은 주기적이면서 짧은 간격으로 사진을 찍을 수 있다. 또한 영상간의 변화를 파악하는 좀더 세련된 기술들이 지리정보시스템에서 개발되고 있다. 그러나 아직은 계절과 태양각도의 영향으로 실용화되지는 않고 있다. 지금까지 지형도가 수행하여 왔던 많은 기능들을 항공사진이 대신 하고 있다. 최근 미국 지질학회(U.S. Geological Survey)는 수치정사사진도엽(Digital Orthphoto Quadrangles)을 제작하는 기법을 개발하고 있다. 이것은 항공사진을 정사보정하여[11] 화소의 해상도를 1m로 보정한 것이다. 수치 정사사진 도엽은 표준 지형도의 제작비의 1/10 정도밖에 소요되지 않기 때문에, 빠르게 변화하는 지리현상을 저렴하면서도 자주 갱신할 수 있다. 표준 지형도에 비하여 수지 정사사진 도엽은 지도사상의 파악과 해석만 없을 뿐이다. 위성영상과 수치정사사진도엽의 사용이 증가함에 따라, 위성영상을 해석하지는 않고, 정사투영만으로 보정된 영상이 향후 지리학에서 큰 비중을 차지할 것이다.

란그란(Langran, 1992)은 시간적 변화를 표현할 수 있는 새로운 방법을 제시하였다. 가장 간단한 경우로, 시간을 연속된 사진으로 파악하는 것이다. 즉 지리정보시스템 데이터베이스에서 영상정보가 연속적으로 표현된다. 여기에는 인접한 시간차원에서 내용간의 논리적 관계는 존재하지 않는다. 두번째의 경우는 현재 지리정보시스템의 디자인 내에서 쉽게 다룰 수 있는 방법이다. 지도사상이 시간에 따라 고정된 위치를 유지하며, 다만 그 속성만 변화하는 것이다. 대부분의 센서스 자료는 이러한 모형을 따른다. 10년간의 센서스 자료는 고정된 조사구역에서 내용만을 정기적으로 갱신한다. 세번째는 지도사상 자체는 계속 유지되지만 그 위치나 속성은 시간에 따라 변화하는 경우이다. 위치의 변화는 속도나 방향과 같은 이동 관측치로 표현되거나, 주어진 시간에서 고정된 점으로부터 사상의 위치에 대한 정보로 표현한다. 이 모형은 개인의 시공간 행태를 표현할 때 사용된다(Goodchild,

---

11) 항공사진은 카메라의 중심으로부터 지상의 사진을 투영하는 중심투영을 사용하고 있다. 이때 사진의 외곽에 위치한 물체는 중심으로부터의 거리에 따라 왜곡된 형태를 가지게 된다. 즉, 건물의 옥상과 옆면이 같이 보이게 되는데 이러한 왜곡을 경사에 따른 왜곡현상(relief displacement)라 한다. 이러한 항공사진의 왜곡을 없애고 지도와 같은 형태로 표현하기 위해서는 정사투영을 하여 항공사진을 보정한다. 항공사진을 정사투영하면 지도와 같이 건물의 옥상만 보이게 된다. 항공사진을 지도처럼 사용하기 위해서는 이러한 정사보정 과정이 필요하다.

Klinbenberg and Janelle, 1993). 지리정보시스템은 동물학 분야에서 동물의 개체를 연구할 때도 사용된다. 그러나 이러한 방법을 수행하기 위한 기법이나 자료모형 개념은 아직 개발되지 못했다.

가장 문제가 있는 경우는 지도사상의 정체성이 시간에 따라 변화한다는 것이다. 즉, 사상이 이동하거나 사라지거나 합쳐지거나 갈라지는 경우이다. 하나의 영상에서 군집의 수를 세는 것은 가능하지만, 군집을 시간에 따라 구분되면서 잘 정의된 사상으로 모형화하기란 쉽지 않다. 따라서 이러한 유형의 자료를 다룰 수 있는 유일한 방법은 첫번째 방안으로 제시한 단순한 시간분할 모형이다. 시간에 따른 가정의 변화가 그 예이다. 가정은 여러 가지 특성을 지니고 있다. 가정은 결혼하면 나타나고, 여러 가지 가정의 형성과정을 거치며, 시간에 따라 지속되다가, 구성원이 죽거나 이혼하면 사라진다. 또한 자식이 출가하면 분할되기도 한다.

시간을 표현하기 위한 여러 가지 방법 중에서 시간과 관계된 정보를 모형화하는 기본적인 방법은 없다. 그러나 지리정보시스템에서 시간을 다루는 것은 전통적인 지도가 가지고 있는 정적인 특성을 깨는 것이며, 동시에 초기 지리정보시스템 구조에서 표현하였던 지도의 형태를 파격적으로 변화시키는 것이다. 공간 데이터베이스에서 시간을 표현하는 좀더 효과적인 방법을 모색할 때, 자료수집 방법과도 관련지어 생각해 볼 수 있다. 새로운 자료의 저장과 처리기술에서 10년마다 조사하는 센서스 자료가 계속 적합할 것인가? 아니면 더욱 작은 단위의 표면을 이용하여 더욱 연속적인 체계를 구축할 것인가? 공간자료에서 시간을 고려하면 이러한 의문을 품게 되며, 그에 따라 자료수집 방법을 변경할 수 있다.

## 탐색적 공간자료 분석

1970년대 말까지 통계분석을 처리하는 도구로 컴퓨터가 널리 이용되었다. 요인분석(factor analysis)과 같은 지루한 계산과정이 소요되는 분석을 이제 쉽게 처리할 수 있게 되었다. 이러한 도구는 새로운 사고를 하게 만들었고, 새로운 분석 기법들이 활발히 개발되기에 이르렀다.

이러한 사고의 전환은 탐색적 분석기법(Exploratory Data Analysis)에서 절정을 이루게 되었다. 이 기법은 터키(Tukey, 1977)와 여러 학자들이 개척한 기술이다. 전통적인 통계기법은 가설을 설정하고 이를 검정하는 것인 데 반하여, 탐색적 분석기법은 가설을 설정하는 과정중의 하나로 자료를 조사한다. 여기에는 연구자의 관점에서 표본들을 가시화(visualization)하는 기법들이 포함되어 있다. 오늘날 탐색적 분석기법 패러다임은 널리 사용되고 있으며, 디지털 환경에서 더욱 강력해진 컴퓨터 기능과 맥락을 함께 하고 있다.

지리정보시스템의 등장은 공간자료 분석 분야에도 비슷한 영향을 미치고 있다. 공간요소들을 지도로 제작하기에는 지루하고 비용이 많이 들기 때문에 기존의 공간자료 분석에서는 공간요소를 무시하여왔다. 조사구역을 마치 통계 모집단과는 독립적인 표본으로 다루고 있으며, 자료가 독립적이라는 가정 하에 통계기법을 적용해 왔다.[12] 이러한 적용의 결과는 여러 문헌들에서 언급되고 있다(예를 들어 Ophenshaw, 1983; Haining, 1990; Anselin 1989).

탐색적 공간자료 분석(ESDA)은 EDA기법을 공간분석에 적용한 것

---

12) [원주] 예를 들어 한 국가의 강수량과 고도간의 관계를 연구한다고 하자. 이때 조사단위는 도시이다. 기존의 통계방법으로는 강수량과 고도간의 상관관계를 계산할 때 모든 관측치가 독립적이라고 가정한다. 즉 하나의 도시에서 강수량과 고도는 다른 도시의 자료와 아무 관계가 없다고 가정한다. 그러나 실제로 멀리 떨어져 있는 도시간보다는 가까이 있는 도시간에 고도와 강수량 자료와 같은 지리자료가 더욱 밀접히 관련되어 있다.

이다(MacDougall 1992). 이러한 탐색기법은 지도나 시계열, 표, 차트 등의 형태에서 다양한 관점의 자료를 살펴볼 수 있다. 이러한 화면들은 서로 동적으로 연결되어 있다. 즉 산포도에서 하나의 자료를 선택하면, 동시에 지도에서 그 자료의 위치가 표시된다. 자료간에는 계층적으로 연결되어 있어 다축척에서의 분석도 할 수 있으며, 그 결과를 동영상으로 표현할 수도 있다. 포트링검과 로저슨(Fotheringham and Rogerson, 1994)은 공간자료 분석의 새로운 연구방법을 찾기 위해 최근의 지리정보시스템 기법들을 정리하였다.

　몇 십년 동안 지리학자들은 그들의 연구를 지구표면 어디서나 적용될 수 있는 보편적인 법칙 추구와, 특정한 장소의 특성 이해 중 어디에 중심을 두어야 하는지에 대하여 고민하여왔다. 첫번째 패러다임은 1960년대를 풍미했던 과학적이고 계량적인 지리철학과 연결되어 있으며, 두번째 패러다임은 과거 전통적인 지역연구와 연결이 되어왔으며, 최근에는 포스트모더니즘 사상에서 새로이 부각되고 있다. 보편적인 법칙이 있어 세계 어디에나 똑같이 적용된다면, 연구지역을 선택한다는 것은 표본을 선택하는 것과 마찬가지이며, 최소한의 효과만을 얻을 수 있을 것이다. 1950년대와 1960년대의 계량혁명기간에 지리학자들이 받아들였던 대부분의 통계기법들은 비공간적이었다. 즉, 분석되는 사례의 지리적인 위치를 무시하였다. 그러나 지리정보시스템 도구는 지리적인 위치를 가지고 있으며, 사용자로 하여금 보편적인 법칙을 찾을 것인지, 지리학적 특성을 찾을 것인지를 선택할 수 있게 하고 있다. 지리정보시스템은 이론적인 예외를 고려할 수 있도록 하고 있다. 예를 들어 교외지역과 농촌지역이 유사한가를 연구할 경우 지리정보시스템을 이용하여 손쉽게 비교할 수 있다.

## 불확실성

초기의 지도에서부터 불확실한 지역을 생략하거나 표시하기 위한
기법이 사용되어 왔다. 대표적인 예로, 초기의 지도에서 아프리카의
미처 파악하지 못한 지역은 '미지의 세계'(terra incognita)라고만 표현
하였다. 현대 지도에서도 지식의 소통이 안 되는 경우를 표현하거나,
지도의 부정확도를 알리는 방법들을 조금씩 사용하고 있다. 예멘과 사
우디아라비아의 경계는 정의되지 않고 있어 지도에서는 점선으로 표
현한다. 간헐천 역시 점선으로 표시하여 물이 있는지가 불확실한 경우
를 표현하고 있다. 점선은 또한 계획중이거나 건설중인 지도사상을 표
현할 때도 사용된다. 몇몇의 경우를 제외하고는 지도는 현재 제공하고
있는 정보가 확실하다는 것을 보장하고 있다.

실제로 지도에서 보이는 정보의 질은 불균등하고 불확실하다. 예를
들어 토양도는 토양질의 변화가 급격히 나타나는 경계를 가는 선으로
구분하여, 경계선 내의 영역은 동일한 토양계층을 가지고 있다고 표현
한다. 그러나 일반적으로 토양의 이러한 변화는 급격히 나타나지 않으
며, 토양계층이 동일한 영역도 있을 수 없다. 이러한 정보는 지도의 정
보를 설명하는 범례에 익숙한 사용자들만이 사용할 수 있으며, 자료의
질을 따로 설명하는 문서에만 사용이 가능하다. 그러나 지도가 지리정
보시스템 데이터베이스로 수치화될 경우 이런 종류의 자료는 사용자
가 즉시 쓸 수 없는 상황이다.

다행히도, 과학적으로 객관적인 측정치를 저장하기 위한 목적으로
지도를 사용하지는 않는다. 지형도에 그려진 등고선은 지표면의 형태
를 보여주기 위한 것이지, 정확한 고도를 나타내려는 것은 아니다. 그
러나 지리정보시스템 데이터베이스를 잘 알지 못하는 사용자들은 어
떤 점의 고도를 물을 때, 그 결과는 시스템에 상세한 정확도로 저장된
과학적 측정치일 것이라 믿고 있다. 이러한 오해 때문에 지리정보시스

템의 정확도와 자료의 신뢰성이 의심받을 수 있다.

최근 지리정보시스템 분야에서는 사용자에게 납득할 수 있는 수준으로 의사소통하기 위한 합리적인 수단으로서, 가시화라는 연구주제가 부각되고 있다. 속성의 신뢰도가 떨어지는 것을 표현하기 위하여 색상을 묽게 표현할 수 있다. 컴퓨터 화면에서의 등고선 역시 고도의 정보가 불확실한 정도에 따라 위치 불확실성을 표현하기 위하여 넓어지거나 흐려질 수 있다. 토양이나 토지피복도의 계급간 경계도 점이지대를 표현하기 위하여 흐려질 수 있다. 또한 경계선 내 영역에서의 이질성을 표현하기 위해 구역 내에 임의의 모양의 작은 도형들을 포함시킬 수 있다. 이러한 임의의 작은 도형은 실제로 존재하는 것이 아니고, 영역 안에 다른 계급들이 존재할 가능성이 있다는 메시지만 컴퓨터 화면이나 지도로 보여지거나 동영상으로 표현될 수 있다. 그 결과 과거의 지도제작자들이 불확실한 세계를 공란으로 남겨놓았던 시대로 연구주제가 되돌아가는 것처럼 보인다. 그러나 지리정보시스템은 더욱 엄정하고 유용한 방법으로 불확실성을 표현하고 있다.

## 결론

새로운 도구는 때때로 새로운 사상을 불러일으킨다. 최근의 수치 지리정보 처리기술 역시 예외는 아니다. 지도를 사용하기 위해 사용했던 전통적인 기술은 사용자들이 어떻게 세계를 볼 것인가에 대하여 여러 가지 제약이 있었다. 이러한 제약은 인간이 더욱 단순하고 더욱 정리된 환경을 바라는 욕구와 일치한다. 새로운 디지털 기술은 이러한 제약을 깨고 있으며, 세계를 표현할 때 다양한 선택을 할 수 있게 하였다. 그 결과 새로운 종류의 사고가 지리정보 기술과 개발자, 그리고 사용자들 사이에 나타나기 시작하였다.

대부분의 세련된 지도처리 기술은 지도 사상들의 몇몇 속성정보를 지도 위에 표현하도록 하고 있지만, 지도의 축척 때문에 지도에 나타나는 사상의 크기에는 제한이 있기 마련이다. 디지털 데이터베이스는 축척이 없기 때문에, 정보를 아무리 많이 표현해도 제한이 없다. 디지털로 저장하기 때문에, 지리정보가 거의 없는 사막을 표현하기 위하여 많은 양의 저장공간도 필요하지 않으며, 복잡한 도시지역을 단순화할 필요도 없다. 정보량의 한계는 단지 사상의 수와 관련될 뿐이다. 지도는 비슷한 영역의 지도사상간에 수평적인 관계가 강조되는 경향이 있으며, 영역의 중요도를 동일시하는 경향이 있다. 지리 데이터베이스는 크고 작은 사상간의 관계를 다룰 수 있으며, 크고 일반적인 특성도 중요하게 다루지만, 작고 특정한 특성도 중요한 것으로 여긴다.

지도는 원래 2차원적이고 정적인 특성을 갖는다. 반면 디지털 기술은 지리학적 변화의 3차원적인 면과 시간적인 면을 다룰 수 있다. 2차원 지도는 대기의 수직적인 변화를 보여주지 못한다. 그 결과 기상효과도 나타낼 수 없으며, 지하의 연료탱크에서 수산화탄소(水酸化炭素)가 새어나올 경우 오염지역의 확산을 3차원적으로 추적할 수 없다. 디지털 지리 데이터베이스는 3차원 지도를 다룰 수 있으므로 지하의 환경을 조사할 수 있으며, 대기의 상태도 3차원 시스템으로 파악할 수 있다. 데이터베이스에 시간 차원을 추가하면, 인구수의 지리학적 분포에 대한 연속적인 변화를 파악할 수도 있다. 이것은 기존의 센서스에서 사용되던 시간 분할방식보다 훨씬 진보된 기술이다.

지리정보시스템과 새로운 공간자료 탐색기술의 등장으로 지리적으로 복잡한 정보를 조사할 수 있게 되었다. 한 지역과 다른 지역간에 어떤 조건들이 변화했는지 파악할 수 있다. 오픈쇼(Openshaw)와 그의 동료들이 질병의 분포를 찾기 위해 개발한 기법과 같은 새로운 공간분석 기법이 등장하여, 자료의 탐색에 대한 중요성이 점차 커지고 있으며, 이러한 패턴을 찾을 때 인간의 시각적인 지각능력과 통계분석을 결합하는 기법도 개발되고 있다(Openshaw et al., 1987).

마지막으로 아주 정밀한 컴퓨터에서 상대적으로 정확도가 떨어지는 많은 양의 지리자료를 단순히 분석할 경우, 과학적인 측정치만을 기록하는 지도의 역할에 대해 심각히 고려할 필요가 있다. 우리는 세계를 우리가 생각하는 것처럼 정확히 알지 못한다. 이러한 현실 때문에, 불확실성을 표현하고 전달했던 과거의 방법들을 다시 연구해야 하며, 그 결과의 정확도를 표현하는 지리자료기술을 사용자에게 알려주기 위한 새로운 방법들을 고안해야 한다. 또한 실세계는 지도가 우리에게 믿게 하려는 것만큼 단순하지 않다. 토지소유 법제, 그리고 세금과 같은 지도기법 시스템에서 불확실성의 영향은 여전히 남아 있다.

컴퓨터에서 지도의 내용을 담는 기술은 지금까지 몇 년 동안의 세계에 대한 생각보다 더욱 새로운 방법을 제시할 것이다. 이러한 관점에서 사회에서 지리정보를 이용하는 수많은 방법들에 대하여 지리정보시스템이 영향을 미치기 시작하고 있다. 어떻게 디지털 도로지도를 그릴 것인가의 문제는 도로지도 설계에 영향을 미칠 것이며, 그 결과 사람들이 서로 다른 환경에서 조사하고 답사하는 방법에 영향을 미칠 것이다. 현재 우리 가정에서 사용하는 멀티미디어 컴퓨터의 확산이 다른 세계에 대한 지식을 풍부하게 할 것인가? 혹은 세계를 현재보다 더욱 간단히 조정할 수 있을 것인가? 현재는 지리정보시스템으로부터 등장한 아이디어의 활용은 몇몇 연구소나 기관에 제한되어 있다. 그러나 우리는 지리정보시스템이라는 거대 시장에 진입하는 단계에 있다. 분석도구는 더욱 단순해지고 있으며, 응용분야는 더욱 많이 등장하고 있다. 이러한 도구들로 인해 지리정보시스템은 지리학자들에게 더욱 좋은 연구주제를 제공하고 있다(Pickles, 1995).

이 장에서 강조하고자 하는 바는 지리정보시스템 고유의 새로운 기술 아이디어들이다. 이것은 지리정보시스템 기술이 사용하기 쉽고 비용 면에서 효과적일 수 있도록 많은 연구자들이 지난 30년간 노력한 결과이기 때문이다. 향후에 등장할 기술적인 아이디어는 지금 지리정보시스템이 사회에 영향을 크게 미치기 시작한 것처럼 사회에 더욱 적합할 것이다. 사회를 변화시키는 데 필요한 정보의 힘을 다루고 있는 여러 가지 문헌들이 이미 등장하고 있다. 이 중에서 작은 부분만이 특별히 지리정보를 다루고 있다(Obermeyer and Pinto, 1994; Kinf and Kraemer, 1993). 앞으로는 지리정보를 제작하고 사용하기 위하여 국가 차원에서 협력하려는 경향이 더욱 강해질 것이다. 대표적인 예가 미국의 클린턴 행정부에서 강력히 추진했던 국가 지리정보 하부구조(NSDI; National Spatial Data Infrastructure)[13]이다(National Research Council, 1993).

이러한 전망 이외에도, 지리정보시스템과 그 관련기술은 지리적 세계에 대한 새로운 사고와 새로운 방식을 공유하는 데 영향을 미쳐왔다. 이들 중 일부는 더욱 발전할 것이며, 다른 일부는 제한될 것이다. 망치밖에 가지고 있지 않는 사람에게는 모든 것이 처음에는 못으로 보인다. 이처럼 단순한 지리정보시스템만을 생각한다면, 세계를 단순화된 점, 선, 면으로만 제한하여 보려고 할 것이다. 그러나 이러한 도구를 개선하려는 노력을 한다면, 지리정보시스템의 발전효과를 극대화할 수 있을 것이다.

---

13) NSDI는 미국의 국가 차원에서 공간자료를 생산, 관리하고 공유하는 총체적 개념이다. 이를 통하여 지리자료의 생산자, 관리자, 사용자가 상호 효율적으로 연결되어 필요한 공간정보를 사용할 수 있다.

* 미국의 국립 지리정보 및 지리정보분석 연구소(The National Center for Geographic Information and Analysis)는 국립학술진흥재단의 지원 아래 운영되고 있다(SBR 8810917).

## 참고문헌

Abler, R. F. 1988, "Awards, Rewards, and Excellence: Keeping Geography Alive and Well," *The Professional Geographers* 40(2): 135~140.

Anselin, L. 1989, *What Is Special about Spatial Data? Alternative Perspectives on Spatial Data Analysis,* Technical Paper 89~4, Santa Barbara, Calif.: National Center for Geographic Information and Analysis.

Burrough, P. A. 1986, *Principles of Geographical Information Systems for Land Resources Assessment,* Oxford: C;arendon.

Buttenfield, B. P., and R. B. McMaster(eds.). 1991, *Map Generalization: Making Rules for Knowledge Representation*, London: Longman.

Chernoff, H. 1973, "The Use of Faces to Represent Points in k-dimensional Space Graphically," *Journal of the American Statistical Association* 70: 548~554.

Chui, C. K. 1992, *An Introduction to Wavelets*, Boston: Academic Press.

Daratech. 1994, "New GIS Market Study," *Geodetical Info Magazine* (May): 36~37.

Department of the Environment. 1987, *Handling Geographic Information: Report of the Committee of Enquiry Chaired by Lord Chorley*, London: Her Majesty's Stationery Office.

Estes, J. E., and D. W. Monneyhan. 1994, "Of Maps and Myths," *Photogrammetric Engineering and Remote Sensing* 60(5): 517~524.

Fotheringham, A. S., and P. A. Rogerson(eds.). 1994, *Spatial Analysis and GIS*, London: Taylor and Francis.

Goodchild, M. F. 1988, "Stepping Over the Line: Technological Constraints and the New Cartography," *The American Cartographer* 15(3): 311~319.

Goodchild, M. F., and S. R. Yang. 1992, "A Hierarchical Spatial Data Struc-
ture for Global Geographic Information Systems," *Computer Vision,
Graphics, and Image Processing: Graphical Models and Image Processing*
54(1): 31~44.

Goodchild, M. F., B. Klingkengerg, and D. G. Janelle. 1993, "A Factorial
Model of Aggregate Spatio-temporal Behavior: Application to the
Diurnal Cycle," *Geographical Analysis* 25(4): 277~294.

Haining, R. P. 1990, *Spatial Data Analysis in the Social and Environmental
Sciences,* New York: Cambridge University Press.

Harley, J. B., and D. Woodward(eds.), 1987, *The History of Cartography*,
Chicago: University of Chicago Press.

King, J. L., and K. L. Kraemer. 1993, "Models, Facts, and the Policy
Process: The Political Ecology of Estimated Truth," In *Environmental
Modeling with GIS*, M. F. Goodchild, B. O. Prks, and L. T. Steyaert
(eds.), 353~360, New York: Oxford University Press.

Langran, G. 1992, *Time in Geographic Information Systems,* London: Taylor and
Francis.

Laurini, R., and D. Thompson. 1992, *Fundamentals of Spatial Information Sys-
tems*, San Diego: Academic Press.

Leick, A. 1990, *GPS Satellite Surveying,* New York: Wiley.

MacDougall, E. B. 1992, "Exploratory Analysis, Dynamic Statistical Visuali-
zation, and Geographic Information Systems," *Cartography and Geo-
graphic Information Systems* 19(2): 237~246.

Maguire, D. J. 1991, "An Overview and Definition of GIS," In *Geographical
Information Systems: Principles and Applications,* D. J. Maguier, M. F.
Goodchild, D. W. Rhind(eds.), 9~20, London: Longman.

Maguire, D. J., M. F. Goodchild, and D. W. Rhind(eds.). 1991, *Geographical
Information Systems: Principles and Applications*, London: Longman.

Mandelbrot, B. B. 1982, *The Fractal Geometry of Nature,* San Francisco:
Freeman.

Mark, D. M. 1990, "Neighbor-based Properties of Some Orderings of
Two-dimensional Space," *Geographical Analysis* 22(2): 145~157.

Mark, D. M., and A. U. Frank(eds.). 1991, *Cognitive and Linguistics Aspects
of Geographic Space,* Dordrechi: Kluwer.

Morton, G. M. 1966, *A Computer Oriented Geodetic Data Base and New*

*Technique in File Sequencing*, Ottawa: IBM Canada.

Muehrcke, P. C., and J. O. Muehrcke, 1992, *Map Use: Reading, Analysis, and Interpretation*, Madison: JP Publications.

National Research Council. 1993, *Toward a Coordinated Spatial Data Infrastructure for the Nation*, Washington, D.C.: National Academies Press.

Obermeyer, N. J., and J. K. Pinto. 1994, *Managing Geographic Information Systems*, New York: Guilford.

Openshaw, S. 1983, *The Modifiable Areal Unit Problem*, Norwich: Geobooks.

Openshaw, S., M. Charlton, C. Wymer, and C. Craft. 1987, A Mark I Geographical Analysis Machine for the Automated Analysis of Past Data Sets, *International Journal of Geographical Information Systems* 1: 335~358.

Pickles, J. 1995, *Ground Truth: The Social Implications of Geographical Information Systems*, New York: Guilford.

Samet, H. 1990a, *Applications of Spatial Data Structures: Computer Graphics, Image Processing, and GIS*, Reading, Mass.: Addison-Wesley.

_____. 1990b, *The Design and Analysis of Spatial Data Structures*, Reading, Mass.: Addison-Wesley.

Smith, N. 1992, "History and Philosophy of Geography: Real Wars, Theory, Wars," *Progress in Human Geography* 16(2): 257~271.

Star, J. L(ed.). 1991, *The Integration of Remote Sensing and Geographic Information Systems*, Bethesda: American Society for Photogrammetry and Remote Sensing.

Star, J. L., and J. E. Estes. 1990, *Geographic Information Systems: An Introduction*, Englewood Cliffs, N.J.: Prentice-Hall.

Tomlinson, R. F., H. W. Calkins, and D. F. Marble. 1976, *Computer Handling of Geographical Data*, Paris: UNESCO.

Tuckey, J. W. 1977, *Exploratory Data Analysis*, Reading, Mass.: Addison-Wesley.

Van Oosterom, P. J. M. 1993. *Reactive Data Structures for Geographic Information Systems*, New York: Oxford University Press.

Wood, D. with J. Fels. 1992, *The Power of Maps*, New York: Guilford Press.

# 제2부

# 인간의 거주공간으로서 세계

# 4
## 환경변화에 대한 인간의 적응양식

로버트 케이츠

지금부터 50년 전에는 범람원(汎濫原, floodplain)[1] 문제에, 그리고 오늘날에는 전지구적 환경변화 문제에 적용될 수 있는 환경변화에 대한 인간의 적응양식(human adjustment) 개념은 실질적인 행동지침, 연구 패러다임, 자연과 조화를 이루려는 인간의 야망 실현에 도움을 줄 수 있다. 이 개념은 고대의 '인간이 자연과 동반자'라는 인식에서 나온 예술'(art in partnership with nature)이라는 문구에서 그 뿌리를 찾을 수 있다(Glacken, 1967: 147). 그러나 이 개념을 현대적으로 해석한 최초의 사람은 미국의 지리학자 길버트 화이트(Gilbert F. White)이다.

화이트는 시카고 대학에서 박사학위논문을 마무리하던 1934년에 워싱턴으로 갔다. 그의 임무는 '당시 미시시피 하곡의 효과적인 계획수립을 준비중이던 미 공공사업위원회(Committee of Public Works Administration)를 도와주는 것이었다. 이 계획의 목적은 토지와 물을 더 풍

---

1) 범람원은 자유곡류하는 하천에 나타나는 퇴적지형을 가리키는 말로, 고도가 약간 높은 자연제방(natural levee)과 자연제방 배후의 배후습지(backswamp)로 구분된다.

요롭게 하고 가뭄의 피해를 감소시키며 풍부한 전력을 공급하려는 것
이었다. 그리고 마지막으로 범람에 의한 피해를 줄이는 것이었다. 그
러나 마지막 목적, 즉 범람을 줄여보려는 목적에 대해서 화이트는 회
의를 갖기 시작하였다'(White, 1994: 3).

범람에 의한 피해는 당시 유행했던 댐, 제방, 하도 건설을 통하여
감소시킬 수 있었다. 그러나 화이트는 이러한 구조물 건설 이후에 새
롭게 발생하는 범람의 재해에 인간이 적응해야만 한다는 사실을 곧 인
식하게 되었다. 그는 이러한 사고를 바탕으로 당시의 상황에서 미국
지리학계에 가장 영향력을 미친 학위논문을 완성하게 되었다. 1938년
에 시작하여 1942년에 완성한 그의 논문은 그가 프랑스의 피난민 수
용소에서 4년간 봉사활동을 하기 위하여 리스본으로 떠나기 바로 전
날에 완성되었다. 학위논문 「범람에 적응하는 인간의 행태: 미국의 범
람문제 해결을 위한 지리학적 접근」(Human Adjustment to Floods: A
Geographical Approach to the Flood Problem in the United States)에서
그는 적응이라는 용어를 인간의 자연 점유 또는 '한 지역에서 인간이
살아가는 과정과 그 결과 나타나는 내부적인 경관의 변형'이라고 정의
하였다(White, 1945: 46). 화이트는 인간이 범람에 적응하는 행태를 8
가지로 정리하였다. 즉, 땅의 고도를 높이는 작업, 토지관리를 통하여
범람을 감소시키는 작업, 인공제방과 댐을 통해 범람에 의한 피해를
막는 작업, 비상경보체계와 피난지침을 제공하는 작업, 건물과 교통망
에 구조적인 변화를 주는 작업, 범람을 감소시키기 위하여 토지이용을
변화시키는 작업, 구조활동을 확산하는 작업, 피해에 대한 보험제도의
확립이 그것이다.

그리고 그는 다음과 같이 결론지었다. "만약 최소의 사회적 비용으
로 최대의 효과를 가져다주는 방향으로 미국의 범람원 자원을 이용하
려면, 4가지 필수적인 원칙을 인식해야 한다"(White, 1945: 205). 첫째,

공공정책은 가능한 모든 적응양식을 강구해야 한다. 둘째, 적응은 결코 중립적인 것이 아니지만, 다른 수단에 비해서 더 효과적인 방법 중의 하나라는 사실을 인식해야 한다. 따라서 셋째, 범람원 이용에 대한 서로 다른 요구를 인식하고 다양한 범람원의 이용방안을 신중하게 고려해야 한다. 넷째, 이러한 적응을 수행하는 과정에서 나타나는 사회적 비용과 편익을 단순히 계산하기 쉬운 범위를 넘어선 모든 범위를 포괄할 수 있는 수준에서 분석해야 한다.

적어도 1942년까지는 이러한 원칙들이 실제로 적용된 사례가 하나도 없었으며, 그의 학위논문에서 제안한 이론적인 것이 전부였다. 따라서 프랑스에서 봉사활동을 마치고 돌아온 후 화이트는 시카고 대학 지리학과의 교수로 부임하면서 이러한 원칙을 현실에 적용시키려는 그의 15년간의 작업에 돌입했다. 그는 미국 전역에서 나타나고 있는 다양한 범람원 이용형태와 범람원에 거주하는 사람들의 적응양식을 조사·정리하였다(Burton, 1962; White et al., 1958). 이를 위해 가능한 적응양식(White, 1964) 및 적응양식에 대한 사람들의 인지도(Kates, 1962)를 정리하였으며, 특정 장소의 적응과정에서 나타날 비용·편익 분석을 광범위하게 실시하였다. 이러한 복합적인 노력을 통하여 새로운 공공정책과 연구 패러다임이 탄생하게 되었다.


## 현실에의 적용

새로운 공공정책은 화이트가 위원장으로 있던 예산특별위원회(Budget Task Force)가 국회에 제출한 보고서(U.S. Congress, 1966)에서 명확하게 나타났다. 그후 십 년 이내에 이 정책은 범람원 관리를 위한 국가 프로그램의 원칙으로 자리잡게 되었다(U.S. Water Resources Council,

1979). 이 프로그램은 한두 가지로 한정되었던 기존의 범람 방지대책을 다양한 방향의 적응양식으로 대체하였다. 이 과정에서 범람원 보험이 구축되었는데 여기서는 범람원 구역 설정이 중요한 역할을 하였다. 이 보험 프로그램은 효과적인 재해정보를 필요로 하였으며, 이를 위해 수천 개의 마을을 대상으로 범람원 지도가 작성되었다. 그리고 범람원에 입지할 건물을 설계할 때에 홍수대비시설을 설치하는 것은 일반적인 사항이 되었다. 오늘날, 홍수에 대한 인간의 다양한 적응양식은 전통적이면서도 동시에 하나의 공공정책이 되었다. 그러나 범람원과 해안지역에 가해지는 홍수의 위협이 여전히 증가하고 있는 것도 사실이다(U.S. Federal Interagency Floodplain Management Task Force, 1992; U.S. Interagency Floodplain Management Review Committee, 1994). 전문가적인 관점에서 보면, 공공정책을 성공적으로 수립하기 위한 최선의 방법은 인간의 적응이라는 화이트의 사상을 현실에 적용하는 것이다. 이러한 사실은 지리학에서 행해진 수많은 경험적 연구를 통해 뒷받침되고 있다(Platt, 1986).

　미국과 전세계에서 광범위한 적응양식이 홍수 이외의 다른 자연재해에 적용되고 있는데, 예를 들면 애벌런치(avalanches)[2), 해안침식, 가뭄, 지진, 허리케인, 눈사태, 열대성 태풍, 화산, 바람에 의한 재해 등이 이에 포함된다. 또한 자연적인 재해뿐만 아니라 기술적인 재해에도 이 방식은 적용되고 있는데, 대기오염문제에서 시작하여 자동차, 원자력 발전소, 대기에서 발생하는 수은, 피임기구, 심지어 TV와 관련된 문제까지도 포함하고 있다(더 자세한 내용은 Alexander, 1991; Burton, Kates and White, 1993; Cutter, 1993; Mitchell, 1989; O'Riordan, 1986; Palm, 1990, White, 1986 참조).

---

2) 균열이 간 절벽이나 가파른 사면에서 바위와 같은 큰 암석이 대규모로 굴러 떨어지는 현상.

　자원관리에 있어서 인간의 적용양식이라는 개념이 광범위하게 적용
된 것으로는 수자원 관리를 예로 들 수 있다(White, 1969; Day et al.,
1986). 이 개념은 물 공급과 개발도상국의 수질문제를 개선하는 데에
도 이용되고 있다. 또한 에너지를 절약할 수 있는 기회를 제공하기도
하고(Boulding, 1986), 고형 폐기물과 산업 폐기물을 줄이고 재활용하
는 데에도 도움을 주며(Ausubel and Sladovich, 1989), 식량과 곡식을 절
약하려는 노력에도 일조하고 있다(Tait and Napompeth, 1987).

　일반적으로 널리 퍼져 있는 적응양식은 그 범위가 좁고 기술적인
해결방식에 의존하는 경향이 강하다. 이러한 기술적인 방식들은 자연
재해에 대한 취약성과 자원의 이용 및 폐기물과 오염물질의 흐름을 줄
이는 것보다는, 자원의 공급을 늘리고 폐기물과 오염물질을 제거함으
로써 자연현상을 조절하려고 한다. 최근에는 적응양식을 다양화하고
행태적인 접근방법과 기술적인 접근방법을 조합함으로써 성공적인 정
책을 수립할 수 있게 되었다. 그 결과 재해에 대한 적응력을 증가시키
고 에너지와 물의 수요량을 줄이며, 폐기물과 오염물질의 흐름을 감소
시킬 수 있게 되었다. 캘리포니아가 가뭄에 적응하고 로드아일랜드
(Rhode Island, 미국 뉴잉글랜드 지방에 있는 가장 작은 주-옮긴이)가
주 차원에서 재활용을 시행함에 따라, 미국 전역의 공공단체는 에너지
보존에 관심을 갖게 되었고 적응양식에 대한 지식들이 광범위하게 퍼
져 나가게 되었으며, 이에 따라 적응양식을 선택하는 것이 중요한 문
제로 대두되게 되었다. 그리고 선택된 적응양식의 성공적 수행을 위한
연구들이 중요하게 자리잡게 되었다.

# 연구 패러다임

연구 패러다임은 의식적으로 만들어지는 것이 아니다. 이것들은 단지 연구자의 연구과정에서 자연스럽게 형성되는 것이며, 인쇄물을 통하여 효과적으로 표현될 수 있다(Burton, Kates, and White, 1968). 인쇄물을 통하여 표현된 연구 패러다임은 지리학자와 자연재해에 관심을 갖는 다른 학자들에게 제공되었다. 일반적으로 지리학자와 자연재해와 관련된 연구자들은 적응양식에 대한 유용한 정보를 제공해주는 5개의 영역에 관심을 갖는다: 첫째, 자연재해에 노출되어 있는 지역에 사람들이 거주하고 있는 정도. 둘째, 특정 지역에서 수행될 수 있는 적응양식의 범위. 셋째, 거주자나 자원 이용자의 재해에 대한 인지도(認知度). 넷째, 적응양식의 선택 과정. 다섯째, 공공정책의 영향이 그것이다. 이 인쇄물은 세계지리학연합(International Geographical Union)의 후원 속에 수행된 공동연구에 도움을 준 최초의 문서였다. 15개국의 지리학자가 9가지 자연재해의 영향을 받은 40개의 지역을 이 패러다임에 적용하였다. 이들은 이러한 재해지역에서 거주하여 자원을 이용하는 약 5천 명의 사람들을 대상으로 그들이 재해에 어떻게 적응하고 있는지에 대하여 인터뷰를 하였다. 화이트의 8가지 적응양식은 세계 여러 지역에서 발견되었다. 모든 지역의 사람들은 재해에 의한 손실을 줄이려고 하며, 재해 자체에 적응하거나 방지하려고 노력한다. 그리고 어떤 사람들은 자원이용 방식을 변화시키거나 거주지역을 아예 떠나기도 하였다(White, 1974; Burton, Kates and White, 1978).

이와 같은 국제적인 조사 결과 나타난 풍부한 경험적 사례를 통하여, 대규모 사회활동과 인간활동의 구조 속에 또 다른 적응양식이 있다는 것이 밝혀졌다. 의도적인 적응양식 이외에, 모든 사회는 재해를 줄이거나 감소시키려는 적응양식을 무의식적으로 수행하고 있었다(그

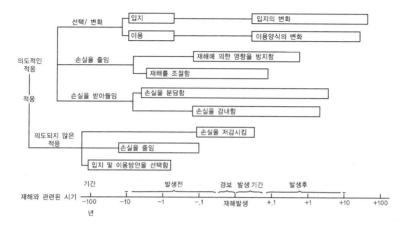

**그림 4.1**  적응양식의 선택 범위를 나타낸 도표. 적응은 사람들이 자원의 이용방안, 일상생활 체계, 입지를 내부적으로 결정하는 과정에서부터 시작된다. 일련의 선택과정 속에서, 의도되거나 또는 의도되지 않은 다양한 적응양식들이 상이한 시간단위 속에서 나타날 수 있다. 가장 극단적인 선택은 기존의 이용유형이나 입지 자체를 완전히 바꾸는 것이다. 출처: Burton, Kates, and White(1978: 46)

림 4.1). 오히려 이러한 의도적이지 않은 적응양식은 의도된 적응양식을 수행하면서 부수적으로 나타나는 경우가 많았다. 예를 들면, 미국 중서부 지역 사람들이 나무로 만든 집보다 벽돌로 만든 집을 더 선호하는 것은 토네이도에 의한 피해를 줄여보려는 적응과정에서 부수적으로 나온 것이다. TV와 라디오가 전세계적으로 보급되면서 재해에 대한 경보체계가 확산되었다. 아직도 기타 다른 적응양식들이 일상생활, 주거, 사회체계, 자원의 이용과 같은 형태로 특정 문화 속에 깊이 박혀 있다.

시간이 지나면서 적응양식은 일반적인 개념으로 발전되어 갔다(Burton, Kates, and White, 1978; Mileti, 1980). '적응양식'은 단기간, 의식적, 의도적이라는 개념과 유사한 것이 되었다. 반면에 순응(adaptation)이라는 용어는 장기간 동안 성공적으로 문화를 적용한 형태, 또는 아주 드문 경우이기는 하지만 생물학적인 진화를 적용한 형태를 의미한다(표

표 4.1  극단적인 환경재해에 대비한 인간의 적응양식

| 의도적인 적응 양식 | | |
|---|---|---|
| 선택 또는 변화 | 손실을 감소시키기 위한 방안 | 손실을 최소화하기 위한 방안 |
| 입지의 변화 | 사건의 적응 | 손실의 할당 |
| • 포기 | • 기후 적응 | • 보험 |
| | | • 재앙에 대한 구조 |
| | | • 자선행위 |
| 이용방안의 변화 | 변화의 원인에 대한 대비 | 손실비용 부담 |
| • 토지이용 계획 | • 특별한 재해에 해당 | • 예상되는 손실에 대비한 자금 마련 |
| | 손실 방지 대책 | |
| | • 경보 시스템 | |
| | • 건물 코드 부여 | |
| | • 공학적 기술 이용 | |
| | • 대피시설 및 대피에 대한 훈련 | |
| 부수적으로 이루어지는 적응 양식 | | |
| 이용방안 및 입지의 선택 | 손실을 감소시키기 위한 방안 | 손실을 최소화하기 위한 방안 |
| • 토지이용의 조절 | • 화재 경보 코드 설치 | • 저축 |
| | • 교통망 개선 | |
| | • 소방시설 개선 | |
| 무의식적인 적응 양식 | | |
| 생물학적 적응방안 | 문화적 적응방안 | |
| • 분명하지 않음 | • 도시화 정책 배제 | |
| | • 미적인 요소 복원 | |
| | • 가족구조 복원 | |
| | • 재산의 효율적 관리 | |

출처: Mileti(1980)

4.1). 그러나 적응에 실패하는 경우도 역시 나타났다(White, 1986). 예를 들면 취약성을 감소시키기 위한 관습들이 장기적으로 보았을 때에는 취약성을 증대시키기도 하였는데, 문화의 발달에 따라 종종 다른 유형의 취약성이 증가하기도 하는 것이 좋은 예이다.

## 적응양식에 관한 연구의 발달

인간의 적응양식을 핵심주제로 삼는 연구 패러다임이 출현한 시기에 두 가지 중요한 연구 주제가 발달하였다. 그리고 이러한 두 가지 연구주제는 현재까지도 광범위한 흥미와 연구를 도출하고 있다. 첫번째 연구주제는 지구환경이 어떻게 유지되고 발전되어 가는지를 분석하기 위한 틀로서 시스템(system) 개념을 이용하는 것이다(Bertalanffy, 1956). 시스템 이론에서는, 전자공학과 생물학의 개념을 결합하여, 원자에서 우주에 이르기까지 다양한 규모에서 나타나는 현상과 결과의 관계를 설명하려고 노력하였다. 이렇게 나타난 준학문(準學問, quasi-discipline)은 폭발적으로 대중화된 새로운 용어들을 창조하였으며, 이 용어들은 궁극적으로 과학적인 틀과 결합되었다. 일반인들은 이제 모델, 투입, 산출, 피드백이라는 용어가 없는 과학을 생각할 수조차 없게 되었다[3]. 그러나 시스템 이론에서 특정 현상을 상징하는 박스, 현상과 현상 사이의 흐름을 지시하는 화살표에 너무나도 익숙해진 사람들은, 자연과 사회를 같은 박스로 인식하는 경향이 있고[4], 인간의 적응은 자동온도조절장치가 집의 온도를 일정하게 유지하는 것과 같이 극단적인 자연현상의 영향을 감소시키는 명확한 역-피드백(negative feedback)[5] 작용이라고 간주하였다(Kates, 1971). 재해를 연구하는 사람들은 자연과 사회가 다양한 적응양식과 피드백을 가진 복합체라는, 복합 시스템 이론을 정립하는 데 공헌하였다.

---

3) 모델, 입력, 출력, 피드백이라는 용어가 더 이상 특정 학문을 하는 사람들의 전유물이 아니라는 이야기로, 그만큼 널리 보급되었다는 의미이다.
4) 즉, 사회체계(society)와 자연체계(nature)를 분석하는 데 있어서 동일한 접근방법을 사용하게 되었다는 의미이다. 실제로 이러한 접근방법은 시스템 이론을 비판하는 하나의 원인이 되기도 한다.
5) 피드백은 물질의 흐름을 조절하는 조절양식을 나타내는 것으로, 자연적인 상태의 흐름을 원활하게 유지시키는 것을 정-피드백(positive feedback)이라고 하고, 자연적인 흐름을 거스르는 방향으로 바꾸는 것을 역-피드백이라고 한다.

화이트는 단기간에 효과를 나타낼 수 있는 인간의 몇 가지 적응양식이 장기적으로 보았을 때에는 오히려 재해에 대한 취약성을 증대시킬 수도 있음을 인식하였다. 이에 대한 가장 좋은 예가 바로 제방효과(levee effect)이다. 인공제방은 홍수에 의한 피해를 막을 수 있는 구조물이지만, 오랜 시간이 지나면서 물이 육지부로 범람하는 것을 막아주던 제방의 방벽(wall)이 대규모 폭우 때와 같은 상황에서는 오히려 물의 원활한 흐름을 막는 역할을 하게 됨에 따라 궁극적으로 더 큰 재앙을 유발할 수 있다는 것이다(White et al., 1958). 인간의 적응양식의 역할을 관찰한 결과 우리는 3가지 일반적인 가설을 도출할 수 있다(Burton, Kates, and White, 1978; Bowden et al., 1981). 첫번째는 감소(減少, lessening)가설이다. 이 가설에 의하면 시간이 지나면서 사회와 국가가 발전함에 따라 효과적인 적응양식이 확산되고 이에 따라 재해에 대한 사회적 비용(특히 재해에 의한 인간의 사망에 따른 사회적 비용)이 감소한다. 전세계적으로 보았을 때에 백만 명 이상의 사망자를 낸 대형 재해의 발생 수는 1900~1950년에 비해서 1950년 이후에 두 배 가까이 증가하였지만, 오히려 총 사망자 수는 괄목할 만한 수준으로 감소하였다(Butron, Kates, and White, 1993: 11). 두번째는 전이(轉移, transition)가설이다. 이 가설에 의하면 사회와 경제가 빠르게 변화하는 시기 동안에, 과거의 적응양식은 효과가 떨어지게 되고 새로운 적응양식이 필요하게 된다. 이에 따라 사회는 이 시기 동안에 재해에 대해서 과거보다 더 취약하게 된다. 많은 개발도상국은 인구의 이동, 도시화, 상업화의 과정 속에서 기존의 적응양식으로는 해결할 수 없는 많은 재해에 접하게 되고 많은 경제적·사회적 손실을 입게 된다. 세번째는 사변(事變, catastrophic)가설이다. 이 가설에 의하면 소규모 재해를 성공적으로 감소시키면 오히려 적응양식의 한계를 넘어서는 새로운 대규모 재앙에 대한 사람들의 취약성은 증가한다는 것이다. 실례로 인공

제방을 통하여 홍수를 막고 제방 안에서 농사를 짓고 사는 삼각주 해안국가인 방글라데시에서 인공 제방을 넘어서는 대형 홍수가 일어나게 되면, 오히려 그곳에서 농사를 짓는 많은 사람들이 사망하게 되는 현상을 우리는 관찰할 수 있다. 이와 같이 다양한 경우에 대한 연구와 가설을 조합하는 과정에서 지리학자, 생태학자, 공학자, 수학자, 그리고 물리학자들은 시스템 이론, 사변 이론, 현대의 카오스(chaos) 이론을 발전시키고 이에 관한 활발한 토론을 벌였다(Holing 1973; Johnson and Gould, 1984; Svedin and Aniansson, 1987).

두번째 중요한 연구주제는 의사결정과학(decision science), 즉 특정 인간이나 제도가 어떻게 의사결정을 하는가를 연구하는 학문을 바탕으로 태동되었다. 이 과정에서 위험과 확률(Savage, 1954), 불확실한 상황에서의 의사결정(Edwards, 1954), 제한된 합리성(Simon, 1957)에 대한 개념을 새롭게 정립할 수 있게 되었다. 동시에 인간은 완벽한 지식을 바탕으로 최대의 효용을 얻을 수 있는 행동을 선택해야 한다는 신고전파 경제학의 한정된 관점을 넓힐 수 있는 새로운 개념을 정립할 수 있게 되었다. 또한 심리학 개론 시간에 배우는 이론적 형태가 아닌 불확실한 실제 상황에서 인간이 어떻게 적응양식을 선택하는지에 대한 실례를 제공할 수 있게 되었다(Kates, 1962). 심리학자들과 공동으로 수행한 이러한 연구 과정에서(Sims and Baumann, 1972; Slovic, Kunreuther, and White, 1974) 행태지리학(行態地理學, behavioral geography)이나 환경심리학(環境心理學, environmental psychology)과 같은 새로운 분야의 학문이 대두되었고, 지리학자들은 재해의 평가와 분석과 같은 또 다른 연구주제에서 중요한 역할을 담당할 수 있게 되었다(White, 1972). 그러나 적응양식을 강조하는 경험적 연구는 시스템의 개념에 너무 많은 초점을 맞추고 있다는 비판을 받기도 하였다(제9장의 Burton, Kates, and White, 1993을 참조하라).

### 패러다임에 대한 비판

인간의 적응양식에 대한 연구 패러다임에 대한 비판은 크게 두 가지로 나타났다. 첫번째는, 범람이나 극단적인 지구물리학적(geophysical) 사건을 분석의 출발점으로 삼는 것은 매우 편협하고 결정론적이라는 비판이다. 이러한 비판에 의하면 인간의 취약성은 근본적으로 일상적인 생활 속의 불확실성에 뿌리를 두고 있는 것이지, 매우 드물고 극단적인 사건에 국한되는 것은 아니라는 것이다. 실제 세계에서는 일상적인 생활과 극단적인 상황이 함께 공존한다. 인간의 존재와 안정적인 변화를 위협하는 것은 어느 한 가지로 국한된 것이 아닌 자연, 사회, 기술적인 요인이 종합된 총체이다. 따라서 자연과 사회가 피드백으로 연결되어 있다는 시스템적인 관점은 인간과 자연의 선형적인 관계를 강조하는 단순한 결정론적인 사고를 개선시킬 수는 있었지만, 여전히 단순함을 완전히 극복하지는 못하였고 사회적 실체의 복합성을 간과하였다.

두번째로, 적응양식의 선택과 의사결정을 강조하는 연구가 인간의 운명을 좌우하는 주인을 인간 자신이라고 주장하는 점을 비판한다. 적응양식의 선택을 강조하는 연구는 사회의 한 부분인 갈등과 구조의 실체를 간과하는 경향이 있다. 이러한 연구 패러다임은 매우 작은 의사결정에 초점을 맞춘 나머지, 종종 인간의 의사결정을 제한하는 더 큰 사회구조와 사회의 역동성을 간과한다. 이와 같은 패러다임의 동향은 개인주의 사상에 뿌리를 두고 있는 것으로, 사회가 인간을 구속하고 제어하는 눈에 보이지 않는 프로세스를 간과한다. 인간은 매우 넓은 범위 속에서 적응양식을 선택할 수 있지만, 실제로는 생활환경, 사회적 지위, 경제적 수입 등의 요인에 의해 많은 적응양식이 제한되고 부정된다.

위에서 언급한 비판을 바탕으로 괄목할 만한 연구의 진전이 있어 왔

다. 인간의 적응양식에 대한 연구는 이제 광대한 범위의 자연·기술·사회
적 재해와 자원의 이용에까지 확장되었고, 기아나 환경붕괴(environmental
degradation)[6]와 같은 대규모 현상에까지 관심을 갖기 시작하였다(제9
장의 Burton, Kates, and White, 1993 참조). 적응양식에 관한 모델은
두 가지 방향으로 발전하여왔다. 첫째는 사건과 결과, 그리고 적응양
식 사이의 인과관계를 밝히기 위한 좀 더 세밀한 모델을 정립하는 방
향이다. 반면에 다른 한 가지는 일상생활과 극단적인 상황, 그리고 소
규모 의사결정과 대규모 의사결정 사이의 관계를 연결짓는 방향이다.
이와 같은 노력의 결과, 상이한 취약성과 적응양식에 대한 제한된 접
근성(接近性)을 고려하는 것이 연구 패러다임 분석의 기본적인 틀이 되
었다. 이를 바탕으로 우리는 현재 나타나고 있는 전지구적인 환경변화
에 적응하는 양식을 고려할 수 있게 되었다.


## 인간에 의한 환경변화와 이에 대한 적응양식

적응양식에 대한 연구가 다루어야 하는 가장 중대한 과제는 인간에
의한 전지구적 환경변화이다. 1987년 한 국제 세미나에서는 인간에 의
한 환경변화의 중요성을 평가하였다. 이 세미나의 결과물은 터너
(Turner) 등이 1990년에 출판한 『인간활동에 의해 변형된 지구환경』(*The
Earth As Transformed by Human Action*)에 정리되어 있다. 이 세미나의 연
구보고에 의하면, 인류가 농업을 시작한 10,000년 전부터 지금까지 북

---

6) 환경문제를 분석하는 데 있어서는 크게 두 가지 관점을 살펴볼 필요가 있다. 하나는
단순한 오염(pollution)문제로서 대기오염, 토양오염, 수질오염 등이 대표적인 예이
다. 두번째는 환경붕괴로서 이는 자연생태계를 유지하고 있는 환경의 기반이 근본
적으로 무너지는 현상이다. 대표적인 예로는 토양침식, 사막화, 기후변화 등을 들
수 있다.

미 대륙의 면적에 해당되는 삼림지역이 인간에 의해 유실되었다. 오늘
날 전세계 얼지 않는 토지생태계의 절반이 인간에 의해 개조되고, 변
형되며 관리되고 있다. 인간에 의해서 자연체계에서 유실되고 빠져나
가는 물질과 에너지의 흐름은 자연체계 내부에서 일어나는 물질의 흐
름 못지않게 중요한 부분을 차지하게 되었다. 휴런호(Lake Huron, 북미
5대호 가운데 두번째로 큰 호수-옮긴이)가 보유하고 있는 양 이상의 물
이 매년 인간에 의해 관개되고 있다. 대규모 환경변화 프로젝트(Earth
Transformed Project)에 의해서 화학물질의 흐름, 지표피복, 생물다양성
등의 13개 지표에 영향을 미친 인간에 의한 환경변화가 나타났다. 지
난 10,000년 동안 발생한 인간에 의한 환경변화를 13개 지표를 중심
으로 살펴보면, 대부분이 최근에 일어난 현상이고 이 중 7개 지표는
1950년 이후 2배 가까이 증가한 것으로 밝혀졌다.

　이와 같이 빠르게 나타나고 있는 인간에 의한 환경변화는 우리로
하여금 지구의 운명에 대한 두려움을 갖게 만든다. 그리고 이 두려움
은 아직 우리에게 다가오지 않은 변화에 의해서 더 증폭되고 있다
(Kates, 1994). 왜냐하면 향후 60~80년 이내에 전세계 인구가 두 배로
증가할 것이라는 예상이 과학적인 근거에 의해서 보고되고 있기 때문
이다. 증가된 인구의 수요를 충족시키기 위해서는 지금보다 4배 많은
농업활동, 6배 많은 에너지 사용, 8배 많은 경제활동이 이루어져야만
한다(Anderberg, 1989). 이러한 생산과 소비의 막대한 증가로 인하여
야기된 환경변화는 인간의 건강, 서식처(棲息處, habitat), 행복, 그리고
자연과 지구의 생명부양체계를 위협한다.

　지구환경에 미치는 이러한 위협들은 다양하고 변화양상도 심하다.
발생할 가능성이 가장 높고 가장 심각한 해악을 유발하며 가장 많은
사람들에게 영향을 미치는 환경변화를 유형화하면, 위협의 규모가 크
고 위협의 영향이 장기간 동안 나타나는 3가지로 분류할 수 있다. 첫

번째는 대기환경의 문제로 여기에는 대기 중의 방사성 낙진 증가, 성층권 내 오존층의 파괴, 온실기체에 의한 지구온난화가 포함된다. 두 번째는 생물권의 급격한 변화로 여기에는 열대지역과 산악지역의 삼림파괴, 건조지역의 사막화, 열대지역에서 나타나는 종의 소멸 현상이 포함된다. 마지막으로는 오염물질의 대규모 유입으로, 여기에는 대기권의 산성비 문제, 토양층 내부의 중금속 집적, 지하수 내 화학물질 유입 등이 포함된다.

## 보존과 적응

다양하고 풍부한 변화에 인간이 어떻게 반응해야 하는가에 초점을 맞춘 활발한 논쟁이 일어나고 있다. 여러 환경변화 중 특히 전지구적 대기환경에 대한 논쟁은 예방론자(preventionist)와 적응론자(adaptationist)라는 상반된 입장으로 대표된다(Mathews, 1987). 이와 관련된 논의는 사소한 용어사용 문제에서도 잘 나타난다. 예를 들면 기후변화를 방지하거나 감소시킨다는 의미의 저감(mitigation)이라는 용어와, 의식적이건 무의식적이건 간에 환경변화에 맞춘다는 의미의 적응(adaptation)이라는 용어의 구분이 그것이다. 그러나 어떤 용어를 사용하느냐의 문제를 떠나서, 예방론자들은 (온실기체의 축적과 같은) 환경변화가 인간에게 미치는 영향은 잠재적으로 매우 파괴적인 것이며, 따라서 변화율을 감소시키기 위한 과감한 저감대책이 필요하다고 주장한다(Mathews, 1987). 반면에 적응론자들은 기후변화의 속도가 상대적으로 매우 느리다는 점에 주목하면서, 인간은 이 현상을 충분히 예보할 수 있고 이에 따라 확실하게 적응할 수 있다고 주장한다. 적응론자들은 인간의 정주공간은 모든 기후대에 걸쳐서 나타난다는 점을 강조하고, 사람들이 저감대책을 수립하는 것보다는 변화되기 이전의 환경보다 더 바람직한 상태로 식생과 농업방식을 변화시키는 것이 더 효과적이라고 주장한다

(Ausubel, 1991).

지구환경변화를 연구하는 선진국의 많은 사람들은 환경변화에 대한 인간의 적응능력에 대하여 매우 낙관적인 사고를 갖고 있다. 예를 들면, 기업형 농업과 기술의 발달을 통해 대규모 환경변화에 성공적으로 적응할 수 있고 이에 따라 미래에 필요로 하는 식량을 충분히 생산할 수 있다고 확신한다. 이러한 이들의 확신은 농경지 확장의 역사적인 추세, 즉 전통적인 농업생태적(agroecological) 경계를 뛰어넘는 경작시스템의 확대와 국제 무역을 통한 유연한 식량보급 시스템에 기초를 두고 있다(NAS-NAE-IOM, 1992).

물론 환경변화에 대한 적응은 중요한 역할을 수행할 수 있지만, 적응의 가능성은 잘사는 국가와 못 사는 국가 사이에서 명확하게 차이가 난다(Bohle, Downing, and Watts, 1994). 적응하는 과정에서는 직접적인 비용이 거의 들지 않는 반면 모든 지역에 동일한 이득을 제공하지 못하기 때문에, 우리는 적응하는 데 드는 사회적 비용과 적응하는 능력의 차이를 이해해야 한다. 환경변화의 영향을 평가하기 위해서는 적응 자체가 미치는 2차적인 영향과 변화에 적응하지 못했을 경우에 발생할 수 있는 손실 등 모든 사회적 비용을 고려해야 한다.

불행하게도, 지금까지 이러한 사회적 비용, 2차적인 영향, 적응에 실패했을 경우 나타날 손실에 대한 직접적인 연구는 없었다. 우리는 이러한 상황이 왜 벌어졌는지에 대하여 깊이 생각해볼 필요가 있다. 그러나 이는 아마도 사람들이 이러한 연구를 수행하기 싫어서 일어난 상황인 것으로 생각된다. 예방론자들은 적응에 대한 연구를 회피하여 왔고, 이러한 연구들이 온실기체를 감소시키려는 사회의 의지를 감소시킬 수도 있다는 불안감을 가지고 있다. 반면에 많은 적응론자들은 적응과정에서 나타나는 사회적 비용에 관한 연구를 할 필요성을 느끼지 못하고 있다. 이들은 사회적 비용은 무시해도 좋은 하찮은 것이라고 생각하거나, 아니면 단순히 자본주의 경제의 '보이지 않는 손'(invisible hand)의 원리를 신봉하고 있다. 그러나 훌륭한 연구를 디자인하는 것은 매우 어려운 일이다. 따라서 적응양식의 성공에 관한 많은 추론들은 유추에 의한 것이었다. 많은 추론들은 인간이 사회·경제적, 기술적 변화나 단기간의 환경변화를 어떻게 적응하여 왔는가를 관찰하는 과정에서 도출되었다(Glantz, 1988).

이와 같은 논쟁 속에서 많은 지리학자들은 자기 자신들이 이러한 논쟁의 양극단에 어색하게 자리잡고 있다는 사실을 발견하게 되었다. 그후 전문가적인 자질을 쌓으면서 지리학자들은 지구의 운명에 관한 자신들의 관심이 그 누구보다도 뛰어나다는 것을 알게 되었고, 인간의 적응능력에 관해서 누구보다도 많은 지식을 가지고 있다는 것을 느끼게 되었다. 우리는 (모든 환경론자들을 포함한) 보존론자들을 50년 전의 미 공병단과 유사하다고 평가한다. 물론 당시의 미 공병단의 관심은 홍수를 저지하는 것이었던 데 반해, 오늘날의 초점은 대기에 유입되는 탄소의 흐름이라는 것이 다르다면 다른 점이다. 우리는 또한 적응론자들을 (범람원을 구획화하는 것은 개인의 재산권을 제한하는 불필요한 작업이며 시장의 논리가 범람의 적응에 필요한 구역을 자연스럽게 만들어줄 수 있다는) 신고전경제학파의 법률가나 경제학자와 유사하게 평가한다.

지리학자들은 이러한 지속적인 논쟁 속에 50년 전의 이론적 통찰력, 지금까지의 수많은 경험적 연구, 실질적인 경험을 제공할 수 있다. 양극단(보존론자와 적응론자)의 중간에서 지리학자는 환경의 변화율을 조심스럽게 모니터링(monitoring)할 수 있고, 적응에 필요한 시간을 벌기 위하여 변화율을 늦출 수도 있을 것으로 생각한다. 반면에 지리학자는 다양한 범위의 대안적인 적응양식을 확인할 수 있는 인간의 능력을 강력하게 주장할 수도 있을 것이다. 그리고 아마도 가장 중요한 점은, 지

리학자는 환경변화에 가장 취약한 사람들과 필요한 적응양식에 접근
하기 가장 어려운 사람들을 위한 대변자가 될 수 있다는 사실일 것이
다.

### 상이한 적응양식에 관한 연구들

주로 지리학자들에 의해서 조직된 최근의 두 가지 중요한 연구가
이와 같은 연구동향을 지원하는 데 필요한 연구성과물을 제공하였는
데, 이들은 상이한 적응능력에 관해 언급하고 있다. 하나는 분석의 단
위를 국가 또는 지역으로 선택한 전지구적인 관점의 연구이고, 또 하
나는 빈곤과 환경과의 관계에 관련된 사례연구에 기초한 지방(local)에
관한 연구이다.

첫번째 연구는 미래의 기후변화가 식량문제에 미치는 영향을 주로
연구하였다. 이 연구는 농학자, 경제학자, 지리학자, 그리고 기타 식량
의 수요와 공급에 관심을 갖고 있는 학자들이 공동으로 시작하였는데,
이들은 기후의 변화와 농업체계와의 관계를 평가하는 데 초점을 맞추
었다(Rosenzweig and Parry, 1994). 최첨단의 기술을 사용하여 수행된
연구에 의하면, 평균적인 기후변화는 전지구적 농업생산에 큰 영향을
미치지 않으며, 적당한 단계의 적응양식과 대기 중 이산화탄소의 증가
에 따라 식물성장이 증가하는 이득을 얻을 수 있다는 것이 밝혀졌다.[7]
서기 2060년의 상황을 가정한 시나리오에 의하면, 경제활동은 1980년
에 비해서 4.4배 증가하고 곡물 생산은 1980년에 비해서 2.25배 증가
하는데, 이는 인구의 증가율을 충분히 감당할 수 있는 수준이다. 경제
적 수준의 변화가 없다고 가정하고 1인당 식량 소비량과 1인당 영양
소 필요량을 비교해보면, 영양소가 결핍된 인구수는 1980년의 5억 1

[7] 대기 중 이산화탄소가 증가함에 따라 광합성 작용이 활발해지고 이에 따라 식물생
산이 증가하게 된다는 의미.

### 2060년의 곡물생산 변화

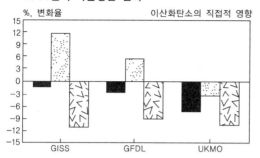

### 적응 1 (소규모 적응양식)

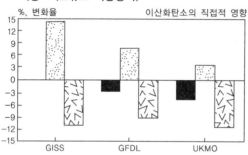

### 적응 2 (대규모 적응양식)

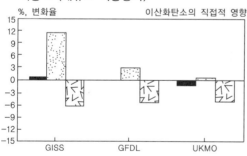

그림 4.2  2060년의 곡물생산 변화를 추정한 그래프. 대기권의 이산화탄소 농도가
두 배로 증가할 경우 나타날 기후변화를 3가지 상이한 기후모델(GISS, GFDL,
UKMO)을 이용하여 표현하였다. 그리고 이러한 3가지 모델은 이산화탄소가 수확량
에 직접적인 영향을 미친다는 가정 하에 밀, 옥수수, 쌀을 대상으로 한 수확모델과
결합되었다. 2060년의 기후변화와 곡물생산 변화의 관계가 전 지구적 평균값, 선진
국, 개발도상국이라는 3가지 차원에서 나타나고 있다. 제일 위 부분의 그래프는 적응
양식을 전혀 수행하지 않은 경우, 중간 부분의 그래프는 소규모 적응양식을 수행한
경우, 아래 부분의 그래프는 농업체계 자체의 대규모 변화를 수행한 경우를 전제한
것이다. 출처: Rosenzweig and Parry(1994: 137)

백만 명에서 2060년에는 6억 4천 1백만 명으로 증가할 것으로 예상되고 있다. 그러나 이는 세계 인구수와의 비율로 살펴보면 오히려 세계 인구의 23%에서 9%로 감소한 수치이다.

두번째 연구는 로젠즈웨이그와 패리(Rosenzweig and Parry, 1994)가 대기 중 이산화탄소의 농도가 두 배로 증가할 경우 나타날 수 있는 기후변화 시나리오를 서로 다른 3가지 일반순환모델(general circulation model, GCM)을 이용하여 만든 것이다. 이들은 밀, 옥수수, 쌀, 콩을 대상으로 18개국 100여 지점의 수확모델(crop model)에 가상의 기후 데이터를 적용하였다. 이러한 수확모델을 통하여 이산화탄소 농도의 증가가 식물 성장 및 수자원 이용에 미치는 영향을 설명하였고, 동시에 농업경영방식에서는 어떠한 적응양식을 선택하게 되었는지도 설명하였다. 여기서는 두 단계의 적응양식이 선택되었다. 한 가지는 농업체계의 근본적인 변화를 수반하지 않는 단계이고, 다른 한 가지는 농업체계 자체의 변화를 요구하는 단계이다. 이들은 세 가지 일반순환모델과 네 가지 상이한 조건(이산화탄소가 농작물 생산에 영향을 주는 경우와 그렇지 않은 경우, 그리고 상이한 두 단계의 적응양식)을 지역적 차원과 국가적 차원에서 조합하고 그 결과를 농업체계모델과 관련지어 해석하였다.

그림 4.2의 그래프는 대기 중 이산화탄소의 농도(그래프에서 X축)의 증가와 두 단계의 적응양식에 따라 나타날 것으로 예상되는 2060년의 곡물생산 변화를 보여주고 있다. 전 지구적 차원의 변화를 나타내주는 검은색 막대 그래프에서 볼 수 있듯이, 적응양식을 거친 후의 곡물생산은 단지 3% 이하로만 감소하며, 심지어 높은 단계의 적응양식을 거치게 되면 오히려 증가하는 경향도 나타나게 된다. 그러나 이러한 전 지구적인 평균값은 선진국과 개발도상국 사이에서는 큰 차이를 보인다. 개발도상국은 모든 경우에 있어서 곡물생산이 감소한다. 대부분의

경우에 있어서 선진국의 곡물생산 증가는 개발도상국의 곡물생산 감
소를 상쇄시키지는 못하며, 단지 매우 높은 단계의 적응양식을 거친
경우에만 예외적으로 상쇄효과가 나타난다. 이와 같은 상황이 실제로
일어나게 되면, 전세계 곡물시장의 가격은 상승하게 되고 동시에 개발
도상국은 더 많은 곡물을 수입해야 하는 상황에 직면하게 된다. 결과
적으로, 12가지의 경우 중 11가지의 경우에서 영양소 결핍 인구가 증
가할 것이며, 최소한 20억 이상의 인구가 극단적인 상황에 직면할 것
으로 예상된다.

재해와 관련된 초창기 연구에 의하면, 재해에 적응하는 능력과 적응
양식에 접근할 수 있는 능력은 경제적 지위, 권력의 유무, 인종과 성
(性, gender)에 따라 많은 차이가 나타난다. 예를 들어 위즈너(Wisner,
1977)는 아프리카의 케냐 사람들이 가뭄에 적응하는 과정에서 위와
같은 차이를 발견하였다. 빈곤한 사람들에게는 적응양식이 매우 한정
되어 있다는 사실은 빈곤과 환경붕괴의 관계를 연구한 일군의 연구들
에 의해 속속들이 밝혀지고 있다.

비올라 하르만(Viola Haarmann)과 케이츠(Kates)는 빈곤과 환경과의
관계를 규명하기 위하여 30개의 사례연구를 실시하였다(Kates and
Haarmann, 1992). 빈곤과 환경붕괴는 강한 연관성이 있다는 관점이 널
리 퍼져 있기는 하지만, 실제 상황에서 이러한 관련성을 규명하기는
상대적으로 쉽지 않다. 농촌지역의 거주자들을 대상으로 한 사례연구
에 의하면, 천연자원에 대한 접근성을 유지하고, 이러한 천연자원을
농업, 목축, 어업에 투입하는 작업은, 인구가 증가하고 토지에 대한 경
쟁력이 심화되는 이른바 '개발'의 단계로 넘어가면서 더 어려워진다.
따라서 몇몇 유용한 사례연구는 빈곤한 사람들이 자신들의 토지로부
터 쫓겨나고 자신들이 기존에 이용하였던 천연자원을 분할당하며, 결
과적으로 자신들이 살기 위해 환경을 붕괴시키는[8] 일련의 과정을 나

타내준다.

　개발 또는 상업화라는 이름의 일련의 활동들은 빈곤한 사람들에게서 전통적으로 그들에게 권리가 부여되었던 생존에 필수적인 토지를 빼앗게 된다. 토지에 대한 그들의 권리는 강제로 분할되고 이러한 분할의 과정에서 축소된 토지는 다시 그들의 자손들에게 불하되거나 여러 가지 개인·사회적인 요구에 의해서 더욱 축소된다. 그리고 빈곤한 사람들의 토지는 극단적이고 부적절한 이용방식, 적절한 보호정책의 실패, 자연재해에 의한 생산성 감소에 의해 붕괴된다.

　이러한 일련의 과정들은 빈곤과 환경붕괴의 악순환 속에서 최고조에 달하는 4가지 주요 힘에 의하여 나타난다(그림 4.3). 네 가지 힘 중 두 가지는 지역 차원에서 접근할 수 있는 외부적인 요인으로, 개발 및 상업화와 자연재해이다. 나머지 두 가지는 공동체 차원에서 접근할 수 있는 내부적인 요인으로, 인구성장과 기존의 빈곤한 상황이다. 사례연구에 의하면, 빈곤과 환경붕괴의 악순환은 3가지 과정 속에서 진행된다. 첫번째 과정은, 개발활동 및 상업화 정책, 인구증가에 따라 가난한 사람들이 부자들에 의해 쫓겨나거나 기존의 토지 및 고용관계의 경쟁 속에서 밀려나는 것이다. 이렇게 쫓겨난 사람들은 남아 있는 토지를 서로 분할하여 이용하거나 아니면 주로 변두리 지역과 같은 외딴 지역으로 이주하게 된다. 두번째 과정은, 인구성장과 기존의 빈곤한 상황에 의해 나타나는 것으로 새로운 세대의 출현9)에 따라 빈약한 자원을 더 분할하게 되고, 연이어 나타나는 분할된 토지의 극단적이고 부적절한 이용으로 말미암아 환경은 붕괴되게 된다. 세번째 과정은, 더 이상의 쫓겨남과 자원 분할은 일어나지 않더라도 가난한 사람들이 자신들

---

8) 삼림지대와 같은 자연생태계를 마구잡이로 용도 변경하여 경작지로 이용하고, 이에 따라 토양침식과 같은 현상이 가속화되어 나타나는 것을 예로 들 수 있다.

9) 가난한 사람들의 자식이나 손자와 같은 가족 구성원의 증가를 의미한다.

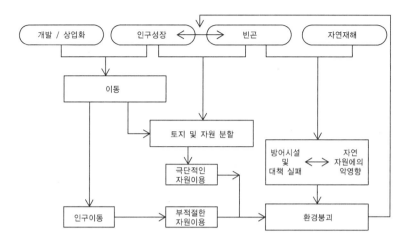

**그림 4.3** 빈곤과 환경붕괴의 악순환. 가계의 빈곤과 환경붕괴 사이의 세 가지 주요한 악순환은 개발과 상업화, 인구증가, 빈곤, 그리고 자연재해가 조합되어 진행된다. 출처: Kates and Haarmann(1992: 9)

을 외부의 여러 요인들로부터 방어할 수 있는 경제적 능력이 없기 때문에 나타나는 것이다. 즉, 질병, 가뭄, 홍수, 토양침식, 산사태, 흑사병과 같은 외부의 재해로 인하여 천연자원은 더욱 붕괴되게 된다.

이렇게 외부에서 작용하는 힘들은 종종 인간의 적응양식도 포함하는데, 이러한 적응양식은 부유층에게는 이득을 주지만 빈곤한 사람들에게는 해를 주기도 하고, 아예 접근하기조차 힘든 것이 되기도 한다. 따라서 환경이 주는 압박이나 기회에 적응하는 개발 및 상업화와 관련된 많은 활동들(예를 들면 농업, 관개작업, 수력발전, 삼림과 야생동물 보존 활동이 있다)은 부유층에게는 이익을 주지만, 이 과정에서 빈곤한 사람들은 자신의 삶의 터전에서 쫓겨나는 현상이 종종 나타나기도 한다. 빈곤은 기존의 적응양식을 유지하는 것조차 제한하기도 하는데, 빈곤한 사람들은 외부 요인으로부터 자신들의 터전을 방어할 수 있는 수단을 지속하고 전문화된 기술을 습득할 만한 능력과, 자원을 개선하고 갱신할 수 있는 공공프로그램을 받아들일 만한 수단이 없기 때문이다. 반복되는 재해에 대처하기 위해서는 지속적인 적응의 노력이 요구되는데, 이 과정에서 적응에 실패하게 되면 유랑민으로 전락하여 새로운 곳으로 이동해야만 되는 상황이 발생하기도 한다. 지금까지 살펴본 연구에 의하면, 적응에 필요한 사회적 비용에는 빈곤한 사람들이 토지, 물, 식생을 포함한 그들의 삶의 터전으로부터 쫓겨나가는 상황까지도 포함되어야 한다. 만약 이러한 상황에 올바르게 적응하지 못하면 삶의 터전에서 쫓겨난 빈곤한 사람들이 사회적으로 보았을 때에는 또 다른 짐으로 다가오기 때문이다.

## 자연과의 공존

지난 50년간 환경변화에 대한 인간의 적응양식이라는 개념은 강력한 연구 패러다임이었다. 특히 이 패러다임은 최근의 전지구적 환경변화라는 현상에 실질적인 지침을 제공해줄 수 있다. 그러나 이 개념의 가장 강력한 영향력은 인간이 자연과 공존하는 방법을 자연스럽게 알려준다는 사실이다.

매키빈(McKibben, 1989)이 『자연의 종말』(The End of Nature)에서 주장한 것처럼 순수한 자연은 이미 없어졌기 때문에 인간과 자연의 완벽한 공존은 불가능하다. 이에 따라 인간이 자연을 어떻게 변화시켜왔는가에 대한 지식이 오히려 요구되고 있다. 어떻게 보면 이와 같은 완벽한 공존은 필요하지 않은데, 그 이유는 러브록(Lovelock, 1990)이 그의 가이아 가설에서 주장한 것처럼 인간은 생지화학적(生地化學的) 순환을 스스로 조절할 수 있는 지구의 한 부분이기 때문이다.[10] 사실 우리

---

10) 따라서 인간의 활동과 이에 따라 나타나는 자연환경의 변화는 지구환경이 자기 스

인간은 자연세계의 한 부분이면서 동시에 자연 세계와는 **동떨어진** 존재라는 상반된 속성을 다 가지고 있다. 우리는 인간이라는 동물이자 동시에 다른 생명체가 가지지 못한 지각이라는 능력을 가지고 있기 때문에, 지구환경 속에서 영원히 이중적인 속성11)에 사로잡혀 있다. 결국 살아있는 유기체로서의 인간은 결국 그들의 존재를 자연세계에 의존하여 유지하고, 동시에 지각이라는 능력을 이용하여 자연세계와 동떨어지려고 끊임없이 발버둥치고 있는 것이다.

(의도적, 무의식적, 부수적) 적응양식은 험한 세계를 헤치고 나갈 수 있는 다리 역할을 한다. 적응양식의 선택은 '가능론'(possibilism)이라는 지리사상의 전통에 포함시킬 수 있다. 가능론의 핵심은, 자연세계는 특정인의 환경이용을 결정하기보다는 격려하거나 제한한다는 것이다. 환경변화에 대한 인간의 적응양식은 명확한 인간 중심의 개념이다. 그러나 인간이 자연을 점령한다는 개념은 결코 아니며, 오히려 인간과 자연의 공존과 공생을 주창하는 개념이다. 환경의 독특한 특성을 고려하지 않은 적응양식은 경제적 손실이 클 뿐만 아니라 장기적으로 보았을 때에는 결코 지속가능하지 않다. 따라서 우리 모두의 어머니인 가이아(Gaia)12)의 아이들인 인간에게 있어서 환경변화에 대한 적응양식의 선택은 어른이 되어가는 과정에서 수행하는 일인 것이다.

참고문헌

Alexander, D. 1991, "Natural Disasters: A Framework for Research and

---

스로 외부의 힘에 반응하고 조절한 자연스러운 결과이다.
11) 자연체계의 한 부분이자 자연체계와는 동떨어진 존재라는 속성.
12) 가이아는 그리스어로 대지의 여신이라는 뜻인데, 러브록에 의해 지구의 생태적 기능을 지칭하는 용어로 더 많이 회자되고 있다.

Teaching," *Disasters* 15(3): 209~226.

Anderberg, S. 1989, "A Conventional Wisdom Scenario for Global Population, Energy, and Agriculture 1975-2075, and Surprise-rich Scenarios for Global Population, Energy and Agriculture 1975-2075," in *Scenarios of Socioeconomic Development for Studies of Global Environmental Change: A Critical Review*, ed. F. L. Toth et al., 201~279, RR-89-4, Laxenburg, Austria: IIIASA.

Ausubel, J. H. 1991, "Does Climates Still Matter?" *Nature* 350: 649~652.

Ausubel, J. H., and H. E. Sladovich. 1989, *Technology and Environment*, Washington, D.C.: National Academy Press.

Bertalanffy, L. Von. 1956, "General System Theory," *Yearbook of the Society for General Systems Research* 1: 1~10.

Bohle, H. G., T. E. Downing, and M. J. Watts. 1994, "Climate Change and Social Vulnerability: Towards a Sociology and Geography of Food Insecurity," *Global Environmental Change* 4(1): 37~48.

Boulding, K. E. 1986, "Energy Policy in Black and White: Belated Reflections on a Time to Choose," in *Geography, Resources, and Environment*, vol.2, *Themes from the Work of Gilbert F. White*, R. W. Kates and I. Burton(ed.), 310~325, Chicago: University of Chicago Press.

Bowden, M. J., R. W. Kates, P. A. Kay, W. E. Riebsame, R. A. Warrick, D. L. Johnson, H. A. Gould, and D. Wiener. 1981, "The Effect of Climate Fluctuations on Human Populations: Two Hypotheses," In *Climate and History: Studies in Past Climates and Their Impact on Man*, T. M. L. Wigley and G. Farmer(ed.), 479~513, Cambridge: Cambridge University Press.

Burton, I. 1962, *Types of Agricultural Occupance of Flood Plains in the United States*, Research Paper 75, Chicago: University of Chicago, Department of Geography.

Burton, I., R. W. Kates, and G. F. White. 1968, *The Human Ecology of Extreme Geophysical Events*, Natural Hazard Working Paper 1, Toronto: University of Toronto Press.

_____. 1978, *The Environment as Hazard*, New York: Oxford University Press.

_____. 1993, *The Environment as Hazard*, 2nd edition, New York: Guilford Press.

Cutter, S. L. 1993, *Living with Risk: A Geography of Technological Hazards*, London: Edward Arnold.

Day, J. C., E. Fano, T. R. Lee, F. Quinn, And W. R. D. Sewell. 1986, "River Basin Development," in *Geography, Resources, and Environment*, vol.2, *Themes form the Work of Gilbert F. White*, R. W. Kates and I. Burton(ed.), 116~152.

Edwards, W. 1954, "The Theory of Decision Making," *Psychological Bulletin* 51: 380~417.

Glacken, C. 1967, *Traces on the Rhodian Shore: Nature and Culture in Western Thought from Ancient Times on the End of the Eighteenth Century*, Berkeley: University of California Press.

Glantz, M. H. 1988, *Societl Responses to Regional climatic change: Forecasting by Analogy*, Boulder, Colo.: Westview press.

Holling, C. S. 1973, "Resilience and Stability of Ecological Systems," *Annual Review of Ecological Systems* 4: 1~23.

Johnson, D. L., and H. Gould. 1984, "The Effects of Climate Fluctuations on Human Populations: A Case Study of Mesopotamian Society," in *Climate and Development*, A. K. Biswas(ed.), 117~135, Dublin: Tycooly International.

Kates, R. W. 1962, *Hazard and Choice Perception in Flood Plain Management*, Research Paper 78, Chicago: University of Chicago, Department of Geography.

_____. 1971, "Natural Hazard in Human Ecological Perspective: Hypotheses and Models," *Economic Geography* 47(3): 438~451.

_____. 1994, "Sustaining Life on Earth," *Scientific American* 271(4): 114~122.

Kates, R. W. and V. Haarmann. 1992, "Where the Poor Live: Are the Assumptions Correct?" *Environment* 34(4): 4~11, 25~28.

Lovelock, J. 1990, *The Ages of Gaia: a Biography of Our Living Earth*, New York: Bantam Books.

McKibben, B. 1989, *The End of Nature*, New York: Random House.

Mathews, J. T. 1987, "Global Climate Change: Toward a Greenhouse Policy," *Issues in Science and Technology* 3(3): 57~68.

Mileti, D. S. 1980, "Human Adjustment to the Risk of Environmental Extremes," *Sociology and Social Research* 64(3): 327~347.

Mitchell, J. K. 1989, "Hazards Research," in *Geography in America*, ed. G. L. Gaile and C. J. Willmott, 410~424, Columbus, Ohio: Merrill.

Murphy, F. C. 1958, *Regulating Flood Pain Development*, Research Paper 56, Chicago: University of Chicago, Department of Geography.

NAS-NAE-IOM Committee on Science, Engineering, and Public Policy, Panel on Policy Implications of Greenhouse Warming. 1992, *Policy Implications of Greenhouse Warming; Mitigation, Adaptation, and the Science Base*, Washington, D.C.: National Academy Press.

O'Riordan, T. 1986, "Coping with Environmental Hazards," in *Geography, Resources, and Environment*, vol.2, *Themes from the Work of Gilbert F. White*, ed. R. W. Kates and I. Burton, 272~309, Chicago: University of Chicago Press.

Palm, R. I. 1990, *Natural Hazards: An Integrative Framework for Research and Planning*, Baltimore: Johns Hopkins University Press.

Platt, R. H. 1986, "Flood and Man: A Geographer's Agenda," in *Geography, Resources, and Environment*, vol.2, *Themes from the Work of Gilbert F. White*, ed. R. W. Kates and I. Burton, 28~68, Chicago: University of Chicago Press.

Rosenzweig, C., and M. L. Parry. 1994, "Potential Impact of Climate Change on World Food Supply," *Nature* 367: 133~138.

Savage, L. J. 1954, *The Foundations of Statistics*, New York: John Wiley.

Sheaffer, J. R. 1960, *Flood Proofing: An Element in a Flood Damage Reduction Program*, Research Paper 65, Chicago: University of Chicago, Department of Geography.

Sims, J., and D. Baumann. 1972, "The Tornado Threat: Coping Styles of the North and South," *Science* 176: 1386~1392.

Simon, H. 1957, *Models of Man: Social and Rational*, New York: John Wiley.

Slovic, P., H. Kunreuther, and G. F. White. 1974, Decision Processes, Rationality, and Adjustment to Natural Hazard, in *Natural Hazard: Local, National, Global*, G. F. White(ed.), 187~205, New York: Oxford University Press.

Svedin, U., and B. Aniansson, eds. 1987, *Surprising Futures, Notes from an International Workshop on Long-term World Development*, Stockholm: Swedish Council for Planning and Coordination of Research.

Tait, J., and B. Napompeth(eds.). 1987, *Management of Pests and Pesticide:*

*Farmer's Perceptions and Practices,* Boulder, Colo.: Westview Press.

Turner, B. L., II, W. C. Clark, R. W. Kate, J. F. Richards, J. T. Mathews, and W. B. Meyer(eds.), 1990, *The Earth as Transformed by Human Action: Global and Regional Changes in the Biosphere over the past 300 Years,* Cambridge: Cambridge University Press.

U.S. Congress. 1966, *A Unified National Program for managing Flood Losses,* 87th Congress, 2nd Session, House Document 465, Washington, D.C.: U.S. Government printing Office.

U.S. Federal Interagency Floodplain Management Task Force. 1992, *Floodplain Management in the United States: An Assessment Report* 2, vols. FIA 17-18, Washington, D.C.: U.S. Federal Emergency Management Agency.

U.S. Interagency Floodplain Management Review Committee. 1994, *Sharing the Challenge: Floodplain Management in the 21st Century,* Washington, D.C.: U.S. Government Printing Office.

U.S. Water Resources Council. 1979, *A Unified National Program for Flood Plain Management,* Washington, D.C.: U.S. Water Resources Council.

White, G. F. 1945, *Human Adjustment to Floods: A Geographical Approach to the Flood Problem in the United States,* Research Paper 29, Chicago: University of Chicago, Department of Geography.

_____. 1964, *Choice of Adjustments to Floods,* Research Paper 93, Chicago: University of Chicago, Department of Geography.

_____. 1969, *Strategies of American Water Management,* Ann Arbor: University of Michigan Press.

_____. 1972, "Human Response to Natural Hazard," in *Policy Perspectives on Benefit-risk Decision Making,* Committee on Public Engineering, 43~49, Research Paper 29, Washington, D.C.: National Academy of Engineering.

_____. 1994, "Reflections on Changing Perceptions of the Earth," *Annual Review of Energy and the Environment* 19: 1~13.

_____(ed.). 1974, *Natural Hazards: Local, National, Global,* New York: Oxford University Press.

White, G. F., W. C. Calef, J. W. Hudson, H. M. Mayer, J. R. Sheaffer, and D. J. Volk. 1958, *Changes in the Urban Occupance of Flood Plains in the United States,* Research Paper 57, Chicago: University of

Chicago, Department of Geography.

White, G. F., D. J. Bradley, and A. U. White. 1972, *Drawers of Water: Domestic Water Use in East Africa*, Chicago: University of Chicago Press.

Whyte, A. V. 1986, "From Hazard Perception to Human Ecology," in Geography, Resources, and Environment, vol.2, *Themes from the Work of Gilbert F. White*, R. W. Kates and I. Burton(ed.), 240~271, Chicago: University of Chicago Press.

Wisner, B. G., Jr. 1977, *The Human Ecology of Drought in Eastern Kenya*, Ph.D. Dissertation, Clark University, Worcester, Mass.

# 5
## 수분수지 기후학

존 마더

    많은 사람들은 물 문제가 장차 지구의 중요한 환경문제가 될 것이라는 데 의견을 같이하고 있다. 세계의 많은 지역들은 심각한 물 문제에 직면해 있다. 여기에는 수질오염과 물 공급의 문제, 물 사용권의 문제, 물의 오용으로 말미암아 발생한 담수(淡水)[1]의 유실문제, 물 수요의 급증에 대처하기 위해 새로운 물 공급원을 창출해야 하는 문제 등이 포함되어 있다. 따라서 이러한 물 문제에 효과적으로 대처하는 계획을 수립하기 위해서는 물에 대한 올바른 이해가 선행되어야 한다.

    수분수지(水分收支, water budget)는 인간이 환경을 개조하면서 필연적으로 발생하는 여러 가지 규모의 문제들을 평가하는 데 필수적인 개념이다. 수분수지는 특정한 환경에서 강수량으로 대표되는 물의 공급과 증발산량(蒸發散量, evaportranpiration)[2]으로 대표되는 물의 수요간의 관

---

[1] 담수(freshwater)는 소금기가 있는 염수(saltwater)에 상반되는 개념으로 일반적으로 민물이라고 표현하는 것이다.

[2] 증발(evaporation)은 물이 직접적으로 유실되는 현상이고, 발산(transpiration)은 식생의 호흡으로 인하여 유실되는 현상이다. 증발산은 이 두 현상을 결합한 개념이다.

계를 하루, 한 주, 한 달의 단위로 산출한 것이다.

삼림지대 중심의 경관이 쇼핑센터나 산업단지로 개발되는 상황을 고려해 보자. 미국 내 대부분의 주(州)에서는 개발 후의 지하수위를 개발 전의 수준으로 회복(재충전)시켜야 하는 필요성에 직면해 있다. 이는 수분수지의 개념을 이용하면 상대적으로 해결하기 수월한 문제로, 수분수지와 관련된 서적을 참고하면, 누구나 현재의 전체 강수량과 증발산량을 이용하여 지하수를 회복시키는 데 필요한 물의 양을 계산할 수 있다. 다음으로 토양 내 뿌리층의 수분량과 새로운 지표 조건에서의 지표유출, 기온 상승에 따른 증발산량의 증가 현상을 이용하여 토지 이용의 변화에 따라 나타나게 될 지하수 양의 변화를 예측할 수 있다.

기후학(climatology)은 대기와 지표에서 나타나는 태양광선과 강수량의 분포 및 이용에 관심을 갖는 학문분야이다. 따라서 지표에 공급된 강수량이 증발산과 지표 및 지하유출·하천수의 흐름·토양 상부층의 수분 충전과 저장에 어떻게 이용되는가를 살피는 데 있어 수분수지 기후학(water budget climatology)은 핵심적인 역할을 할 수 있다.

수분수지는 다양한 시공간적 단위(scale)로 평가될 수 있다. 예를 들어 수문순환(水文循環, hydrologic cycle)으로 더 잘 알려진 전지구적 수분수지는 지역과 세계의 수자원을 평가하는 데 필수적인 강수량과 증발산량, 그리고 유출량에 대한 정보를 위도별, 대륙별 또는 전지구적 단위로 제공해준다. 또한 시공간적 단위를 축소하면, 소규모 유역분지의 지표유출, 지하유출 및 지하수의 흐름, 토양수 저장 능력, 토양과 식생으로부터 일어나는 증발산량을 일, 주, 월 단위로 자세하게 파악할 수 있다. 심지어 오늘날에는 수목 한 그루의 수분수지도 파악할 수도 있다.

다양한 시공간 단위의 수분수지에 영향을 주는 여러 가지 요인들을 정확하게 평가할 수 있는 능력은 특정 장소나 지역의 수자원을 이해하는 데 있어서 매우 중요하다. 수분수지 분석에서는 단순한 기온과 강수량 데이터만 가지고도 모든 지역의 수분수지를 구축할 수 있는데, 이는 모든 지역에는 최소한 100년 정도 규모의 역사적인 기후 데이터를 가지고 있기 때문이다. 따라서 수분수지를 이루고 있는 기후인자들의 통계적 빈도는 유용한 분석 틀이 된다.

## 아이디어의 기원

수분수지 기후학의 발달 과정을 이해하기 위해서는 수문순환의 기능을 이해해야 한다. 즉, 바다에서 대기·육지로 끊임없이 순환하는 물의 흐름과 고체·액체·기체의 상태로 변화되면서 다시 바다로 유입되는 물의 흐름을 이해해야 한다는 것이다. 초창기 수분수지의 기능에 대한 논의는 그리스의 철학자 플라톤과 아리스토텔레스로 거슬러 올라간다. 그들은 물의 근원을 하천의 흐름으로 생각하였다(Biswas, 1970). 플라톤이나 아리스토텔레스 모두 강수량이 하천의 흐름을 유지하는 데 충분하지 않다는 점에는 의견이 일치하였다. 그러나 그들은 물이 고도가 높은 곳으로 올라가 샘(spring)을 형성하는 방법에 대해서는 의견이 일치하지 않았다. 즉 두 사람 모두 해수를 채우고 있는 지하의 대규모 동굴지형(cavern)이 기본적인 샘의 기원이라는 데에는 동의하였으나, 이러한 물이 어떠한 방법으로 이동하여 담수를 공급하는지에 대해서는 의견을 달리하였기 때문이다. 수문순환과 전지구적 수분수지의 문제는 16세기와 17세기 프랑스의 베르나르 팔리시(Bernard Palissy)와 클로드 페로(Claude Perrault), 에드메 마리오트(Edme Mariotte), 그리고 영국의 천문학자 에드몬드 핼리(Edmond Halley)에 의해 명확하게 정립되었다.

프랑스의 학자들은 모든 유역의 하천의 흐름을 충분히 유지할 수 있는 양의 물이 강수의 형태로 공급된다는 것을 밝혔으며, 핼리는 바다로부터 증발되는 수분이 강수량을 충분히 형성할 수 있다고 밝혀냈다.

지난 200년 동안 과학자들은 관측소에서 기온과 강수량의 정량적인 데이터를 얻어내려는 노력을 기울였으며, 이를 통해 점차 식생 피복의 유형과 지표 관리 방법이 증발산에 영향을 미친다는 것을 알게 되었다. 이 과정에서 1873년에 발효된 목재벌목법(Timber Culture Act)은 미국의 대평원에 더 많은 수목을 식재(植栽)함으로써 농업과 관련한 자연재해를 막을 수 있는 충분한 강수량이 공급될 수 있다는 생각에서 유래한 것이었다(Thornthwaite, 1937). 기본적으로 1930년대 중반 미국 대평원의 먼지폭풍(Dust Bowl)을 막고자 북부 다고타에서 텍사스에 이르는 지역에 방풍림을 식재한 것은, 국지적 증발산양의 증가가 가뭄을 막을 수 있는 충분한 양의 강수량을 생성한다는 아이디어에서 비롯되었다.

손스웨이트(C. W. Thornthwaite)는 1937년 『다시 살펴본 수문순환』(The Hydrologic Cycle Re-examined)에서 미 대륙에 강수량을 형성하는 대부분의 수분은 따뜻한 해양 열대성 기단에서 기원한다고 밝혀냈다. 미 대륙의 남동쪽을 가로질러 이동하는 대륙극기단(大陸極氣團, continental polar air masses)으로 증발된 수분은 찬 기단을 계속적으로 데워주면서 수분의 양을 증가시킨다(왜냐하면 포화된 상태의 더운 공기는 찬 공기보다 더 많은 수증기를 보유하기 때문이다).[3] 이러한 사실은 국지적인 대기권에 더 많은 수분을 공급하고자 나무를 심고 호수를 만들거나 관개시설을 설치하는 것이 중부 미국의 수분을 근본적으로 증가시킬 수는 없다는 것을 시사하는 것이다.[4] 손스웨이트가 중위도 기단의 서로 다른 수분

---

[3] 대륙극기단은 원래의 특성이 차갑지만 남동쪽으로 이동하면서 지속적으로 더운 공기와 만나게 되고 다라서 더 많은 수증기를 포화시킬 수 있는 능력을 갖추게 된다. 따라서 이러한 대규모 기단의 이동이 결국 중부 미국의 강수량을 결정짓는 것이다.
[4] [원주] 그러나 이와는 달리 특정한 환경, 예를 들면 단지 하나의 온대습윤기단만이

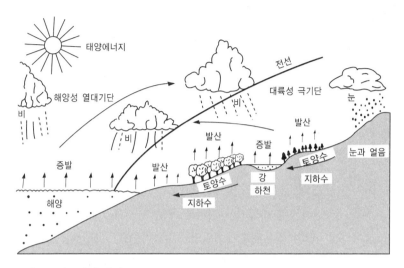

그림 **5.1** 수문순환. 출처: Hylckama(1956), Holaman(1937)과 Thorthwaite(1937)가 제시한 그림을 재구성한 것.

및 기온 특성을 오래된 수문순환 다이어그램에 포함시킨 아이디어는 앞서 언급한 팔리시, 페로, 마리오트가 제시한 전지구적 수분수지에 기반을 둔 것이다(그림 5.1).

기후학자들은 오랜 시간동안 특정 지역의 기후를 연구하면서 한 지역이나 장소의 습도 개념을 정립하는 데 많은 시간을 할애해야 했다. 즉, 강수량이라는 하나의 요소가 습도를 결정하지는 못하는데, 이는 습도가 강수량의 형태로 공급되는 물의 양과 증발산의 형태로 소비되는 물의 양의 관계 속에서 나타나는 현상이기 때문이다. 전세계 기후 분포에 대한 합리적인 데이터를 제공할 수 있는 규모의 기온 및 강수량 측후소망이 구축된 19세기 이후에야 습도 개념과 관련된 문제가 해결될 수 있었다. 이러한 작업은 독일 기상학의 선두 주자이자 식물

활동하는 아마존(Amazon) 유역의 강수량은 국지적인 증발산량에 의존한다. 따라서 아마존 유역의 삼림제거는 심각한 강수량의 감소를 가져온다.

생태학자인 블라디미르 쾨펜(Wladimir Köppen)에 의해 시작되었다. 기후구분에 대한 그의 첫번째 주요 저서는 1900년에 발간되었는데, 이 책의 대부분은 아우구스트-피라메 드 칸돌레(Auguste-Pyrame de Candolle, 1874)의 식생 구분법에 근거한 것이었다. 칸돌레는 전세계 식생을 6개의 주요 그룹으로 분류하였는데, 이 중 5개의 그룹은 연평균 강수량에 그리고 나머지 1개의 그룹은 가뭄의 적응 능력에 의거하여 구분되었다. 쾨펜은 칸돌레의 식생 분류가 곧 기후구분의 잣대라고 믿고 단순히 이러한 구분의 경계를 수치적인 값으로 표현하는 데 힘을 기울였다. 예를 들면, 사막과 스텝기후 지역을 구분하는 데 있어서는 비가 가장 많이 오는 달의 강우일수가 6일인 곳을 기준으로 삼았다(강수확률 0.20).[5] 그리고 삼림지역과 스텝기후 지역의 구분은 강수확률 0.36(한 달의 강우일수 10.8)인 곳을 기준으로 삼았다. 쾨펜은 삼림지역과 스텝 사이의 아습윤(亞濕潤, subhumid) 지역에 대해서는 구분하지 않았다(Thornthwaite, 1943).

쾨펜은 이후 40년 동안 그의 기후구분을 여러 차례에 걸쳐 수정하였으나, 기후요소로서의 수분에 대한 해석에 있어서는 만족할 만한 결과를 얻지 못하였다. 그는 (그의 초창기 연구의 많은 부분을 수행한) 러시아의 도로가 비가 많이 오는 달에는 건조하면서 먼지가 많이 나고, 오히려 비가 거의 오지 않는 달에는 축축하면서 진흙 투성이가 되는 것을 목격하면서 수분에 대한 문제의식을 더 명확하게 갖게 되었다. 이를 통하여 그는 강수량 한 가지가 습도를 결정하는 것은 아니라는 점을 확실히 인식하게 되었다. 쾨펜과 모든 초창기의 기후학자들이 현실성 있는 기후구분을 위해 가장 크게 직면한 문제는 기후에 있어 강수량의 효과와 습도의 개념을 효과적으로 설명하는 것이었다. 그러나

---

5) 강수확률의 계산은 실제 강수일수를 한달, 즉 30일로 나눈 값이다. 따라서 사막의 경우는 6/30으로 0.2가 된다.

문제의 인식이 곧 해결을 의미하는 것은 아니었다. 즉, 쾨펜은 기후 조건과 유효수분의 관계를 밝혀내지는 못하였다.

미국의 기후학자인 손스웨이트는 1929년 미국의 캘리포니아 주립대학(U. C. Berkeley)에서 칼 사우어(Carl Sauer)로부터 박사학위를 취득하였다. 그는 오클라호마 대학에서 1927년 첫 강의를 시작하면서 기후구분의 문제에 관심을 갖고 기후요소로서의 수분을 설명할 수 있는 방법을 모색하기 시작하였다. 훗날 먼지폭풍으로 알려진 건조기후지역의 수분결핍 현상을 경험하면서, 그는 기후에 있어 수분의 역할을 처음으로 중요하게 인식하게 되었다. 손스웨이트는 강수량의 효율성을 정량화하기 위하여 서부 미국에서 4~12년 동안 21개 지점에서 증발접시를 이용하여 증발산량 데이터를 수집하였는데, 여기서 고려한 사항은 월평균 강수량과 기온이었다. 손스웨이트는 여기서 수집된 데이터들을 유사한 강수량과 증발산량으로 그룹화하고, 이를 바탕으로 강수 효율성 지표(I)를 도출하였다. 그는 이 지표를 이용하여 1931년 『북미의 기후』(*The Climates of North America*)를 발간하였다.

증발산량과 기후에 대한 지속적인 연구를 거듭한 결과, 손스웨이트는 식생으로 피복된 지역에서의 실제 증발산량(AE)은 잠재 증발산량(PE)에 관계없이 식생에 공급되는 수분의 양에 따라 같은 지역에서도 명백한 차이를 나타낸다는 사실을 이해하게 되었다. 실제 증발산량은 기후요소뿐만 아니라 토양에 저장되어 있는 수분의 양(토양수가 존재하지 않으면 증발산을 일어나지 않는다), 식생의 유형(어떤 종은 다른 종에 비해서 토양수를 좀 더 효과적으로 제거한다), 토지관리유형 등의 영향도 받는다.

예를 들어 연강수량이 6인치 정도인 상대적으로 건조한 사막지역을 고려해 보자. 이 경우에는 실제 증발산량이 6인치를 넘지 못한다. 그러나 이 사막지역에 유입되는 태양 에너지는 60인치의 수분을 증발시킬 수 있는 양이다. 따라서 강수량과 실제 증발산량을 비교하면 그 비율은 6/6 혹은 1.0이 되지만, 강수량과 잠재적으로 수분을 증발시킬 수 있는 태양 에너지를 비교하면 6/60 혹은 0.1이 된다. 이 경우 후자가 사막지역의 상대적 건조도를 더 효과적으로 설명할 수 있는 지표가 된다.

즉, 증발산의 두 가지 측면이 반드시 고려되어야 한다. 손스웨이트는 이 두 가지를 잠재 증발산량과 실제 증발산량으로 명명하여 구분하였다. 그는 잠재 증발산량에 대한 정의를 '식생이 필요로 하는 토양수가 충분한 상태에서의 증발량(즉, 식생에 충분한 수분이 공급된 상태에서의 수분의 유실)'이라고 1944년 최초로 정의하였다(Wilm and Thornthwaite, 1944: 687). 비가 오는 기후에서는 실제 증발산량이 잠재 증발산량과 같게 나타난다. 그러나 일반적으로 강수는 식생이 필요로 하는 토양수를 충분히 공급하지 못하기 때문에 실제 증발산량은 잠재 증발산량보다 적게 나타난다.

손스웨이트는 기온과 일조시간에 근거하여 잠재 증발산량에 대한 연구를 발전시키는 과정에서 잠재 증발산량의 실효성을 점검하였다. 그는 유사한 식생과 수분량을 가진 야외에 수분을 함유한 토양으로 채워진 증발산기(lysimeter)를 설치하여 잠재 증발산량을 측정하였다. 그 결과 잠재 증발산량을 정확하게 측정하는 것은 매우 어렵지만, 정확하게만 측정이 되면 실측값과 계산 값은 매우 밀접한 상관성을 갖는다는 것을 밝혀냈다. 그는 첫번째 논문에서 잠재 증발산량에 대하여 다음과 같이 기술하였다.

이 연구에 의하면, 잠재 증발산량은 일반적인 조건에서는 식생, 토양, 토지 이용 등의 특성으로부터 영향을 받지 않는다고 한다. 이러한 결론은 증발산에 의한 유실량과 관련된 지금까지의 개념과 반대되는 것이다. 따라서 나는 이 결론을 받아들이는 것이 달갑지 않다. 그러나 나는 아직까지 이를 부정할 이유를 찾지 못하였다(Wilm and Thornthwaite, 1944: 689, 691).

이와 같은 결론을 검토한 결과, 잠재 증발산량은 식생과 토양의 유형, 토지관리의 영향을 받지 않는다는 초창기 손스웨이트의 발견은 유효하였다는 것을 검증할 수 있다. 잠재 증발산량은 특정 지역의 수분수지의 형태로서의 일, 월, 연 강수량과 직접적으로 비교될 수 있는 실질적인 기후인자이다. 1940년대 초반에 발달되었던 수분수지는 후에 손스웨이트와 마더(Thornthwaite and Mather, 1955b)에 의해 수정되었는데, 이들은 토양 내 뿌리층에 저장될 수 있는 물이 식생에 의하여 토양으로부터 유실되는 것(실제 증발산량)으로 지표에서의 수분의 손실 개념을 전환하였다.

수분수지 기후학에 있어서 잠재 증발산량과 강수량(P)의 관계는 손스웨이트의 새로운 기후 구분에 기초가 되었는데, 여기서는 기후의 습윤한 정도를 파악하기 위하여 수분요구량(잠재 증발산량)과 수분공급량(강수량)을 비교하는 방법이 이용되었다. 이 관계는 다음의 새로운 수분지급 혹은 비율로서 표현된다:

$$I_m = \left(\frac{P}{PE} - 1\right)100$$

강수량이 잠재 증발산량보다 크면 수분지표는 양수가 되고, 강수량이 잠재 증발산량보다 작으면 수분지표가 음수가 되며, 강수량과 잠재 증발산량이 같으면 수분지표는 0이 된다. 이 수분지표는 기후가 상대적으로 습윤한지 아니면 건조한지를 합리적으로 표현해준다. 최근에는 윌모트와 페데마(Willmott and Feddema, 1991)가 이전의 수분지표가 −100에서 무한대까지 표현되던 것을 −100에서 +100 사이로 표현될 수 있도록 좀 더 합리적으로 수정하였다. 새로운 관계식은 다음과 같다.

$$I_m = \left( \frac{P}{PE} - 1 \right) 100 \; : \; 강수량이 \; 잠재 \; 증발산량과 \; 작거나 \; 같을 \; 때$$

$$I_m = \left( 1 - \frac{PE}{P} \right) 100 \; : \; 강수량이 \; 잠재 \; 증발산량과 \; 크거나 \; 같을 \; 때$$

## 수분수지의 사례

강수량과 잠재 증발산량의 일, 월별 값의 그래프나 표를 통하여 특정 지역 수자원의 기원, 분포, 양을 구체적으로 이해할 수 있다. 수분수지를 계산하기 위하여 델라웨어주 윌밍턴(Wilmington, Delaware)의 월평균 강수량의 변화 추이와 잠재 증발산량을 고려해보자. 기후 값의 월별 지표는 표 5.1에 나타나 있으며, 이를 그래프로 표현한 것이 그림 5.2이다.

윌밍턴의 경우 잠재 증발산량은 기온과 밀접한 상관관계를 갖고 있는데, 평균기온이 0℃에 가까운 1, 2월의 0에서부터 7, 8월의 150, 135에 이르기까지 규칙적으로 나타난다. 물의 공급인 강수량은 연중 변화가 심하지 않아, 모든 달에 75mm 이상의 비가 내리는데, 최저값은 10월의 78mm와 2월의 80mm이고 최고값은 7월의 119mm와 8월의 128mm이다. 따라서 강수량이 가장 많은 달이 잠재 증발산량으로 표현되는 물의 수요량도 가장 많다. 이때는 물의 공급량보다 수요량이 더 많기 때문에, 여름철은 건조하고 관개가 필요한 시기이다.

월을 기준으로 강수량과 잠재 증발산량을 비교하면 이 둘은 결코 일치하지 않는다. 가을, 겨울, 봄철에는 강수량이 더 많고, 여름철에는 증발산량이 더 많다. 11월에는 증발산에 필요한 양 이상으로 비가 오기 때문에 증발되고 남은 수분은 토양에 저장되어 토양 상부에 수분저장층이 형성된다. 토양이 저장할 수 있는 최대한의 물이 토양에 저장된 후에 내리는 강수량은 잉여(surplus)로 표현된다.

평균적으로 10월부터 5월까지는 잠재 증발산량보다 강수량이 많다. 이때의 토양은 물로 포화된 상태가 되며, 물의 일부분은 잉여상태로 존재한다. 6월은 잠재 증발산량이 강수량보다 많아지는 최초의 달이다. 이때에 필요한 물의 일부는 토양층 상부에 저장되어 있는 물에서 공급되지만, 강수나 토양수에서 공급되지 못하는 경우도 있다. 따라서 이러한 상태를 수분부족(deficit)이라고 한다. 토양이 건조해짐에 따라, 토양 상부층으로부터 수분은 부족하게 되고, 따라서 식생은 그들이 필요로 하는 물을 토양에서 얻기가 더 어려워진다.

강수량이 잠재 증발산량보다 많은 경우에는 실제 증발산량 또는 실제 수분손실량이 잠재 증발산량과 같게 된다. 이 기간동안에는 증발산에 필요한 물이 충분히 공급된다. 강수량이 잠재 증발산량보다 작을 때의 실제 수분손실량은 강수량과 토양으로부터 제거된 물의 양의 합과 같아진다.

증발산에 필요한 양과 토양 내 뿌리층에 저장되어 있는 양 이상의 물로 표현되는 잉여수분은 궁극적으로 지표유출(surface runoff)의 형태로 유실된다. 그러나 이러한 지표유출은 즉각적으로 발생하지는 않는데, 그 이유는 물이 지하수면까지 내려갔다가 하천이나 강의 형태로 다시 지표위로 올라오는 데에는 시간이 걸리기 때문이다. 윌밍턴의 경우 지표유출로 유실되는 물의 비율은 매월 잉여수분의 20% 정도이고 나머지 80%는 다음 달의 잉여수분에 추가된다. 그런데 이 비율은 유역의 크기, 사면과 지표의 피복도, 물이 흐르는 토양의 조건과 밀접한 관계가 있다.

표 5.1의 마지막 열은 북부 윌밍턴을 가로지르는 쉘포트(Shellpot) 하천의 월별 유량을 실측하여 나타낸 것이다. 표에서 볼 수 있듯이 연간 하천유량의 실측값과 수분수지 방법에 의한 계산 값은 거의 일치하고

표 5.1 수분수지기후학의 주요 요인들, 델라웨어 주의 윌밍턴

| | 1월 | 2월 | 3월 | 4월 | 5월 | 6월 | 7월 | 8월 | 9월 | 10월 | 11월 | 12월 | 평균/합 |
|---|---|---|---|---|---|---|---|---|---|---|---|---|---|
| 기온, ℃ | 0.5 | 0.7 | 5.5 | 11.3 | 17.1 | 21.8 | 24.2 | 23.4 | 20.0 | 13,8 | 7.5 | 1.7 | 12.3 |
| 잠재증발산량, mm | 0 | 0 | 15 | 43 | 89 | 128 | 150 | 135 | 94 | 52 | 20 | 2 | 728 |
| 강수량, mm | 87 | 80 | 96 | 91 | 92 | 98 | 119 | 128 | 93 | 78 | 82 | 86 | 1130 |
| 강수량-잠재증발산량 | 87 | 80 | 81 | 48 | 3 | -30 | -31 | -7 | -1 | 26 | 62 | 84 | |
| 저장량 | 150 | 150 | 150 | 150 | 150 | 122 | 99 | 94 | 93 | 119 | 150 | 150 | |
| 토양수 저장의 변화 | 0 | 0 | 0 | 0 | 0 | -28 | -23 | -5 | -1 | +26 | +31 | 0 | |
| 실제증발산량 | 0 | 0 | 15 | 43 | 89 | 126 | 142 | 133 | 94 | 52 | 20 | 2 | 716 |
| 수분부족 | 0 | 0 | 0 | 0 | 0 | 2 | 8 | 2 | 0 | 0 | 0 | 0 | 12 |
| 수분잉여 | 87 | 80 | 81 | 48 | 3 | 0 | 0 | 0 | 0 | 0 | 31 | 84 | 414 |
| 지표유출 | 42 | 50 | 56 | 54 | 44 | 35 | 28 | 23 | 18 | 15 | 18 | 31 | 414 |
| 지표유출의 측정값 | 47 | 50 | 64 | 51 | 39 | 22 | 24 | 20 | 15 | 11 | 33 | 39 | 415 |

주)
· 저장량: 토양 내 뿌리층에 저장되어 있는 수분의 양(최대 저장량을 150mm로 가정함)
· 실제증발산량: 강수량이 잠재증발산량보다 많을 경우에는 실제증발산량과 잠재증발
  산량은 같은 값을 갖는다.
· 수분부족: 잠재증발산량에서 실제증발산량을 뺀 값.
· 수분잉여: 저장량이 최대에 달했을 때에 강수량에서 잠재증발산량을 뺀 값.
· 지표유출: 매월 전체 수분잉여의 20%가 지표유출인 것으로 가정. 나머지 80%는 다
  음 달의 수분잉여에 추가됨.

있다. 그러나 이 계산식에서 고려되지 못하는 유역의 국지적 요인 때문에 종종 월 단위의 측정값과 계산 값이 일치하지 않기도 하다. 연간 지표유출량의 계산 값과 실측값이 일치한다는 사실은 이 모델의 유용성을 확인시켜주는 좋은 예이다. 물론 지표유출량 이외에 토양수와 같은 다른 요인의 비교도 가능하다. 수분수지의 유용성은 특히 수분조건의 계절별 차이가 극단적이지 않은 중위도 지방에서 계속적으로 입증되고 있다(예를 들면 Mather, 1978의 논문을 참조하라). ·

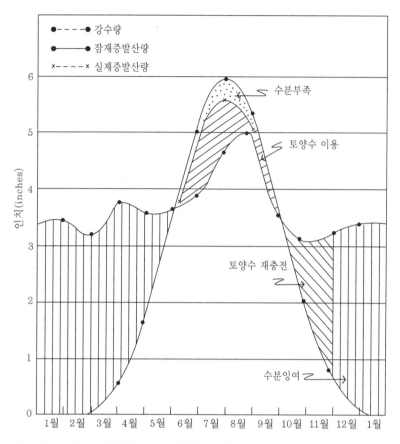

그림 5.2 수분수지기후학의 주요 요인들, 델라웨어 주의 윌밍턴.

## 수분수지 기후학을 이용하여 해결할 수 있는 문제들

수분수지를 통하여 얻을 수 있는 요인들(실제 증발산량, 수분의 잉여, 수분의 부족, 지표유출)은 모두 특정 지역의 물과 관련된 많은 측면에서 유용하고 정량화된 정보를 제공한다. 계산 과정에서 도출되는 요인 중 하나인 토양과 식생으로부터의 실제 증발산량은 잠재 증발산량과는 차이가 나타난다. 실제 증발산량을 계산하는 것은 토양의 유형, 토지경작의 방법, 식생피복의 유형, 토양층의 수분조건을 고려해야 하기 때문에 매우 어려운 작업이다. 실제 증발산량과 잠재 증발산량의 비율은 경작지의 수확량 또는 지표위 수목의 생산성과 밀접한 관련이 있다. 즉, 잠재 증발산량과 실제 증발산량 사이의 차이는 특정 지역의 수분부족 현상, 즉 유효수분의 감소현상을 설명하기 때문에, 수분부족이 일어나는 시기와 그 양에 대한 데이터는 특정 지역의 경제적 잠재력을 이해하는 데에 기본적인 자료를 제공한다.

손스웨이트는 이러한 수분부족의 개념을 통하여 가뭄현상을 4단계로 분류하였다. 첫째, 수분수요량이 공급량을 초과하는 현상이 모든 달에 걸쳐서 나타나는 지역은 영속적 가뭄지역으로 분류하였다. 관개가 없으면 농업이 불가능한 사막지역이 이에 해당된다. 둘째, 수분의 계절적 변이가 명확하여, 강수량이 증발산량을 초과하는 시기는 한 계절에 불과하고 나머지 3계절은 증발산량이 강수량을 초과하는 지역을 계절적 가뭄지역으로 분류하였다. 습윤한 시기와 건조한 시기가 반복되어 규칙적으로 나타나는 지역이 이에 해당되며, 농업은 습윤한 시기에 한정되어 가능하고 건조한 시기에는 관개가 있어야 농업이 가능하다. 셋째, 대부분의 지역은 규칙적인 패턴이 나타나지 않는데, 손스웨이트는 이를 불규칙한 가뭄지역으로 분류하였다. 이 지역은 그때 그때의 강수량과 증발산량에 따라 가뭄 여부가 결정되기 때문에 정확하게 예측하는 것이 거의 불가능하다.

마지막으로, 손스웨이트는 숨겨진 가뭄(hidden drought) 또는 보이지 않는 가뭄(invisible drought)으로 네번째 유형을 분류하였는데, 이는 강수량이 적당하고 경작이 매우 정상적으로 이루어지는 유형이다. 보이지 않는 가뭄이라는 것은 비가 자주 오기 때문에 실제로는 물이 약간 부족하다고 하더라도 농부들이 생각하기에 농사를 짓는 데에는 큰 어려움이 없다고 생각하는 유형을 의미한다. 그러나 현실적으로 꽤 습윤한 지역이라고 하더라도 식생이 필요로 하는 물을 얻지 못하면 경작은 당연히 어려움을 겪게 되기 때문에, 물의 수요가 공급보다 많은 시기에는 필요한 양의 물을 관개를 통해 공급해줌으로써 쉽게 해결이 될 수 있다. 이와 같이 수분수지를 통하여 토양수 저장의 변화양상을 파악함으로써 적절한 관개 시기 및 관개에 필요한 물의 양을 구할 수 있다(Thornthwaite and Mather, 1955a).

토양이 저장할 수 있는 물의 양을 초과하여 비가 내렸을 경우에 발생하는 수분잉여의 개념은 수문학 연구의 다양한 분야에서 기초적인 역할을 한다. 개념적 정의에 의하면, 수분잉여란 지표에 저장되지 않고 지하수면까지 침투하거나 지표유출의 형태로 흐르는 물을 의미한다. 따라서 수분수지 개념에 의하여 수분잉여에 대한 정보를 획득함으로써 현장에서 실측하는 절차를 거치지 않더라도 하천의 유량을 파악할 수 있다.

수분수지 접근방법에 의하여 직접적으로 해결할 수 있는 문제 중 하나는, 쓰레기 매립장의 침출수[6]를 계산하는 것이다. 정부의 정책은 원칙적으로 침출수의 유출을 허용하지 않지만, 강수량이 실제증발산량을 초과하는 경우에는 물이 매립지에 고이게 되고 이에 따라 플라스틱이나 점토 오염원 사이로 잉여수분이 흐르게 된다. 이를 막기 위하여 오염된 침출수를 뽑아내는 장치가 필요하다. 이러한 침출수 관리를 가장 효과적으로 하기 위해서는 부피에 대한 개념을 이해하고 있어야 한다. 특정 매립지를 이루고 있는 물질의 밀도와 매립지로 유입되는 물의 양을 알게 되면, 강수량에서 증발산량과 지표유출의 양을 뺌으로써 매립지 물질 사이로 흐르는 물의 양을 계산할 수 있다. 여기서는

---

[6] 김포 쓰레기 매립장과 같이 고형 폐기물이 땅에 묻혀 있는 경우, 쓰레기에서 배출되는 오염된 물을 의미한다.

강수량에서 증발산량 및 지표유출을 뺀 값이 바로 발생 가능한 침출수의 양이 된다. 이러한 부피의 개념을 이용하여 수질정화식생(water treatment plant)을 통한 침출수 관리가 가능하게 된다.

해양학에 있어 수분잉여의 개념은 육지에서 바다로 유입되는 담수의 양을 계산하는 데 중요한 역할을 한다. 이는 특히 만(灣, bays), 하구역(河口域, estuary)[7], 기타 육지와 바다 사이의 만입된 형태의 지형에서 중요한데, 이러한 곳으로 유입되는 담수의 양은 해양의 염류도 및 밀도, 그외의 여러 가지 특성을 좌우하는 중요한 요인이기 때문이다. 예를 들어 손스웨이트는 베네수엘라(Venezuela) 해안의 마라카이보(Maracaibo) 호수 근처에서 운영되는 정유회사의 요청에 의해, 호수로 유입되는 하천 입구에 건설될 댐이 호수의 수위와 특성에 어떠한 영향을 미칠지에 대해 연구하였다(Carter, 1955). 그 결과 호수는 머지 않아 완전한 담수호로 변할 것이며, 수위는 일정할 것이라고 결론지었다. 반면에 지브롤터(Gibraltar) 해협의 댐과 수에즈(Suez) 운하가 건설된 지중해에서 같은 분석을 한 결과, 댐과 운하로 둘러싸인 바닷물은 몰타(Malta)[8] 섬 양안의 몇몇 반염수(brakish) 호수로 증발될 것이라고 결론지었다(Carter 1956). 따라서 해협 및 댐의 건설로 바닷물을 담수화시켜 북부 아프리카에 관개용수를 공급하겠다는 계획은 비현실적이라고 결론지었다.[9]

---

7) 하천이 바다로 유로를 유지하면서 유입하는 지형을 의미하는 개념이다. 예를 들면 한강 하구역, 낙동강 하구역 등을 들 수 있다.

8) 지중해 근처에 있는 섬 국가의 이름.

9) [원주] 이러한 결론은 주변 육지부로부터 유출되는 유량의 기능에 의한 것이다. 베네수엘라의 경우, 호수 주변 유역분지의 강수량과 잠재 증발산량의 차는 1년 중 두 달을 제외하고는 증발에 의한 유실보다 크게 나타난다. 따라서 이 호수는 댐에 의하여 막혀 있다고 하더라도 항상 물은 충분한 상태가 된다. 그러나 지중해의 경우에는, 유럽의 소규모 강으로부터 유입되는 하천수의 양이 바다에서 증발되는 양보다 적다. 따라서 지중해 주변의 호수는 지표유출과 증발 사이의 새로운 평형관계가 이루어질 때까지 점차 수분이 감소하여 소규모 염수호로 변하게 된다.

수분수지 개념을 통하여 연간 지구의 육지부에 저장되는 수분의 양을 알 수 있다. 전세계의 약 15,000 관측소에서 손스웨이트와 그의 동료들은(van Hylckama, 1956) 겨울과 초봄에는 바다에서 육지부로의 물의 이동, 그리고 가을에는 육지에서 바다로의 물의 이동에 의하여 해수면이 결정된다는 해양학자들의 이론을 검증하기 위하여 수분수지 개념을 이용하였다. 손스웨이트는 토양이 물을 저장할 수 있는 정도와 비포장 도로에서 사람이나 자동차가 활동하기 쉬운 정도와의 관계에도 관심을 가졌다(Thornthwaite et al., 1958)[10]. 대부분 모래로 이루어진 토양을 제외한 거의 모든 토양에서, 토양이 보유할 수 있는 양 이상의 물이 투입되면 생산성 및 전단력(剪斷力, shearing stress)은 감소하고 점착성은 증가하여 사람이나 자동차가 비포장 도로에서 활동하기 어려워진다. 모래로 이루어진 토양에서는 반대의 경우가 나타나는데, 이 경우에는 지표 위로 자유롭게 물이 흐를 수 있는 조건까지 수분의 양이 증가한다고 하더라도, 앞서 언급한 경우와 같은 조건은 잘 일어나지 않아 토양이 덜 질퍽거린다. 이러한 토양의 월평균 견인력을 표시한 지도가 특별한 목적 하에 미 국방부의 요구에 따라 제작되었다. 그러나 이 지도는 국방부뿐만 아니라 농부나 농업·건설을 계획하는 기업체에서도 유용하게 이용되었다.

손스웨이트와 그의 동료들은(Mather, 1959) 특정 지역의 연간 수분 지표 및 잠재증발산량과 자연식생의 관계에 대해서 연구하였다. 이러한 수분수지의 인자들을 살핌으로써 식생의 성장 및 발달에 있어 1차적으로 중요한 열과 수분 요소들을 효과적으로 설명할 수 있게 되었다. 또한 손스웨이트는 잠재증발산량을 기초로 농업 달력을 만들었는데, 이 달력은 기존의 일반적인 토목사업과 관련된 달력을 식생의 발

---

10) 이를 토양이 사람이나 자동차를 끌어당기는 힘, 즉 견인력(soil tractionability)이라고 한다.

달과 관련한 달력으로 대체하도록 하였다. 이 달력은 하루의 길이를 하루동안 식생이 발달하는 데 유용한 에너지를 공급하는 시간으로 표현하였으며, 이를 통하여 식생이 발아한 이후 수확하기까지의 날짜를 계산할 수 있도록 하였다. 또는 수확해야만 하는 날짜가 결정이 되었다면 언제 식생을 심을지에 대하여도 정보를 줄 수 있게 되었다. 손스웨이트가 남부 뉴저지의 시브룩(Seabrook) 농장에 근무하던 기간 동안에는, 이 농작물 달력을 이용하여 그 동안 경작과 수확 시기를 결정하는 데서 발생되었던 문제를 해결하였으며, 농작물 경작 과정이 한층 자연스러워졌고 불필요한 초과 노동이 줄어들게 되었다. 허버트 솔로(Herbert Solow, 1956)는 ≪포춘지≫(Fortune)에 기고한 글에서 이 현상을 이례적인 것으로 표현하면서 '기업농장을 향한 분석적 연구'(operations research)라고 하였다.

아마도 수분수지를 이용한 연구의 가장 중요한 업적은, 수분과 관련된 특정 지역 기후의 모든 단계에 대한 정보를 얻는 데 있어 현재의 기후 데이터뿐만 아니라 장기간의 역사적인 데이터까지 얻을 수 있게 되었다는 것이다. 이를 통하여 실측이 이루어지지 않았던 기간의 기후 데이터를 획득할 수 있게 되었고 장기간의 기후 데이터를 통계적으로 정리할 수 있게 되었다. 하천의 흐름을 가능하도록 하는 잉여수분의 양을 예측하는 작업이나 사람이나 자동차의 활동에 영향을 미치는 토양수분의 조건, 그리고 가뭄과 같은 기존의 실측 데이터로는 해결할 수 없었던 많은 문제들이 수분수지 개념을 통하여 해결할 수 있게 되었다. 이와 같은 통계적인 연구를 통하여 인간활동의 결과를 예측하고 경제적인 유용성을 평가하는 기본적인 자료를 제공하게 되었다.

# 수분수지 개념의 중요성

오랜 시간동안 사람들은 지표면을 상당 부분 변형시켜왔다. 이러한 변형의 대부분은 지표면과 대기권의 수분 및 에너지 수지에 영향을 미쳐왔다. 우선 삼림을 벌목하고 도시를 건설하는 것을 예로 들어보자. 이러한 활동들로 말미암아 지표면의 열 공급원은 심각하게 변형되고 있다. 또한 지표면의 기복에도 변화가 나타나 지표 부근에서 대기의 교란현상이 일어나게 된다. 그 결과 대기와 수분의 교환작용에도 명확한 변화가 나타난다. 이와 더불어 인간들은 저수지와 연못, 담수호, 습지, 저지대에 물을 가두어 두기도 하고 과도하게 물을 뽑아 써서 지하수면을 하강시키며 이를 만회하기 위하여 인공적으로 지하수를 재충전하기도 한다. 우리는 토목공학 기법을 이용하여 하천의 흐름을 변화시켜 왔다. 그리고 토양을 변형시키고 지표를 평탄화시키며 하수구를 매설하는 등의 작업을 통하여 지표수 및 지하수가 하천으로 유입되는 과정을 변화시켜 왔다. 이와 같은 극단적인 관개 프로그램에 의하여 강수조건이 인공적으로 변화되기에 이르렀다. 결과적으로 자연적인 수문순환 조건이 인간에 의해 조절되면서 강수와 증발산, 그리고 유출 사이의 정상적인 관계가 변형되었다.

수분수지 기후학은 인간활동에 의한 수자원의 변화를 평가하는 데 이용될 수 있을 뿐만 아니라, 상이한 개발 시나리오가 시행되었을 경우에 나타날 다양한 결과들을 예측하는 데도 활용될 수 있다. 이산화탄소와 기타 온실기체 방출의 증가로 인한 지구온난화 문제를 고려해보자. 전지구적인 이산화탄소의 증가를 기초로 획득한 기온과 강수량 변화 데이터는 지구온난화 상황에서 나타날 하천의 흐름, 지하수의 재충전, 눈의 집적, 호수의 수위변화와 같은 변화를 예측할 수 있게 해준다. 다시 말하면 이를 통하여 합리적인 반응을 계획할 수 있는 적절한 시기를 알 수 있게 된다.

수분수지는 그 개념이 매우 포괄적이고 유연하다는 데에 가장 큰 장점을 갖고 있다. 이 모델은 매우 체계적이어서 모든 기온과 강수량 데이터를 모두 이용할 수 있으며, 특정 지역이나 장소에서도 모두 이용될 수 있다. 그리고 특정 지역의 환경을 구성하고 있는 다양한 조건들을 모두 고려할 수 있다. 식생의 유형, 토양의 유형, 뿌리층의 깊이, 토양수분, 증발산에 의한 토양수의 제거, 관개작업, 하수구의 건설, 지표유출을 조절하기 위한 여러 시설 등이 이에 포함된다. 매우 장기적인 기간의 기록도 수분수지 개념을 이용하면 계량적인 결과로 바뀔 수 있다. 이러한 다양한 장점들로 말미암아 수분수지 기후학은 기존의 비효율적인 수자원 연구에 큰 도움을 주었다.

우리는 수문순환의 모든 단계에서 나타나는 물의 실체를 반드시 이해해야 한다. 수분상태의 변화가 국지적, 지역적, 전지구적으로 균형을 맞추면서 나타난다는 것을 인식하지 않고서는, 수분의 저장과 흐름의 변화에 대하여 현실적인 이해를 할 수 없다. 한 지역에서의 수자원에 대한 의사결정은 다른 지역의 물 공급 및 수질 문제에도 직접적인 영향을 미치기 때문에, 수분수지 분석은 소규모 지역뿐만 아니라 매우 복잡한 대규모 지역의 자원개발에 있어서도 중요한 역할을 한다. 오늘날에는 다양한 문제를 해결하는 데 있어 수분수지 개념이 매우 유용하다는 것이 널리 검증되고 있다. 이러한 이해를 통하여 합리적인 수자원 관리와 제한된 자원의 현명한 이용을 이룰 수 있게 되었다. 수문기후학적 문제를 해결하는 데 있어 수분수지 개념을 이용함으로써, 우리는 이 아이디어의 창시자인 손스웨이트가 20세기 최고의 선구적인 기후학자라는 명성을 재확인할 수 있을 뿐만 아니라, 수분수지 개념이 금세기 지리학의 가장 중요한 개념이었다는 점을 재조명할 수 있다.

# 참고문헌

Biswas, A. K. 1970, *History of Hydrology*, Amsterdam: North Holland Publishing.

Carter, D. B. 1955, "The Water Balance of the Lake Maracaibo Basin," *Publications in Climatology Laboratory of Climatology* 8(3): 209~227.

Carter, D. B. 1956, "The Water Balance of the Mediterranean and Black Seas," *Publications in Climatology Laboratory of Climatology* 9(3): 125~174.

de Candolle, A. 1874, "Constitution dans le Règne Vegetal de Groupes Physiologiques Applicables 'a la Geographie Botanique Ancienne et Moderne," *Bibiliothèque Universelle, Archives des Sci. Phys. et Nat* 50(n.s.): 5~42.

Holzman, B. 1937, "Sources of Moisture for Precipitation in the United States," *U.S. Department of Agriculture, Technical Bulletin* 589: 1~41.

Köppen, W. 1900, Versuch einer Klassifikation der Klimate, Vorzergeweise Nach Ihren Beziehungen Zur Pflanzenwelt, *Geograph. Zeitschrift* 6: 593~611, 657~679.

Mather, J. R. 1959, "The Moistyre Balance in Grassland Climatology," In *Grassland*, H. B. Sprague(ed.), 251~261, Washington, D.C: American Association for the Advancement of Science.

_____. 1974, *Climatology: Fundamentals and Applications*, New York: Mcgraw Hill.

_____. 1978, *The Climatic Water Budget in Environmental Analysis*, Lexington, Mass: Lexington Books.

Solow, H. 1956, "Operations Research Is in Business," *Fortune* February: 148~149.

Thornthwaite, C. W. 1931, "The Climates of North America According to a New Classification," *Geographical Review* 21(4): 633~655.

_____. 1937, "The Hydrologic Cycle Re-examined," *Soil Conservations* 3(4): 2~8.

_____. 1943, "Problems in the Classification of Climates," *Geographical Review* 33(2): 233~255.

_____. 1948, "An Approach Toward a Rational Classification of Climate,"

*Geographical Review* 38(1): 55~94.

Thornthwaite, C. W., and J. R. Mather. 1955a, Climatology and Irrigation Scheduling, *Weekly Weather and Crop Bulletin,* National Summary of June 27.

_____. 1955b, "The Water balance," *Publications in Climatology laboratory of Climatology* 8(1): 1~104.

Thornthwaite, C. W., J. R. Mather, D. B. Carter, and C. E. Molineux. 1958, "Estimating Soil Moisture and Tractionability Conditions for Strategic Planning," *Air Force Surveys in Geophysics* 94, AFCRC-TN-58-202, Geophysics research Directorate, 1~56.

Van Hylckama, T. E. A. 1956, "The Water Balance of the Earth," *Publications in Climatology laborotary of Climatology* 9(2): 59~117.

Wilmont, C. J., and J. J. Feddema. 1991, "A More Rational climatic Moisture Index," *Professional Geographer* 44(1): 84~87.

Wilm, H. G. and C. W. Thornthwaite. 1944, "Report of the Committee on Transpiration and Evaporation, 1943~1944," *Transactions, American Geophysical Union,* pt, 5: 686~693.

# 6
## 인간에 의한 환경 변화

윌리엄 마이어·터너 2세

'인간은 환경을 변화시킨다'(human transformation of the earth)는 명제는 다른 수식어가 필요 없는 너무나도 당연한 현상이다. 지난 수 십억 년 동안, 환경은 국지적(local) 차원에서 지구적(globe)적인 차원에 이르는 다양한 공간적 단위 속에서 필연적으로 변화되어왔다. 자연환경이 변화된다는 사실을 인간이 인식한 것은 오래 전의 일이다. 이러한 인식은 환경이 변화되는 것을 막을 수 있는 일들을 인간이 해야만 한다는 인식과 함께 발전되어 왔다. 과거의 사람들은 지구온난화(global warming)[1] 현상을 긍정적인 것으로 받아들였다. 즉, 당시에는 지구온난화가 '미래의 지구 기후를 효과적으로 조절하고 궁극적으로 새로운 빙기(氷期, ice age)를 막을 수 있는' 효과를 가져온다고 생각하였다 (Ekholm, 1901: 61). 1938년 또 다른 선구적인 논의에서는 인간에 의한

---

1) 지구온난화는 인간의 화석연료 사용 급증에 따라 대기중의 이산화탄소의 농도가 증가하고, 이에 따라 지구의 기온이 정상적인 상태 이상으로 올라가는 현상을 의미한다.

지구온난화는 농업에 긍정적인 효과를 가져올 뿐만 아니라, '무시무시
한 빙기의 재발을 무기한  연기시킬 수 있는 것'이라고 선포하기도 하
였다(Callendar, 1938: 236). 당시의 사람들에게는 빙기의 재발이 폭풍
우, 홍수, 가뭄과 함께 인간생활의 지속성을 위협하는 가장 중요한 현
상으로 간주되었다. 그러나 20세기가 끝나 가는 현재, 인간의 활동은
환경을 변화시키는 1차적인 원인이며, 이는 다른 어떤 자연의 힘보다
도 위협적인 것이라는 것이 명백해지고 있다.

    미국의 지리학자이자 법률가이고 언어학자였던 조지 퍼킨스 마시
(George Perkins Marsh, 1801~1882)가 인간에 의한 환경변화를 최초로
인식한 사람은 물론 아니다. 로마의 정치가인 키케로(Cicero)가 말한 '2
차적 자연'은 고대 이래 계속적으로 논의의 대상이 되어왔으며, 키케
로의 언급보다도 훨씬 더 오래 전에 인간들은 이를 인식하고 있었다
(Glacken, 1967). 그리고 인간에 의하여 유발된 많은 변화들의 부정적
측면을 제안한 것도 마시가 최초는 아니다. 이러한 제안들 역시 '사람
들이 자연을 관찰하면서부터 이미 시작된 것'들이다(clark, 1986: 8).
우리가 알고 있는 대부분의 사상들의 기원은 모두 고전적인 것이다.
예를 들면 다윈(Darwin)이 자연도태에 의한 진화라는 사상을 최초로
인식한 사람은 아니며, 계급투쟁의 마르크스(Marx), 초자아(超自我) 개
념의 프로이트(Freud), 보이지 않는 손의 애덤 스미스(Adam Smith)도
마찬가지이다. 그러나 종종 하나의 사상은 특정인(그러나 결코 그 사상
을 최초로 인식하지는 않은 사람)의 이름으로 대표되는 경우가 있다. 이
러한 경우에서의 독창성의 개념은 절대적인 것이 아니며 단지 그러한
사상이 지시하는 바를 명확하게 한 사람과 그렇지 않은 사람, 또는 사
상을 명확하고 정확하게 기술하여 간과할 수 없도록 한 사람과 그렇지
않은 사람의 차이를 의미하는 경우가 많다(Merton, 1967: 14, 16). 따라
서 마시가 인간에 의한 환경변화라는 사상을 최초로 인식하지는 않았

더라도, 이 사상에 대한 명확한 정의와 정확한 기술을 시도한 사람인 것은 확실하다.

마시는 자신의 저서 『인간과 자연: 인간활동에 의해 변형된 자연지리』(*Man and Nature: or Physical Geography as Modified by Human Action*, 1864년 출판)에서, 인류가 환경을 어떻게 변화시켜 왔으며, 그것이 왜 오늘날 문제가 되는지에 대해 보여주고 있다. 그는 인간에 의한 영향의 정도와 깊이에 대해 기록하였다. 또한 그는 인간에 의한 환경변화의 부정적인 측면과 긍정적인 측면을 동시에 기술하였다. 이 책의 가장 중요한 점은 다양한 인간 활동이 그들이 의도한 것 이상의 환경 변화를 초래한 점을 보여주었다는 사실이다.

마시는 정규 학습과정을 제대로 거친 현대적 감각의 전문 지리학자는 아니었다. 그러나 그는 오히려 이러한 그의 비전문가적인 지위를 이용하여 오늘날 다양한 사상의 선구자로 알려져 있는 많은 전문가들과 교류를 하였다. 이들 중에는 생물학의 찰스 다윈(Charles Darwin), 사회학의 오귀스트 콩트(Auguste Comte), 인류학의 루이스 헨리 모건(Lewis Henry Morgan) 등이 포함되어 있다. 마시의 강의 경력은 콜롬비아 대학(1868~1859)과 로웰 연구소(Lowell Institute, 1860~1861)에서 영어사를 가르친 것이 전부이다. 앞서 언급한 다양한 학문분야에 대한 관심은 결과적으로 그의 지리관을 풍요롭게 하였다. 『인간과 자연』은 미국, 유럽, 중동의 경관변화에 대한 한 개인의 관찰을 기록한 것이다(Lowenthal, 1958). 그는 탁월한 언어 구사력으로 외국의 자료를 쉽게 섭렵하였고, 다양하고 실질적인 경험을 통하여 문장과 해석을 현실성 있게 표현하였다.

마시는 어떤 경우에도 자신을 지리학자로 생각하였다. 『인간과 자연』은 오늘날에도 독특한 지리학적 고전으로 평가되고 있다. 이 책에서 다룬 내용들은 다른 어떤 책들보다도 지리학적인 전통을 풍부히 담고 있다. 즉, 투안(Tuan, 1991)에 의해 재조명되고 심화된 '지리학은 인간 거주공간으로서의 환경에 대한 연구'라는 가장 고전적이고 지속적인 정의에 비추어 보더라도 지리학적인 것이다.『인간과 자연』은 인간이 자신의 거주공간인 환경을 어떻게 다루고 있는지에 대하여 명확히 밝히면서, 그 결과는 결코 긍정적인 것만은 아니라는 것을 강조하였다. 마시는 "우리는 지금까지도 우리의 몸을 따뜻하게 하고 음식을 조리하기 위한 연료를 얻고자, 우리가 살고 있는 집의 거실과 벽판 유리창을 부수고 있다"라고 기술하였다(Marsh, 1965: 52).

이 책의 본론에서는 인간활동이 식물과 동물, 삼림과 물, 세계의 모래에 어떤 영향을 미치고 있는지를 다루고 있다. 마시는 환경을 구성하고 있는 개개 요소의 변화가 환경 전체에 미치는 심층적인 영향에 대해 추적하였는데, 예를 들면 삼림제거에 따른 기후의 변화가 그것이다. 제1장에서는 일반적인 주제를 다루었다. 결론 부분에서는 대규모 프로젝트에 의해 변화된 경관에서 나타날 수 있는 다양한 현상을 예측하고, 이를 통하여 가까운 장래에 인간에게 미칠 변화들을 제시하였다. 이러한 일련의 과정에서 그는 자신의 경험뿐만 아니라 자연과학자, 공학자, 역사학자, 여행가 심지어는 시인의 기록까지도 인용하는 다양함을 보이면서도, 그들의 주장을 있는 그대로 받아들이지 않고 비판적으로 평가하는 것을 잊지 않았다.

마시의 사상은 변화된 환경 자체보다는 환경이 변화되는 과정을 하나의 문제로 인식하였다는 데 그 중요성이 있다. 당시 팽배해 있던 진보사상(進步思想)2)의 옹호자들은 인간이 환경을 변화시킬 수 있다는 사실을 그들의 가장 확실한 후원자로 생각하였다. 마시의 일생과 사후

---

2) 여기서의 진보란 인간이 그들이 원하는 곳으로 아무 저항 없이 나아갈 수 있는 것을 의미한다. 따라서 오늘날의 정치적 의미의 보수와 상반되는 급진적인 사고라는 개념과는 차이가 있음을 밝혀둔다.

몇 십 년간 가장 보편적으로 받아들여진 사실은, 인간은 과거보다 더 살기 좋은 곳으로 만들기 위해 환경을 변화시킨다는 것이었다. 남북전쟁 이전의 미국에서는, '진보의 개념이 가장 대중적인 철학이었으며, 모든 사상과 이해 관계에서도 통용되는 것이었다'. 그리고 '미국인(American)이라는 단어에 항상 함께 따라 다니는 것은 자연의 힘을 정복하고 조절할 수 있는 인간의 확실한 능력이었다'(Ekirch, 1944: 267). 19세기 서양 철학에 있어 진보와 환경변화는 매우 밀접하게 연결되어 있는 것으로 간주되었기 때문에, 이 둘을 분리한다는 것은 거의 불가능해 보였다. 마시의 가장 중요한 업적 중의 하나는 이 두 가지 패러다임을 분리시켜 놓을 수 있는 여지를 만들었다는 것이다.

그러나 그는 당시 사람들의 마음 속에서 이 두 가지 패러다임을 완벽하게 분리시켜 놓지는 못하였다. 미국과 유럽의 독자들은 그의 책에 열광적으로 환영했다. 그러나 그의 심오한 교훈[3]은 인간이 자연을 이용함으로써 모든 것을 얻을 수 있다는 대중의 여론에 파묻혀 버렸다(Glacken, 1956: 83). 왜냐하면 지구의 미래를 예측한 당시 서양의 몇몇 서적들은 인간이 지구환경을 지배한다는 사실을 계속적으로 완곡하면서도 긍정적으로 받아들이고 표현하였기 때문이다. 결국 실제에서 얻은 경험적 사실(마시의 『인간과 자연』-옮긴이)이 사회에 팽배해 있는 원칙보다 영향력이 약했던 것이다.

현대인들은 과거의 사상을 접할 때, 그 사상이 얼마나 오늘날의 가치 및 상황을 잘 반영하고 있느냐를 평가기준으로 삼는 경우가 많다(Dunn, 1980: 19n). 따라서 사상사(思想史)를 기술하는 사람들은 종종 현대인의 편견과 선입견을 공유하는 방향으로 기술하는 경향이 있다. 물론 이러한 자세는 받아들이기는 쉬울지 모르지만 반드시 피해야 할 사항이다. 이러한 의미에서 마시를 평가하는 데 있어 지금까지 사용되

---

3) 인간이 환경을 변화시키는 데 있어서 결코 자유로울 수 없다는 사실.

그림 6.1   20세기 초반의 관개에 의한 습지개선 작업: 위의 그림은 관개작업 전이고, 아래 그림은 관개작업 후이다. 출처: Hodge and Dawson(1918: 134)

어 온 '그의 시대를 능가한 사람'이라는 평가는 그와 그 당시 사람들의 사상을 올바르게 평가한 문장이 아니다. 왜냐하면 이는 마시의 사상이 당시의 사람들이 가지고 있던 사상과 완전히 배치되는 것이라고 잘못 해석될 수도 있기 때문이다. 우리는 종종 19세기의 사람들이 습지(wetland)를 자유롭게 관개한 것은 습지 생태계를 쓸모 없는 것으로 여기는 잘못된 사고에서 비롯되었으며, 현재의 사람들은 습지 생태계의 가치를 잘 알기 때문에 이를 보존하려고 한다고 생각한다. 그러나 습지관개 작업은 당시로서는 현실적으로 상당히 중요한 문제였다. 그들은 새로운 도시와 농장을 만들고 미적 경관을 개선하며 고여 있는 물에서 서식하는 모기와 해충, 말라리아 병원균을 제거하기 위하여 습지를 관개하는 작업을 시행한 것이다. 우리는 당시 사람들이 습지를 다른 목적으로 전용한 것(그림 6.1)을 비난할 필요가 없다. 왜냐하면 당시의 습지를 바라보는 시각이 오늘날과는 반대였던 것뿐이기 때문이다. 결국 당시 사람들은 막대한 노동과 자본을 들여 자신들과 자신들의 후손을 위해 토지를 개선해왔던 것이다. 역설적으로 말하면 결과적으로 습지와 습지 내 야생동물의 회귀성이 증가하면서 더 가치 있는 것으로 변한 것이다.

심지어 마시 조차도 관개작업을 통하여 '쓸모 없고 피해가 많은 땅을 생산성이 높고 건강한 땅으로 변화시킨 사실'에 대해서는 박수갈채를 보냈다(Marsh, 1965: 284). 따라서 독자들은 오늘날의 가치와 동떨어진 것 같은 이러한 마시의 행동을 이유로 그를 비판할 수도 있을 것이다. 그러나 마시는 습지를 관개한 공학기술의 측면보다는 관개시설을 운용함으로써 나타날 긍정적·부정적 효과를 충분히 고려하는 자세를 견지하였다. 따라서 그는 관개시설이 샘과 우물의 수위를 낮추고 하천수위의 변이를 증가시켜 대규모 홍수나 갈수기의 출현을 유발하며, 국지적인 기후와 야생동물에게 영향을 줄 수도 있다고 부정적 효과를 지적하였다. 그러나 이 모든 것을 종합하더라도 관개시설을 통하여 얻는 이득이 결국 손실을 능가한다고 하였다.

흔히 균형 잡힌 시각은 풍자만화(caricature)의 양면을 볼 수 있는 능력이라고도 한다. 마시의 가장 큰 장점은 이러한 균형 잡힌 시각을 바탕으로, 단순한 진보의 개념에서 환경의 변화라는 사상을 분리함과 동시에, 환경의 변화를 단순하고 자연적인 쇠퇴로 한정시키지 않았다는 것이다. 그러나 이러한 그의 사상은 그의 일생과 사후 몇십 년 동안에 환경변화의 폐해만을 너무 강조하였다는 비판을 받았다. 『인간과 자연』이 출판되고 25년 후, 마시와 같은 분야를 전공한 영국의 지리학자는 마시를 가리켜 어두운 측면만을 편협하게 부추기는 '극단적인 비관주의자'라고 비판하였다. 또한 환경변화에 의해 인간이 피해를 입는 것은 원시적인 과거의 일이며 '현재는 인간이 지구상의 모든 것을 인간이 완벽하게 지배하고 있다'라고 하였다(Lucas, 1912: 452~453). 20세기 초엽에서 중반에 이르기까지, 대규모 환경변화를 수반한 진보의 논리는 서구에서는 지배 원칙으로, 공산주의 국가에서는 스탈린(Stalin)의 소련, 모택동(Mao)의 중국에서 최고 전성기를 누린 공식적인 도그마(dogma)였다(Weiner, 1988; Smil, 1984).

그러나 진보의 사상은 이와 같은 전성기를 지나면서 빠르게 쇠퇴하였으며, 점차 진보가 아닌 토양의 척박화나 오염과 같은 부정적인 시각이 미래 예측의 주를 이루게 되었다. 그러나 모든 현상을 하나의 사상에 획일화시키는 것은 결코 옳은 행동이 아니다. 즉, 진보가 당연히 받아들여져야만 하는 것이 아닌 것처럼(Nisbet, 1980), 환경은 변화될 수 있지만 변화의 결과를 피해라는 한 가지로 귀결할 수는 없기 때문이다.

마시의 『인간과 자연』은 오늘날 많은 사람들에게 '현대의 학자들도 능가하지 못하는 탁월한 시각으로' 인간과 자연환경 사이의 관계를 일깨워주고 있다(Lowenthal, 1990: 133). 마시가 『인간과 자연』에서 다루었던 문제에 대한 많은 저서와 논의가 최근 발표되고 있다. 지구생물권(地球生物圈, biosphere)의 최근의 역사와 현재의 상황을 잘 표현한 책으로는 터너 등(Turner et al., 1990)의 『인간활동에 의해 변형된 지구환경』(*The Earth as Transformed by Human Action*)이 있다. 그리고 인간에 의한 환경변화에 관한 여러 심포지엄에서는 인간이 다양한 형태로 생물권에 영향을 미치는 사항들을 정리하고 있다. 이러한 저서 및 심포지엄을 통하여 우리는 마시의 사상이 얼마나 정확했는가를 알 수 있게 되었다. 그렇다면 지구환경은 어떻게 그리고 어느 정도로 인간에 의해 변화되었는가?

첫번째로 마시가 가장 큰 관심을 가진 삼림유실은 현대로 오면서 가속화되고 있다. 『인간과 자연』의 출판 이후 120여 년간 유실된 삼림의 면적은 후빙기[4] 이후 1864년까지 유실된 면적과 거의 같은 정도로 빠르게 증가하고 있다(표 6.1). 이 외에 마시가 논의했던 다른 변화들도 단계적으로 증가하고 있는데, 경작지의 확대 및 종의 소멸과 감소, 이식(移植)의 증가, 토양침식과 비옥도 저하 등이 그 예이다. 전세계에서 연간 사용하는 물의 양은 지난 300년 동안 35배로 증가하였는데, 이는 연간 수문순환의 상당 부분을 차지하는 것이다. 1864년 이후, 인간에 의한 환경변화의 개념은 매우 정교한 도구가 있어야만 탐지가 가능한 민감한 문제를 포함하기 시작하였다. 즉, 지표 자체의 변화뿐만 아니라 눈에 보이지 않는 물질과 에너지의 흐름까지 포함하였다. 산업활동과 토지이용에 따라 많은 물질들이 유입되었으며, 이는 탄소, 황, 질소, 인의 유출입과 같은 생지화학적 순환(生地化學的 循環, biogeochemical cycle)[5]을 증가시켰다. 또한 인간의 활동에 의해 수은, 카드뮴,

---

4) 제4기에 일어난 마지막 빙기 이후를 의미한다. 참고로 제4기는 지금부터 약 200만~250만년 전으로, 현생인류의 탄생 시기 이후를 말한다.

표 6.1    전지구적 삼림제거: 추정면적

(단위: 천 km²)

| 지역 | 1650년대 이전 | 1650 ~ 1749 | 1750 ~ 1849 |
|---|---|---|---|
| 북미 | 6 | 80 | 380 |
| 중미 | 12 ~ 18 | 30 | 40 |
| 남미 | 12 ~ 18 | 100 | 170 |
| 오세아니아 | 2 ~ 6 | 4 ~ 6 | 6 |
| 구소련 | 42 ~ 70 | 130 ~ 180 | 250 ~ 270 |
| 유럽 | 176 ~ 204 | 54 ~ 66 | 146 ~ 186 |
| 아시아 | 640 ~ 974 | 176 ~ 216 | 596 ~ 606 |
| 아프리카 | 96 ~ 226 | 24 ~ 80 | 16 ~ 42 |
| 최고값의 합 | 1,522 | 758 | 1,680 |
| 최저값의 합 | 986 | 598 | 1,592 |

| 지역 | 1850 ~ 1978 | 총합: 최고치 추정 | 총합: 최저치 추정 |
|---|---|---|---|
| 북미 | 641 | 1,107 | 1,107 |
| 중미 | 200 | 288 | 282 |
| 남미 | 637 | 925 | 919 |
| 오세아니아 | 362 | 380 | 374 |
| 구소련 | 575 | 1,095 | 997 |
| 유럽 | 81 | 497 | 497 |
| 아시아 | 1,220 | 3,006 | 2,642 |
| 아프리카 | 469 | 759 | 631 |
| 최고값의 합 | 4,185 | 8,057 | |
| 최저값의 합 | 4,185 | | 7,449 |

출처: Williams(1990: 180)

납과 같은 유독성 금속물질이 더 많이 자연환경 속으로 유입되었으며,
기존에 알려지지 않은 합성물질들이 새로 만들어지고 방출되었다. 그
러나 많은 경우에 있어서 이러한 현상이 생태계와 기후, 인체에 미치
는 종합적인 영향들은 단지 추측할 수 있는 수준에 불과하다. 그리고
인구의 폭발적인 증가와 더 나은 삶의 질을 추구하는 과정에서 나타날
것으로 예상되는 여러 가지 새로운 문제는 기존의 환경변화를 과소 평
가하도록 만들기도 하였다.

---

5) 지구의 생물권(biosphere), 지권(lithosphere), 수권(hydrosphere), 기권(atmosphere)에
서 끊임없이 일어나는 물질과 에너지의 흐름을 말한다.

우리는 마시와 그 당시 사람들이 인식했던 것보다 환경변화에 미치는 인간의 영향에 대해 더 많이 알고 있다. 한때 자연 그대로 남아있던 경관들은 오랜 인간의 역사를 거치면서 점유되고 변화되어 갔다. 서반구의 환경은 유럽인의 정착 이전에 이미 인간에 의해서 변화되었고 심지어 어떤 곳은 파괴되어 왔다(Butzer, 1992; Denevan, 1992; Turner and Butzer, 1992). 반면에, 마시는 이러한 가시적인 환경변화보다는 사막화, 홍수, 기후변화와 같은 다른 현상들을 가지고 환경에 미치는 인간의 영향을 강조하였다. 그는 자연 자체는 안정적인 실체이며 자연을 인간이 점유하면서 나타나는 빠른 변화는 당연한 것이라고 해석하였다. 따라서 자연적인 변화의 역동성에 대한 더 많은 지식을 통해, 인간이 점유하지 않은 환경은 결코 안정적이지 않다는 사실을 명확히 하였다. 유럽인 중심의 문헌이라고 평가받는 『인간과 자연』에서 지적한 명확한 문제들이 오늘날 계속하여 나타나고 있다. 그러나 우리는 모든 지역의 환경변화에 대해 동일한 수준으로 알고 있지는 않다. 그런데 더 많이 알고 있다고 해서 그 지역의 변화가 덜 아는 지역에 비해서 더 중요한 것은 결코 아니다. 예를 들면 오늘날까지도 서양 문헌에는 동아시아 환경의 과거와 현재에 대한 기록은 비참하리만큼 없는 실정이다.

1864년 이후 나타난 가장 중요한 변화는 환경변화에 영향을 주는 인간의 역할에 주의를 기울인 것이다. 물론 마시도 이를 간과한 것은 아니지만, 환경변화의 사회적 원인과 내용, 그리고 결과에 대한 체계적인 설명을 충분하게 하지는 못했다. 현대 미국 지리학에서 자연과 사회의 관계를 연구한 주요 학파들은 이러한 문제에 지속적인 관심을 기울이고 있다. 이 문제에 대한 해답을 얻기 위한 연구들은 인접한 다른 학문 분야와의 연계 속에서 이루어지고 있으며, 실제로 환경변화 자체와는 전혀 관계가 없는 분야와도 활발한 교류를 하고 있다.

이 책의 제4장에서 기술한 바와 같이, 길버트 화이트(Gilbert White)
와 그의 제자들로 구성된 '시카고 학파'(Chicago Schools)는 정밀한 기
술적 접근방법이 왜 환경재해를 효과적으로 설명하고 합리적인 대책
을 제시하지 못하는가에 대하여 의문을 제기하였다. 예를 들면, 기술
의 발달 이전보다 홍수조절 및 방지 대책을 수립하는 데 더 많은 돈을
들이면서도 왜 피해는 줄어들지 않으며, 왜 사람들은 명백하게 위험하
다고 인식된 환경에 굳이 정착하는지에 대한 의문이 그것이다(Burton,
Kates, and White, 1978). 이러한 질문에 대한 답을 찾기 위한 접근방법
은 환경재해 자체뿐만 아니라 개인의 지각능력 및 의사결정 과정, 사
회구조와 갈등에 대한 연구분야에서 다양하게 이루어지고 있다
(Hewitt, 1983; Kates, Hohenemser, and Kasperson, 1985).

사우어(Carl O. Sauer, 1989~1975)의 '버클리 학파'(Berkeley School)
는 지리학에서 자연과 사회의 관계를 연구하는 전통을 받아들인 또 하
나의 그룹이다. 사우어는 1955년 마시에게 헌정하는 심포지엄을 개최
하고 여기서 『지표환경을 변화시키는 인간의 역할』(*Man's Role in Chan-
ging Face of the Earth*)이라는 책을 심포지엄 참가자들과 함께 발간하였
다(Thomas, 1956). 사우어와 그의 제자들은 환경의 변화를 유발하는
사회적 프로세스뿐만 아니라 라틴 아메리카의 농촌지역과 소규모 농업
사회를 중심으로 토지의 가시적인 변화에 관심을 두었다. 오늘날 미국
지리학계에서 버클리 학파의 뒤를 이은 문화·정치 생태학(cultural and
political ecology)은 이 두 학파(시카고 학파와 버클리 학파)의 간격을 메
우려는 노력을 계속하고 있다. 환경운동의 흐름이 '자연보존'(natural
preservation)에서 '지속가능한 개발'(sustainable development)로 전환되면서
환경변화에 대한 연구의 초점 역시 자연환경 자체에서 자연환경에 영
향을 주는 사회적 프로세스로 변하여갔다.

요컨대, 『인간과 자연』은 출판 이후 해석에 있어서 많은 수정을 거

쳤으며 그에 대한 관점도 매우 다양해졌다. 그러나 마시가 주장한 많은 원칙들은 여전히 강력한 효력을 발휘하고 있다. 그가 주장한 원칙들을 자세히 살펴보면, 이러한 사실은 더욱 명확해진다. 예를 들면 러브조이(Lovejoy, 1944)가 주장한 것처럼, 마시의 사상은 다른 사상들에 의존하는 다양한 연구방법과 결합하여 효과적으로 이용될 수 있다.

마시의 사상과 반대되는 사상을 굳이 언급하자면, 아마 그것은 지리학자들이 이야기하는 인간에 미치는 환경의 영향 또는 환경결정론 정도가 될 것이다. 그렇다면 인간이 환경을 변화시킨다는 것과 환경이 인간을 변화시킨다는 것 중 어느 관점이 더 적절한가? 그러나 다른 각도에서 보면 이 두 사상은 상반되기보다는 오히려 상호 협조적인 관계일 수 있다. 왜냐하면 만약 환경이 인간에게 영향을 주지 않는다면, 인간이 환경에 미치는 영향에 관하여 걱정할 필요가 없을 것이기 때문이다. 마시는, 초창기의 지리학자들이 자연환경이 인간에게 미치는 영향을 언급하였기 때문에 인간이 환경에 미치는 영향을 연구하게 되었다고 지적하였다(Marsh, 1965: 14). 결국 이 두 가지 상반되는 것처럼 보이는 사상은 완벽하게 상반되는 것은 아니라는 지적이다. 그러나 당시 환경변화에 대한 정밀한 연구를 한 사람들은 환경결정론을 맹렬히 비판하기도 하였다.

인간에 의한 환경변화는 환경관을 매우 복잡한 양상으로 변화시킨 사상이었다. 앞서 언급하였듯이, 인간에 의한 환경변화는 지구환경을 바람직한 방향으로 개조시켰다는 의미에서 매우 오랫동안 각광을 받아온 사상이다. 그러나 인간이 환경을 파괴했다는 사상이 대두되면서, 환경변화 논의는 보전론(保全論, conservationism), 보존론(保存論, preser-vationism), 그리고 환경론(環境論, environmentalism)의 3가지로 분류되었다. 이 세 가지 관점은 지구환경을 각각 천연자원의 저장소(보전론), 인간과 동등한 권리를 갖는 다양한 실체들이 공존하는 곳(보존론), 복잡한 생명부양체계(환경론)로 인식한다. 따라서 각각은 환경변화에 대하여 다른 관점을 갖는데, 이러한 관점들이 결합되면서 종종 불협화음을 나타내기도 하였다. 심지어 같은 현상에 대해서도 각각의 관점은 서로 다른 처방을 제시하기도 하였다. 현대의 환경론은 지속가능한 서식(棲息)조건을 위협하는 방향으로 인간이 지구환경을 소모시키고 있다고 굳게 믿고 있다. 다른 환경론자들 역시 많은 기독교 신자들이 추종하는 사상, 즉 현대 사회는 아무 것도 이룰 수 없으며 종말이 곧 다가온다는 것을 중요하게 받아들이고 있다(Boyer, 1992: 331~337; Curry-Roper, 1990).

환경론이 급부상한 제2차세계대전 이후의 수십 년의 기간 동안 마시의 사상이 가장 확고하게 자리잡게 되었다는 사실은 결코 우연의 일치가 아니다. 인간이 생태계에 미친 의도되지 않은 다양한 영향을 강조한 마시의 『인간과 자연』은 보전론자 또는 보존론자보다는 환경론자의 사상에 더 가까운 책이었기 때문이다. 마시는 "인간활동을 단순히 계산되고 의도된 것으로 해석하는 한, 환경의 변화는 단순하고 일정한 방향으로 나아가는 것에 불과한 것으로 인식될 수밖에 없다"라고 언급하면서, 오히려 예견될 수 없는 결과에 더 많은 관심을 가졌다. 그가 여러 가지 풍부한 예시를 통해 언급하였듯이, 대규모 변화는 그 누구의 의도에 의하여 발생하는 것은 아니다. 사실 많은 변화들은 사람들이 의도한 것과는 반대의 방향으로 나타나는 경우가 많다. 예를 들면, 농부들은 자신들의 곡식을 갉아먹는 새들을 죽이는데, 그 결과 새들이 잡아먹는 곤충이 오히려 증가하여 결과적으로 곡식은 더 황폐하게 된다. 다시 말해서 마시는 '인간활동의 결과 나타나는 이러한 부수적이고 원하지 않은 결과'들을 '직접적이고 의도된 결과'보다 더 중요하게 인식하였다(Marsh, 1965: 456). 마시는 인간은 환경을 변화시킬 수 있는 자신들의 능력을 제대로 알고 있지 못하며, 종종 자신들이 추구하는 결과를 얻는 데는 실패하고 오히려 다른 결과를 얻게 된다고 지적하였다.

현대 사회에서 발생하는 대부분의 전지구적 환경문제는 의도되지 않은 결과이다. 물론 일부 생물종들은 의도적으로 제거되기도 하였지만, 더 많은 생물종들이 남획(overhunting)이나 서식지 파괴로 말미암아 의도되지 않은 방향으로 사라지고 있다. 우리가 대기 중의 이산화탄소의 농도를 증가시키거나 산성비를 유발하기 위해 화석연료를 사용한 것은 결코 아니지만 이러한 환경문제는 필수적으로 나타난다. 18세기 영국의 철학자 애덤 페르그손(Adam Ferguson)이 "환경문제는 인간활동의 결과이지 인간의 의도는 결코 아니다"라고 환경문제의 본질을 언급한 것은 20세기인 오늘날에도 적용되는 것이다(Elster, 1989: 91에서 재인용). 성층권6)의 오존층 파괴문제는 최근에 나타난 환경문제 중 인간의 의도와 결과 사이의 갭을 언급하는 데 있어 가장 좋은 예이다. 냉각제나 화염 발사체(propellants)의 사용 과정에서 발생되는 매우 안정적인 화합물인 염화불화탄소(CFCs)가 그렇게 먼 곳(성층권)에서 광범위하고 지속적인 문제를 발생시킬 줄은 아무도 예측하지 못했다(Stern, Young and Druckman, 1992: 54~60). 마시의 주장을 받아들인 사람들은 누구나, 자신들의 활동 결과 나타나는 의도되지 않았음에도 불구하고 명확하게 발생하는 영향이 더 이상 정당화될 수 없다고 지적한다. 그리고 이 시대는 인간의 활동과 그 영향이 직접적으로 연결되어 있는 시기라는 것도 역시 지적한다(Hagestrand and Lohm, 1990: 621). 이러한 대규모 의도되지 않은 영향의 사례는 20세기부터 본격적으로 나타나기 시작하였다. 결국 인류는 1864년에 마시가 주장한 사실을 오늘날 하나 하나 검증하며 살아가고 있는 셈이다.

마시에 의해 주장된 인간활동의 의도되지 않은 결과는 환경과학에

6) 일반적으로 대기권은 지표에서부터 대류권, 성층권, 중간권, 열권으로 구분된다.

있어서 핵심으로 자리잡아가고 있으며, 최근에는 사회과학에서도 중요한 관심사로 떠오르고 있다(Boudon, 1982). 1960년대 및 1970년대의 환경론자들은 자연환경의 복잡성에 중대한 영향을 미치는 인간의 활동과 인간에 의해 유발되는 예측할 수 없는 재해에 관심을 가졌다. 같은 시기에 몇몇 사회과학자들은, 다양한 분야에서 상황을 개선시키기 위한 중재 및 간섭은 종종 상황을 더 나쁘게 만들 수 있다고 주장하기 시작하였다. 예를 들면 환경론자들은 곡식을 보호하기 위하여 새들을 죽이는 것이 오히려 바람직하지 않은 결과를 야기한다는 마시의 주장을 뒷받침하는 새로운 해석을 화학 살충제를 예로 들어 발표하였다.[7] 경제학자들은 적정한 물품을 공급하기 위하여 시행하는 가격정책이 오히려 생산자들의 물품 공급 의지를 감소시켜 결국 경제활동의 위축을 가져올 수 있다고 지적하였다. 이러한 주장은 많은 경우에 적용되었다. 결국 상황을 개선시키기 위한 단순한 간섭은 매우 고지식하고 근시안적인 경우가 많으며, 여러 경우에 있어서 좋은 의도에서 시행된 중재 및 간섭이 반드시 바람직한 결과를 보장하는 것은 아니라는 것이다. 따라서 간섭 및 중재는 가급적 피해야 하며 부득이하게 간섭을 하게 될 경우는 신중하고 제한적으로 해야 한다는 것이었다.

역설적으로, 이러한 교훈이 정치사회에서는 상반된 측면으로 비추어지고 있다. 적어도 20세기 미국의 정치사회에서는 간섭하지 말아야 할 대상을 좌파의 경우는 자연현상으로, 우파의 경우는 사회조직 및 경제현상으로 규정하였다. 미국의 정치사회에는, 이러한 의도되지 않은 결과에 대한 논의가 기존의 진보의 논리를 공격하는 보수적인 행태이며 이를 지지하는 사람들의 대부분은 보수주의자라고 생각하였다(Hirschman, 1991: 7). 그러나 이러한 불일치 현상은 사상을 적용하고

---

7) 인간이 더 많은 수확을 하기 위하여 화학 살충제를 사용하게 되면, 결국 토지의 근본적인 질 저하가 나타나 수확은 더 감소한다는 주장.

해석하는 데에서 나온 것이지 사상 자체에서 나온 것은 결코 아니었다. 일례로, 어떠한 일의 결과가 의도된 것이 아니라는 관점은 부정적인 결과를 야기한 사람들로 하여금 책임에서 회피할 수 있는 좋은 수단을 제공하기도 한다. 또 다른 예는 허쉬만(Hirschman, 1991)의 언급에서 찾을 수 있다. 즉, 간섭은 문제를 해결하는 것이 아니라 오히려 더 나쁘게 만들 수 있다는 명제는 의도되지 않은 결과를 해석하는 관점에 따라 달라질 수 있는 것이다. 따라서 간섭은 오히려 의도하지 않았던 놀라운 이득을 창출할 수도 있으며, 예측하지 못한 결과가 반드시 바람직하지 않은 것은 아니라는 것이다.

이와 같은 의도되지 않은 결과에 대한 상반된 관점은, 올바른 결과를 유도할 것으로 생각한 행동이 그렇지 않을 것으로 판단될 때 그 행동을 중단할 수 있도록 해주는 유용한 도구이다. '인간의 활동은 예견하지 못한 결과를 유발한다'는 관점이 곧 '활동을 회피해야 한다'는 것을 의미하는 것은 아니다. 이러한 관점은 오히려 더 나은 결과를 예견하는 데 노력을 기울이게 하고, 나쁜 결과를 유발하는 행동을 판단하고 제어하게 하며, 행동을 하는 데 있어서 신중을 기할 수 있도록 해준다.

인간활동에 의해 환경이 변화된다는 사상은 의심할 나위 없이 보편적인 것이다. 21세기를 위한 새로운 전문 영역과 원칙을 계획하는 것은 오늘날 결코 어려운 작업이 아니다. 우리는 최근 자연과 인문의 영역을 동시에 고려하는 '지구환경 변화에 대한 과학'(global change science)에 대하여 말하곤 한다(ESSC, 1988; Stern, Young and Druckman, 1992). 오늘날 지구환경변화에 대한 전문적인 관심은 정치·경제제도, 국제관계, 대중여론의 부흥(greening)과 함께 증폭되고 있다. 기후변화, 오존층 파괴 문제, 생물다양성의 감소, 주요 정치적인 이슈와 관련된 전지구적 규모의 각종 협약이 지구환경의 변화라는 주제 속에서 이루어지고 있

다. 대표적인 예는 1987년에 세계 환경 및 개발에 관한 위원회(the
World Commission on Environment and Development)에서 발간한 『브
런트랜드 보고서』(*Bruntland Report*)나 1992년 발간된 앨버트 고어
(Albert Gore)의 『균형의 지구』(*Earth in the Balance*)를 들 수 있다. 많은
연구들은 전세계 대중들 속에 강하고 지속적이며 널리 보급되어 있는
환경에 대한 관심에 초점을 맞추고 있다(Mitchell, 1989; Inglehart,
1990; Dunlap, Gallup and Gallup, 1993). 교육제도에도 점차 이러한 추
세에 발 맞추기 위한 교과목들이 등장하고 있다(Blackburn, 1993).

　지구환경의 변화라는 뛰어난 지리학적 사상이 오늘날에는 더 중요
하게 느껴진다. 왜 그럴까? 단순하게 생각하면 이는 대중의 수준이 높
아진 결과로 생각할 수 있다. 왜냐하면 과학의 발전은 계속적으로 대
중에게 다가갔으며, 그 결과 대중들은 환경의 변화가 가장 중요한 문
제라는 것을 인식하게 되었기 때문이다. 그러나 이것은 너무 단순한
해석이다. 이러한 상황의 이면을 자세히 들여다보면 환경문제에 대한
일반 대중들의 인식은 늘어났지만, 구체적인 사안에 대해서 올바르게
이해하고 있는 사람들은 생각보다 많지 않은 것이 사실이다(Arcury
and Johnson, 1987; Arcury and Christianson, 1993).

　여론조사에 따르면 많은 미국인들은 '지구온난화'에 대하여 잘 알
고 있고 이 현상에 대해서 관심도 많은 것으로 밝혀졌다. 그러나 더
정밀한 조사에 의하면, 많은 미국인들은 지구온난화의 원인과 메커니
즘, 그리고 예상되는 결과와 측정방법과 같은 중요한 사안에 대해서는
제대로 이해하지 못하고 있는 것으로 나타나고 있다(Kempton, 1991).
만약 이러한 조사결과가 사실이라면 과학자들과 일반 대중은 엄밀한
의미에서 동일한 문제에 대해서 우려를 하고 있다고 말할 수는 없다.
일례로 뉴욕 주립 고등학교 학생들 가운데 단순히 환경문제에 대하여
인식하고 관심을 갖는 학생의 수가 올바르게 이해를 하고 있는 학생의

수를 훨씬 상회한다(Hausbeck, Milbrath & Enright, 1992). 이러한 사실
은 단순히 관심을 갖는 것과 올바르게 이해를 하는 것은 같을 수 없다
는 것을 의미한다. 따라서 다양한 환경재해의 상대적인 심각성을 인식
하는 데 있어서 미국의 전문가와 일반 대중의 차이는 크다고 할 수 있
다. 최근까지도 국가의 정책은 과학자보다는 대중들의 관심에 더 많은
초점을 맞추고 있다. 즉, 생물, 인간의 건강, 재산의 손실을 효과적으
로 줄일 수 있는 구체적이고 근본적인 방법과는 동떨어진 자원의 배분
및 규제정책과 같은 소극적 방법에 치중하고 있는 것이 사실이다(U.S.
EPA, 1987, 1990).

오늘날의 미국 젊은이들이 자연현상에 대하여 얼마나 무지한지를 설명할 목
적으로 내가 50명의 대학생에게 그들이 매일같이 교실 창 밖을 통하여 보는 느
릅나무(American elm)의 이름을 물어보았을 때, 아무도 정확하게 대답을 하지
못하였다. 어떤 학생들은 한참을 주저하다가 떡갈나무(oak)라고 하였고, 어떤
학생들은 대답을 아예 하지 못했으며, 나머지 학생들은 응달나무(shade tree)라
고 얼버무리기도 하였다(Nabokov, 1964, vol.3: 9)

위의 글은 수십 년 전의 일을 기록한 것이다. 그러나 오늘날의 상황
이 이보다 더 나아졌다고 말할 수는 없다. 만약 미국 대학생들이 그들
의 정원에 있는 단순한 생물에 대해서도 알지 못한다면, 어떤 근거에
서 그들이 아마존의 생물다양성 감소가 심각한 문제라는 데 확신을 가
지고 있다고 말할 수 있는가? '햄버거 커넥션'(Hamburger Connection)
은 미국 문화를 대표하는 하나의 교양(literacy)이 되어왔다. 일반인들
은 이 용어를 일상적으로 북미 사람들이 값싼 소고기를 얻기 위한 목
적으로 아마존의 우림(雨林, rainforest)지역을 파괴하여 목장을 만드는
현상이라고만 알고 있다. 그렇다면 이는 이 커넥션의 지리적 함의를
제대로 이해하고 있지 못한 것이다. (만약) 커넥션에 항의하는 사람들

의 수가 아직도 패스트푸드(fast food) 레스토랑에 음식을 의지하는 사람들의 수보다 적고 커넥션의 의미를 제대로 이해하는 사람들의 수가 적다고 가정해보자. 이때 커넥션의 개념이 단순히 아마존의 우림지역뿐만 아니라 중미(Central America) 전체를 포함하고, 열대우림뿐만 아니라 열대건조림이나 열대활엽수림을 포함하며, 미국 내 패스트-푸드 소비를 위하여 소고기를 생산하는 것은 중미의 그것에 비하면 매우 미약한 영향일 뿐이라는 사실을 제대로 이해하고 있는 사람들은 과연 누구일까?(Browder, 1988; Hecht and Cockburn, 1989; Parsons, 1988)[8]. 이러한 커넥션에 대한 올바른 이해는 언젠가는 결과로 나타날 인간의 매일 매일의 활동(햄버거를 먹는 것은 하나의 식생활이기 때문이다— 옮긴이)과 명확히 연관되어 있기 때문에 조금씩 확산되고 있기는 하다. 우리는 미국 내 지식인들이나 부유층 사이에서 특정 사상이 유행하는 것은 그 사상이 미국 사회에서 갖는 그들 계층의 상대적 우월성을 나타내주기 때문에 가능하다는 것을 짐작할 수 있다.[9]

사람들은 종종 자신들이 이해하고 있는 방향으로 일반인들의 전형적인 행동양식이 나타날 때, 자신들이 전지구적 환경변화의 문제를 올바르게 이해하고 있다고 믿는 경향이 있다. 이는 단지 포즈(pose)를 취하는 것을 진정한 행동으로 믿는 경향과 관련이 있는 것이다. 결국 어느 누구도 다른 사람들의 도움 없이는 모든 환경문제에 대하여 전문가적 지식을 갖거나 그 문제의 심각성을 판단할 수 없다. 이렇듯 믿음을

---

8) 이는 다음과 같은 의미를 갖는다. 즉, '햄버거 커넥션'이라는 용어는 단순히 미국과 열대우림의 관계가 아닌 햄버거를 소비하는 북미와 중미의 관계, 그리고 중미인들이 개척하는 열대우림이 아닌 다른 삼림과 관계가 있다는 것이다. 그리고 실제로 가난한 중미인들이 북미인들에 비해서 햄버거의 소비가 더 많다는 의미도 포함하고 있다.

9) 미국에서 지식인이나 부유층은 햄버거를 주식으로 삼지 않는다. 미국에서 햄버거를 주식으로 삼는 사람들은 흑인이나 영세민 계층이다. 따라서 자신들의 소비생활과 큰 관련이 없는 '햄버거 커넥션'이 미국에서 하나의 교양으로서 유행할 수 있는 것이다.

가질 대상을 결정하는 과정에서 신뢰, 친근감, 애정과 같은 많은 다른 요인들이 영향을 미친다는 사실은 실로 놀라운 것이다.10)

　환경재해는 우리가 인식하건 그렇지 않건 간에 엄연히 존재하는 사실이다. 그러나 우리가 관심을 갖고 걱정을 해야 할 대상을 찾는 작업은 우리 자신들과 주변 여건과의 관계 속에서 이루어진다. 인류학자나 사회학자가 주장하는 바와 같이, 자연에 대한 나름대로의 사상이나 주장은 사회적 여건이나 사회 내부에서의 각종 갈등과 관련이 있다. 예를 들면 '열대림의 파괴를 비판하는 각종 주장은 열대림을 보유하고 있지 않은 국가의 정부나 대중들이 쉽게 받아들일 수 있는 주장이다'(Brookfield, 1992; 95). 열대지역의 개발도상국들은 열대림 파괴에 따른 지구온난화가 자국의 인구와 경제에 심각한 영향을 초래하는 선진세계로부터 지구환경의제(global environmental agendas)를 저촉했다는 비판을 받는다.11) 자유방임주의부터 전체주의에 이르기까지 특정 이데올로기를 창시한 사람들은 환경문제를 자신들의 이데올로기가 우월하다는 것을 주장하는 데 이용하였다. 소련이 자신들의 대기와 물을 깨끗하게 유지할 수 있었던 것은 마르크스-레닌(Marx-Lenin)의 사회주의 사상 덕분이라고 주장하는 것은 참으로 재미있는 것이다(Ryabchikov, 1976을 참조하라). 그러나 그들은 다른 사회적 목적을 위해서는 이러한 주장을 뒤집는 것도 서슴지 않는다.

　사회적 지위가 사회에서 통용되는 신념에 영향을 준다는 사실은 모든 신념에 다 적용되는 것은 결코 아니다. 그러나 '환경문제에 대한

---

10) 이런 의미에서 환경문제의 본질을 과학적이고 객관적으로 판단하고 인식한다는 것은 매우 어려운 일이다.

11) 이 문장에는 다음과 같은 의미가 내포되어 있다. 즉, 어느 정도의 생활수준을 달성한 선진국에는 지구온난화와 같은 문제가 매우 중요하기 때문에 열대림 파괴가 심각한 문제로 받아들여지지만, 열대림의 벌목을 통하여 경제활동을 유지하는 열대지역의 개발도상국에 있어서 열대림 파괴는 심각한 문제가 되지 않는다는 사실이다.

사람들의 두려움이 사회제도와 관련이 있다는 사실은 단순히 공상적
인 명제만은 아니다'(Lowenthal, 1990: 130). 지식과 학식 자체가 환경
문제를 해결해주지는 않지만, 문제의 해결에 도움을 주는 것은 확실하
다. 지리학자들은 자신의 분야에서 특정 현상에 대한 광범위한 일반화
와 현장에서의 명확한 조사를 통하여 다른 학문 분야에서 제시하지 못
하는 근본적이고 체계적인 방안들을 제공하는 역할을 수행한다.

　과거의 사람들이 오늘날의 문제에 관하여 생각한 바에 대한 많은
터무니없는 이야기들이 있다. 예를 들자면 조지 오웰(George Orwell)이
대표적인데, 그의 상상은 오늘날 우리에게 아무 문제가 되지 않고 있
다. 그렇다면 마시는 오늘날의 문제를 무엇으로 생각하였는가? 그는
분명히 '인간이 존경할만한 수준으로 자연을 정복해왔다'는 데에는 동
의하였다. 그 결과 기근이 감소하였고(Kates and Millman, 1990), 지구
온난화와 같은 기후문제를 저감시킬 수 있는 기술이 개발되었다
(Ausubel, 1991). 이와 동시에 그는 그가 기존에 언급한 인간과 환경의
관계에서 얻은 교훈에 관심을 두었다. 그가 지적한 것 중에서 가장 중
요한 사안들은 오늘날 널리 받아들여지고 있다. 즉, 인간은 인간에게
무한정 자원을 공급할 수 없는, 그러나 인간에 의해서 개선되거나 피
해를 입을 수 있는 자연에 의존하는 존재라는 사실이다. 인간의 부를
증진시키는 과정에서 오늘날 나타나고 있는 다양한 규모의 환경재해
는 마시의 사상에 있어서는 결코 놀라운 일이 아니다. 마시는 "지구는
빠른 속도로 가장 귀족적인 삶을 영위하기에는 부족하게 변하고 있다.
인간의 활동에 의하여 생산성이 감소하고 지표가 파편화되고 있으며,
최악의 경우 원시적인 상황으로 타락하여 종이 멸종할 수도 있다"고
경고하였다(Marsh, 1965: 43)

## 참고문헌

Arcury, T. A., and E. H. Christianson. 1993, "Rural-urban Difference in Environmental Knowledge and Actions," *Journal of Environmental Education* 25(1): 19~25.

Arcury, T. A. and T. P. Johnson. 1987, "Public Environmental Knowledge: A Statewide Survey," *Journal of Environmental Education* 18(4): 31~37.

Ausubel, J. 1991, "Does Climate Still Matter?" *Nature* 350: 649~652.

Bassin, M. 1992, "Geographical Determinism in Fin-de-siècle Marxism: Georgii Plekhanov and the Environmental Basis of Russian History," *Annals of the Association of American Geographers* 82:3~22.

Blackburn, C. 1993, *New Perspectives on Environmental Education and Research,* Raleigh, N.C: University Colloquium on Environmental Research and Education.

Boudon, R. 1982, *The Unintended Consequences of Social Action,* New York: St. Martins.

Boyer, P. 1992, *When Time Shall be No More: Prophecy Belief in Modern American Culture,* Cambridge, Mass: Belknap Press.

Brookfield, H. C. 1992, "Environmental Colonialism," Tropical Deforestration, and Concerns Other than Global Warning, *Global Environmental Change* 2: 93~96.

Browder, J. O. 1988, "The Social Costs of Rain Forest Destruction: A Critique and Economic Analysis of the 'Hamburger Debate'," *Interciencia* 13: 115~120.

Burton, I., R. W. Kates, and G. F. White. 1978, *The Environment as Hazard,* New York: Oxford University Press.

Butzer, K. W. 1992, "The Americas Before and After 1492: An Introduction to Current Geographical Research," *Annals of the Association of American Geographers* 82: 345~368.

Callendar, G. S. 1938, "The Artificial Production of Carbon Dioxide and Its Influence on Temperature," *Quarterly Journal of the Royal Meteorological Society* 63: 223~240.

Clark, W. C. 1986, "Sustainable Development of the Biosphere: Themes for a Research Program," In *Sustainable Development of the Biosphere,* W. C.

Clark, and R. E. Munn(eds.), 5~48, Cambridge University Press.

Curry-Ropper, J. 1990, "Contemporary Christian Eschatologies and Their Relation to Environmental Stewardship," *The Professional Geographer* 42: 157~169.

Devevan, W. M. 1992, "The Pristine Myth: The Landscape of the Americas in 1492," *Annals of the Association of American Geographers* 82: 369~385.

Dunlap, R. E., G. H. Gallup, Jr., and A. M. Gallup. 1993, "Of Global Concern: Results of the Health of the Planet Survey," *Environment* 35(9): 6~15, 33~39.

Dunn, J. 1980, "The Identity of the History of Ideas," In *Political Obligation in its Historical Context,* 13~28, Cambridge: Cambridge University Press.

Ekholm, N. 1901, "On the Variations of the Climate of the Geological and Historical past and Their Causes," *Quarterly Journal of the Royal Meteorological Society* 27: 1~61.

Ekirch, A. E. 1944, *The Idea of Progress in America,* 1815~1860, New York: Columbia University Press.

Elster, J. 1989, *Nuts and Bolts for the Social Sciences,* Cambridge: Cambridge University Press.

ESSC(Earth System Sciences Committee). 1988, *Earth System Science: A Closer View,* Washington D.C: NASA.

Glacken, C. 1956, "Changing Ideas of the Habitable World," In *Man's Role in Changing the Face of the Earth,* W. L. Thomas(ed.), 70~92, Chicago: University of Chicago press,

Glacken, C. 1967, *Traces on the Rhodian Shore, Nature and Culture in Wstern Thought from Ancient Times to the End of the Eighteen Century,* Berkley: University of California Press,

Gore, A. 1992, *Earth in the Balance: Ecology and the Human Spirit,* Boston: Houghton Mifflin.

Haegerstrand, T., and U. Lohm. 1990, Sweden, In *The Earth as Transformed by Human Action: Global and Regional Changes in the Biosphere over the Pasr 300 Years,* B. L. Turner, II, W. C. Clark, R. W. Kates, J. F. Richards, J. T. Mathews, and W. B. Meyer(ed.), 605~622, Cambridge: Cambridge University Press.

Hausbeck, K. W., L. W. Milbrath, and S. M. Enright. 1992, "Environmental Knowledge, Awareness and Concern among 11th-grade Students: New York State," *Journal of Environmental Education* 24(1): 27~34.

Hecht, S., and A. Cockburn. 1989, *The Fate of the Forest,* London: Verso.

Hewitt, K., ed. 1983, *Interpretations of Calamity,* Boston: Allen & Unwin.

Hirschman, A. O. 1991, *The Rhetoric of Reaction: Perversity, Futility, Jeopardy.* Cambridge, Mass: Harvard University Press.

Hodge, C. F., and J. Dawson. 1918, *Civic Biology,* Boston: Ginn and Company.

Inglehart, R. 1990, *Culture Shift in Advanced Industrial Societies,* Princeton: Princeton University Press.

Kates, R. W. and C. Hohenemser, and J. X. Kasperson(eds.). 1985, *Perilous Progress: Managing the Hazards of Technology,* Boulder, Colo.: Westview Press.

Kates, R. W. and S. Millman. 1990, "On Ending Hunge: The Lessons of History," In *Hunger in History,* L. F. Newman(ed.), 389~407, Cambridge, Mass: Blackwell.

Kempton, W. C. 1991, "Public Understanding of Global Warming," *Society and Natural Resources* 4: 331~345.

Lovejoy, A. O. 1944, "Reply to Professor Spitzer," *Journal of the History of Ideas* 5: 204~219.

Lowenthal, D. 1958, *George Perkins Parsh: Versaile Vermonter,* New York: Columbia University Press.

Lowenthal, D. 1990, "Awareness of Human Impacts: changing Attitudes and Emphasis," In *the Earth as Transformed by Human Action: Global and Regional Changes in the Biosphere over the Past 300 Years,* B. L. Turner, II, W. C. Clark, R. W. Kates, J. F. Richards, J. T. Mathews, and W. B. Meyer(ed.), 605~622, Cambridge: Cambridge University Press.

Lucas, Sir C. 1912, "Man as a Geographical Agency," *Scottish Geographical Magazine* 30: 449~467.

Marsh, G. P. 1965, *Man and Nature: or, Physical Geography as Modified by Human Action,* Cambridge, Mass: Belknap Press (originally published 1864).

Merton, R. K. 1967, "On the History and Systematics of Sociological Theory,"

In *On Theoretical Sociology: Five Essays, Old and New*, 1~37, New York: the Free Press.

Mitchell, R. C. 1989, "From Conservation to Environmental Movement: The Development of the Modern Environmental Lobbies," In *Government and Environmental Politics*, M. J. Lacey(ed.), 81~113, Washington, D.C.: Wilson Center Press.

Nabokov, V. V. 1964, *Eugene Onegin: A Novel in Verse by Aleksandr Pushkin, Translated from Russian, with a Commentary*, 4 vols. New York: Pantheon Books.

Nisbet, R. 1980, *History of the Idea of Progress*, New York: Basic Books.

Parsons, J. J. 1988, "The Scourge of Cows," *Whole Earth Review* Spring, 40~47.

Price, M., and M. Lewis. 1993, "The Reinvention of Cultural Geography," *Annals of the Association of American Geographers* 83: 1~17.

Ryabchikov, A. M. 1976, "Progress of the Environment in a Global Aspect," *Geoforum* 7: 107~113.

Smil, V. 1984, *The Bad Earth: Environmental Degradation in China*, Armonk, N.Y.: M.E. Sharpe.

Stern, P. C., O. R. Young, and D. Druckman(eds.). 1992. *Global Environmental Change: Understanding the Human Dimensions*. Washington, D.C.: National Academy Press.

Thomas, W. L. Jr(ed.). 1956, *Man's Role in Changing the Face of the Earth*, Chicago: University of Chicago Press.

Tuan, Yi-Fu. 1991, A View of Geography, *Geographical Review* 81: 99~107.

Turner, B. L., II, K. W. Butzer. 1992, "The Columbian Encounter and Land-use Change," *Environment* 43(8): 16~20.

Turner, B. L., II, W. C. Clark, R. W. Kates, J. F. Richards, J. T. Mathews, and W. B. Meyer(eds.). 1990, *The Earth as Transformed by Human Action: Global and Regional Changes in the Biosphere over the Past 300 Years*. Cambridge: Cambridge University Press.

Turner, B. L., II, R. W. Kates, W. B. Meyer. 1994, "The Earth as Transformed by Human Action," in Retrospect. *Annals of the Association of American Geographers* 84: 711~715.

U.S. EPA. 1987, *Unfinished Business: A Comparative Assessment of Environmental Protection*, Washington, D.C.: U.S. EPA.

U.S. EPA. 1990, *Reducing Risk: Setting Priorities and Strategies for Environmental Protection,* Washington, D.C.: U.S. EPA.

WCED(World Commission on Environment and Development). 1987, *Our Common Future,* Oxford: Oxford University Press.

Weiner, D. 1988, *Models of Nature: Ecology, Conservation, and Cultural Revolution in Soviet Russia,* Bloomington: Indiana University Press.

Williams, M. 1990, Forests, In *The Earth as Transformed by Human Action: Global and Regional Changes in the Biosphere over the Past 300 Years,* B. L. Turner, II, W. C. Clark, R. W. Kates, J. F. Richards, J. T. Mathews, and W. B. Meyer(ed.), 179~201, Cambridge: Cambridge University Press.

# 제3부

# 상호 연결된 모자이크로서 세계

# 7
## 공간조직과 상호의존성

에드워드 테이프

## 기본 아이디어

현대 지리학자들은 기능지역(functional region)이라는 아이디어와 함께 시작된 공간조직(spatial organization)이라는 개념을 강조함으로써, 여러 차원에서 긴급한 사회문제를 바라보는 데 유용한 관점을 제공받아왔다. 우리는 공간조직이 개인과 도시, 지역, 국가를 서로 연결하는 여러 방식에 관한 증거들을 주변에서 매일매일 찾아볼 수 있다. 이를테면 차를 몰고 밀워키에서 시카고로 이어진 농촌지역을 지나가다보면, 텔레비전 안테나가 북쪽을 가리키다가 남쪽으로 변하기 시작하며, 우체통에 쓰여진 로고가 밀워키에서 발행되는 신문에서 시카고에서 발행되는 신문으로 바뀐다는 점을 알 수 있다. 어느 도시에서든 우리가 보는 네트워크 텔레비전의 프로그램은 보통 뉴욕, 워싱턴 또는 로스앤젤레스로부터 방영된 것이지만, 이따금 런던이나 모스크바, 사라예보와 같은 멀리 떨어진 장소에서 일어난 사건에 초점을 맞출 때도

있다. 도시와 지역, 국가를 서로 연결시켜주는 공간조직을 이해한다는
것은, 교통 및 커뮤니케이션의 개선으로 말미암아 사람과 물자, 정보
의 일상적 흐름이 더욱 더 빨라짐에 따라 훨씬 더 본질적인 것이 되고
있다. 이러한 연결이 가속화되고 강화됨에 따라, 거의 모든 지리적 척
도에서 장소간 상호의존성은 더욱 더 명확해지고 있다. 워싱턴에서 이
루어진 의사결정은, 도쿄나 모스크바, 또는 프레토리아(Pretoria)[1]에서
이루어진 의사결정이 그러한 것처럼, 뉴욕이나 로스앤젤레스, 페오리
아(Peoria), 런던, 사라예보에서 커다란 반향을 불러일으킨다. 공간조직
에 대한 지리학자들의 관심은 근린, 도시, 지역, 국가 등 단위공간 내
(內) 그리고 단위공간 간(間)의 모든 척도에 걸쳐 투영되고 있다.

　1920년대에 처음으로 명시적으로 인식된 기능지역이라는 아이디어
는, 지리학자들의 사회를 연구하는 접근방식에 지대한 영향을 미쳤다.
초기에 지리학자들은 지형이나 작물, 취락과 같이 자연환경과 명확히
연관된 쉽게 다룰 수 있는 가시적인 현상에 관심을 쏟았다. 지역은 지
형과 작물이나 인구의 다양성, 소득, 민족과 같이 심지어 훨씬 덜 가시
적인 기준과 관련하여 그 내적 등질성(等質性, homogeneity)을 바탕으
로 하여 구획되었다. 예를 들어 옥수수지대[2]는, 옥수수지대에 포함된
모든 군(郡, county)이 옥수수를 재배하는 최소한의 일정 면적을 갖고
있다는 의미에서 바로 등질적인 지역인 것이다. 기능지역의 아이디어
는 지역을 파악하는 기초로서 등질성에 연계(連繫, linkage)의 논제를
덧붙였다. 즉, '이 지역이 어떻게 기능하는가' 또는 '이 지역은 어떻게
조직되어 있는가' 라는 질문이, 그 지역이 어떻게 보이거나 그 경계
내에 포함된 현상이라는 측면에서 얼마나 등질적인가 하는 질문에 부

---

1) 남아프리카 공화국의 행정수도, 입법상의 수도는 케이프 타운(Cape Town)임.
2) 미국 중서부의 아이오아, 일리노이, 그리고 인디아나주 등을 걸쳐 펼쳐진 옥수수지
　대(the Corn Belt)를 말함.

가된 것이었다.

　어떤 지역의 기능하는 방식에 관한 질문들은 주어진 지역 내 그리고 그 지역과 가까이 있거나 멀리 떨어져 있는 다른 모든 장소들 간에 형성되어 있는 복잡한 연계망을 추적할 수 있도록 해준다. 이렇듯 어떤 장소에 있어 사회의 **공간조직**이라는 아이디어는 사회와 자연환경 간의 관계와 한 지역 내에서의 현상들의 분포에 대한 지리학자들의 오랜 관심사에 덧붙여졌다. 연계와 흐름(flow)의 중요성에 대한 이러한 인식으로-모든 지리적 척도에서-장소간의 **상호의존성**에 보다 큰 관심을 쏟게 되었다. 예를 들어 국지적 척도에서 우리는 경제 및 교통 연계가 한 대도시 지역의 도시와 교외지대를 묶어 단일의 복합적 공간조직 시스템으로 만들어놓는다는 사실을 알고 있다. 그렇지만 이러한 기능적 연계망은 도시를 교외지역으로부터 정치적으로 분할하는 문제3)와 곧잘 충돌을 일으킨다. 도시 관련 학자들은 오늘날 도심 문제의 심각성을 경제적으로 고통을 받는 도시로부터 자신들을 분리시키려는 부유한 교외주거자의 의도 탓으로 돌리고 있다.

　지역적 척도에 있어 지역사회와 도시간 연계의 변화패턴에 대한 검토가 제8장에서 자세하게 다룰 중심지이론의 발달과 유일하게 결부되어 있는 것은 아니다. 지역적 척도의 연계에 대한 관심사는, 크게 개선된 교통이 수반할 수 있는 의도하지 않은 결과를 점점 더 깊이 있게 인식하게 된 데서도 유래하였다. 보다 나은 도로와 광범위하게 확산된 자동차 보유는, 사람들이 한 때 걸린 동일한 시간 안에 훨씬 더 먼 거리를 통행할 수 있게 됨으로써 결과적으로 통행거리를 크게 단축시킬 수 있다는 것을 의미한다.

---

3) 우리나라의 경우 수도권이라고 할 때 이는 기능적인 관점에서 파악한 것이나, 수도권의 중심도시인 서울과 그 배후지라고 할 수 있는 경기도와 일부 강원도 및 충청 남·북도는 행정적으로는 전혀 다른 구역에 해당하는 것이다.

국가적 척도에서는 (작은 집합을 이루는) 거대한 메트로폴리스(metro-polis)들이 미합중국의 공간조직을 지배하고 있는데, 이것은 기업과 은행의 연계, 고속도로의 통행흐름, 전화통화, 허브공항(air hub)[4]의 성장, 텔레비전 네트워크의 집중, 컴퓨터 네트워크의 전개, 초고속전산망, 그리고 기타 수많은 지표들을 통해 확인할 수 있는 것이다. 각각의 주요 대도시 지역이 그 주변을 지배하는 독특하고도 잘 구획된 지역에 관한 초기의 아이디어는 계층의 최정상에 있는 최대 중심지들이 지속적으로 강화됨으로써, 더욱 더 복잡해진 계층적 연계구조라는 아이디어에 의해 대체되어 왔다.

북서 태평양 지역에 있어 상이한 척도의 공간조직이 어떤 영향을 미치는가는, 그림 7.1, 7.2, 7.3이 잘 보여주고 있다. 지역의 도시 중심지에서 저차(低次) 활동의 배후지(hinterland) 내지 보완지역(tributary area)은 고차 활동의 배후지보다 크기에서는 작으나 수적으로는 훨씬 많다(그림 7.1 아래). 시스템의 계층적 특질은 또한 은행망의 국지적으로 정교한 조합과 일요 신문의 넓은 배포권 간의 대조에서도 분명히 드러난다(그림 7.2 위). 항공교통으로 대표되는 국가적 시스템상의 연계는 또 다른 차원의 복잡성을 보여준다. 대규모 중심지인 시애틀과 포트랜드는 대도시간 연계라는 국가적 시스템에 결합되어 있다(그림 7.3). 포트랜드는 시애틀에 의해, 시애틀은 샌프란시스코에 의해, 그리고 샌프란시스코는 로스앤젤레스에 의해 지배받고 있다. 1990년대까지 로스앤젤레스는 뉴욕의 지배를 받았다. 좀더 작은 북서태평양 중심지들은 지역적 그리고 국가적 중심지와 혼재된 항공연계를 맺고 있다. 비록 이들 중심지는 모두 시애틀과 포트랜드의 지배를 받고 있지

---

4) 허브는 바퀴에 있어 바퀴살이 모인 부분을 지칭하는 말로서, 보통 어떤 활동의 중심 또는 중추부분을 일컫는다. 특히 항공 교통로의 발달과 함께 몇몇 항공노선이 맞닿아 결집된 공항을 허브공항이라고 한다.

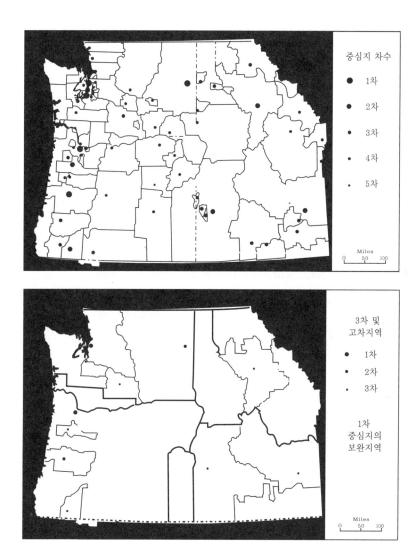

그림 7.1  위: 태평양 연안 북서부의 중심지에 있어 저차 활동의 배후지 내지 보완지역, 아래: 태평양 연안 북서부 중심지에 있어 고차 활동의 배후지. 출처: Preston(1971: 148, 150)

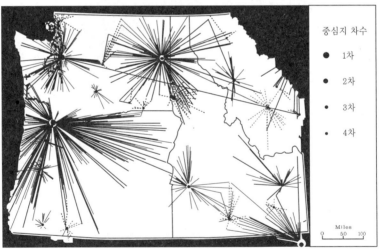

그림 7.2  위: 은행거래에 의거한 태평양 연안 북서부 중심지간의 연계, 아래: 일요신문의 배포에 의거한 연계. 출처: Preston(1971: 144, 149)

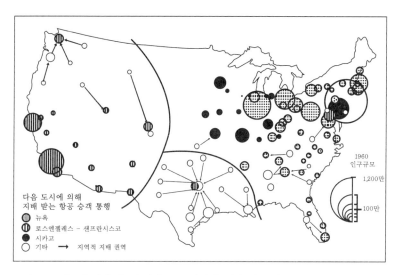

다음 도시에 의해
지배 받는 항공 승객 통행
◉ 뉴욕
◍ 로스엔젤레스 – 샌프란시스코
● 시카고
○ 기타   → 지역적 지배 권역

1960
인구규모

1,200만

100만

그림 7.3  미국에 있어 항공승객의 주요 발생지. 진한 선은 전국을 항공승객이 많은 세 개의 지대로 구분하고 있다. 동부에서는 모든 도시들이 뉴욕이나 시카고와 애틀랜타와 같은 도시에 의해 지배받고 있는데, 후자의 경우 다시금 뉴욕의 지배를 받고 있다. 서부의 도시들은 로스앤젤레스, 샌프란시스코, 시애틀에 의해 서로 엇비슷하게 지배받고 있다. 남서부의 경우는 달라스, 휴스턴, 뉴올리언스에 의해 지배받고 있다. 출처: Taaffe (1970: 79).

만, 보통 북서태평양의 여타 소중심지들보다 뉴욕, 로스앤젤레스 또는 시카고와 같은 국가적 중심지와 훨씬 큰 통행량을 보여주고 있다.

크게 개선된 커뮤니케이션의 영향은 이제 세계적 척도에서도 감지된다. 냉전의 종식에도 불구하고 세계적 정치조직들과의 연관성이 줄어들기보다는 오히려 늘어났으며, 우리의 경제적 연계 관계는 주요 국제무역협정이 체결됨으로써 더욱더 가속화되고 증폭되고 있다. 우리는 비교적 단순한 무역연계 체계에서 외국의 산업부문과 노동력이 내국의 생산과 통상적으로 결부되는 국제적, 다국적 기업구조와 투자, 생산구조라는 복잡한 체계로 옮겨가고 있다.

아마도 기능적 접근과 그 연계에 대한 관심이 지역연구에 미친 가장 근본적인 영향은, 연계가 우리가 어디에 살고 있는가와는 상관없이 우리가 서로간에 맺고 있는 상호의존성에 관해 구체적인 증거를 제공하는 방식에 있었다. 뉴욕의 교외거주자는 그들이 생각하는 만큼 뉴욕 중심도시에 거주하는 사람들과 독립적이지 않으며, 일반적으로 달라스나 로스앤젤레스는 고사하고라도 듀부크(Dubuque)에서 발생하는 사건과도 전혀 무관하지 않다. 지진, 홍수, 암살, 도시폭동과 같이 국가적인 충격을 가져오는 사건들도 목도하는 것이다. 미국의 어느 누구도 체르노빌 원전폭발로 인해 누출된 방사능의 확산이나 남아프리카 인종차별(apartheid)의 종식, 그리고 원유가 풍부하게 매장된 중동에 평화를 불어넣으려는 노력과 같은 사건들로부터 전혀 비껴서 있지 않다. 1990년대 초 미국인들은 몇 해 전만 해도 결코 들어보지 못한 이를테면 쿠웨이트, 모가디슈(mogadishu), 보스니아-헤르세고비나와 같은 곳에서 발생하는 사건들과 정도의 차이는 있을지언정 연관되어 있다는 점을 인식하게 되었다.

## 기능지역의 기원

1920년대 초는 미국 지리학에 있어서 중대한 시기였다. 지리학은 환경결정론을 둘러싼 지루하고도 분열적인 논쟁으로부터 막 벗어나고 있었으며, 적어도 두 가지 일반적 방향, 다시 말해 '인간과 토지'(또는 인간과 환경) 관계와 지역차(地域差)로 향하고 있었다.

환경결정론자들의 많은 논저들은, 자연환경이 인간행동에 영향을 미친다는 전제에 기초하고 있었다. 이들은 지리학의 역할이란 이러한 영향을 탐구하는 것이라고 생각하였다. 몇몇 학자들은 환경의 '통제'와 인간의 '반응'에 관해 기술할 정도까지 앞서 나갔다. 1920년대 초까지 이들이 제안한 신조를 뒷받침할 만한 경험적 논거들을 내놓지 못하게 됨으로써, 순수한 환경결정론은 폐기의 위험에 처하게 되었으나, 인간과 자연환경간의 연계를 강조하는 논점은 여전히 남아 있었다. 이렇듯 배로우스(Barrows, 1923)에 의해 처음으로 접목된 인간과 토지의 관계(man-land-relations)에 관한 연구는 인간의 통제 아니면 환경의 통제라는 어떤 선험적 관념을 전제함이 없이, 사회와 자연환경 사이의 관계에 대한 연구를 내포하고 있었다. 이러한 자연과 사회라는 관점은 지리학에서 중요한 관점으로 여전히 남아 있다. 1950년대 이후 이러한 전통 안에서의 강조점은 이 책의 앞선 두 장에서 서술된 아이디어들, 다시 말해 사회가 환경에 미치는 영향과 환경재해에 대한 사회의 적응 내지 순응과 같은 논제에 놓여졌다.

1920년대 초에 힘을 얻기 시작하여 1950년대까지도 지리학의 지배적 패러다임으로 결정적으로 자리매김된 두번째 견해는 지역차(areal differentiation) 또는 지역에 대한 연구였다. 광범위하고 더욱 통합적인 이 견해는 자연환경과 밀접히 연결되어 있는 사회의 여러 측면들에 초점을 맞추기보다는, 주어진 지역에 살고 있는 사람들이 서로간에 맺는 포괄적인 관계를 다루었다. 지도(地圖)가 일차적인 조사 도구였는데, 이는 지도가 특정 장소에 더불어 존재하는 다양한 현상들을 연구하는 것을 가능케 했기 때문이었다.

이 시기 동안 지리사상사에 있어 하나의 중요한 발전이란 1923년과 1940년 사이에 중서부에서 개최된 일련의 현장회합(field conferences)이었다.[5] 기본적으로 이 회합(會合)은, 어떤 지역에서 발견되는 극히 다양한 현상들 가운데 두드러지지 않으면서도 서로 연결되어 있는 현상들이 과연 무엇인가를 규정하는 결코 만만치 않은 작업에 몰두한,

---

5) [원주] 소규모의 일군의 지리학자들이 지리학 연구의 새로운 접근방법에 대한 생각들을 교환하기 위해, 수년 동안 매 여름마다 모임을 가졌다. 이러한 접근방법들은 그후 중서부에 있는 비교적 몇 안 되는 입지에 대한 현장조사에 적용되었다. 이 회합을 기술한 것으로서는 제임스(James)와 마더(Mather)의 논문을 참조하라.

당시 미국 지리학계를 주도했던 몇몇 지리학자들의 시도를 말하는 것이다. 이러한 지리학자들의 다수는 지질학자로서 교육을 받은 사람들이었으며, 경관의 가시적 특성에 초점을 맞추는 강력한 초기 경향을 보여주었다.

토지이용도는 현장회합에 참여한 지리학자들의 접근방법을 요약 정리한 것이었다. 농업이 강조되었듯이, 토양과 식생, 사면, 지표수와 같은 자연적 특성도 강조되었다. 회합으로부터 유래한 먼트포트(Montfort)의 연구(Finch, 1933)로, 위스콘신주 남서부의 소지역에 대한 일련의 상세한 토지이용도가 만들어졌다. 분석가들은 형태를 강조하고, 토지이용상의 모자이크를 빈번히 농업현상과 자연현상 사이의 지리적 관계에 기인하는 것으로서 해석하였다.

초기의 현지 조사자들이 사회를 좀더 잘 이해하기 위해 지리학자들은 환경의 관계만을 탐색하는 연구의 한정이 필요하다고 권고한 것처럼, 현장회합 조사도 몇몇 지리학자들로 하여금 관찰하고 분류할 수 있는 경관의 구체적인 측면만을 지도화하는 또 다른 제한을 권유하였다. 그 결과 연구는 조사나 인터뷰 자료를 수집하는 경향을 보여주고 있었으며, 각 지역이 타지역과 맺는 서로 다른 수많은 연계를 고려하였다.

위스콘신주 엘리슨(Ellison)만(灣)에 관한 로버트 플래트(Robert Platt, 1928)의 연구는 이러한 관심사를 최초로 명시적으로 표현한 것이었다. 그는 토지이용도의 가시적 현상을 뛰어넘고 있는데, 보완지역을 간략히 구획하는 것에서 출발하여 엘리슨만과 여타 지역간의 연계를 지도상에 나타내기 시작했다. 하지만 플래트는 곧 연계와 그 방향이 국지적인 소매 마케팅의 결합선을 넘어서서 형성되고 있음을 발견하였다. 작은 지역공동체의 많은 연계는 정치적으로 기반을 둔 것으로, 주도(州都)인 매디슨(Madison)을 중심으로 형성되고 있었다. 다른 것들은 밀워키와

미니애폴리스의 도매업 및 제조업과 맺는 결합선에 바탕을 두고 있었다. 다른 지역공동체들은 여가뿐만 아니라 교역과 관련해서도 여전히 시카고와 철도, 고속도로, 호수의 가항(可航)을 통한 연계를 보여주었다. 서로 다른 민족집단의 이주흐름은 주로 위스콘신의 동부지역에서 유래한 많은 연계를 나타내고 있었다. 이러한 결과를 그린 지도는 서로 중첩되는 거미줄의 복잡한 조합을 보여주었다.

이렇듯 1930년대까지 지리학에서 지역연구(area study)라는 관점은 두 가지 유형의 지역을 조사하는 것을 포괄하고 있었다. (먼트포트의 연구에서 사용된 것처럼) 토지이용 모자이크로 가시적으로 표현된 원래의 유형은 종종 형식지역(形式地域, formal region)으로 일컬어졌으며, 먼트포트가 연구한 원래 지역에서 유래한 토지이용도의 일부분을 이에 대한 예로 들 수 있다(그림 7.4). 이 경우에 강조되는 것은 지역의 내적 등질성으로서, 다시 말해 작물, 지세, 취락의 형태라는 측면에서 그 등질성이 어떠한지에 관한 것이다. 흐름의 선이나 중첩된 거미줄로 가시적으로 표현된 연계에 기반을 둔 유형은 기능지역(機能地域, functional region)으로 지칭되었다. 이 경우에는 지역의 조직이 강조되는데, 곧 지역이 학교, 교회, 쇼핑센터, 주요 도시와의 내·외적 결합선에서 어떻게 기능하느냐가 강조되고 있다. 이점은 브러시(Brush, 1953)의 위스콘신주 남서부의 동일한 일반 지역에서 교통 배후지와 연계에 관한 초기 연구로 예시된다(그림 7.4). 같은 해 기능지역에 대한 좀더 일반적인 연구가 에드워드 울만(Edward Ullman, 1953; 1954)에 의해 제시되었는데, 여기서 그는 이러한 아이디어를 보다 포괄적인 공간적 상호작용이라는 개념과 연결시켰으며, 그가 언급한 이것은 모든 지리학적 연구에 기초적인 것이었다.

기능지역의 아이디어는 1920년대에 나온 이후 여러 방향으로 진화를 겪었다. 보완지역이나 단절적 배후지라는 기본 개념은 중심지의 계층과 배후지라는 개념으로 바뀌었다. 뒤이어 복합적인 중심지 네트워크, 배후지, 계층, 연계, 흐름 등의 아이디어로, 그리고 또한 그후로는 그 자체 지리학 연구의 기초로서 여겨진 공간조직이라는 더욱 폭넓은 개념으로 변용되었다. 채택된 자료의 유형은 본질적으로 가시적인 현상에 기초한 자료에서 매우 다양한 종류의 출판 자료와 조사결과로부터 얻은 자료로 발전하였다. 이들 자료는 공간적으로 계측된 방향에 기초를 둔 다양한 지도를 개발하는 데 활용되었다. 일반적으로 기능지역에 대한 연구와 결부된 연계체계는 형식지역과 결부된 상세한 토지이용 모자이크보다 일반화하기가 훨씬 수월하다. 결과적으로 장소를 연구하는 데 활용된 추상화의 수준은 점진적이었지만 꾸준히 제고되었다.

## 배후지, 계층, 네트워크

초기의 강조점은 먼트포트 연구의 강조점과 비슷했는데, 먼트포트의 경우는 가시적이고 관찰 가능한 자료가 지역적 '경관'(景觀, landscape)을 유형 분류적으로 조사하는 데 토대가 되었다. 주된 노력은 시장과 기타 유형의 보완지역, 그리고 메트로폴리스가 지배하는 지대를 구획하는 데 맞추어졌다. 지역중심지로서 솔트레이크시티의 역할에 관한 해리스(Harris, 1941)의 연구는 이와 관련한 탁월한 사례였다. 그는 폭넓은 도시기능의 보완지역들을 추적하고, 도시기능들이 솔트레이크시티를 둘러싸고 다층적인 배후지를 어떻게 구획하는가를 제시하였다. '결절지역'(結節地域, nodal region)이라는 용어는 단일중심지에 초점을 맞춘 이러한 지역유형을 묘사하기 위해 사용되었다. 쇼핑과 통근과 같은 특정 기능들은 이러한 본질적인 유형론적 접근에 쉽게 원용될 수 있다는 사실이 점점 분명해졌다. 많은 기능들, 이를테면 내구재(耐久財)나 여가라는 목적이나 종교적, 사회적, 정치적 목적을 위한 통행과 관련된 기능에 있어서는 보완지역이 분명하고도 독립된, 벌집 모양의 배후지로 깔끔하게 구획되지 않는 경우도 있었다. 이와 같은 연계를 기술하기 위해서는 보다 복잡한 계층체계를 개념화하는 것이 필요하였는데, 이 계층체계의 경우에는 다양한 규모의 중심지들이 기능에 따라 서로 다른 방식으로 연계되어 있었다. 이러한 계층(hierarchy)들은 다양한 재화와 서비스(예를 들어 약품이나 의류, 자동차, 은행 등)를 위해 주민들의 실질적으로 행하는 통행을 기록하고 사람과 재화, 정보, 화폐가 지역간에 실질적으로 어떻게 유동되는가를 검토함으로써 연구할 수 있었다. 국가적 차원에서 이러한 연구들은, 항공교통과 은행의 연계에 반영되어 있듯이 소수의 매우 큰 대도시 중심지에 집중되는 양상을 보여주었다. 이론적인 연구들은 여러 흐름과 도시기능들이 분리된 또는 독특하게 독립된 계층수준에 군집화되는 방식을 중심으로 행해졌다.

독일에서 크리스탈러(Christaller, 1966)에 의해 발전된 중심지이론은 이와 같은 계층체계에 대한 경제적 기반을 제시하고 있으며, 이 이론은 여러 다른 지역의 도시연구에 원용되었다. 미국에서 중심지이론을 가장 먼저 명시적으로 적용한 것 가운데 하나는 위스콘신주 남서부 도시취락의 분포에 관한 브러시의 1953년에 나온 연구였다. 연계에 관한 연구가 배후지와 계층을 파악하는 관심사를 넘어서서 흐름과 연계체계에 있어 상이한 크기의 기능의 결절과 기능의 다양한 역할을 폭넓게 검토하는 것으로 확대되면서, 네트워크 분석이라는 용어가 더욱 더 인구에 회자되기에 이르렀다. 나아가 이는 보다 일반적인 용어인 공간조직과 관련을 맺게 되었다.

공간조직의 관점은 1950, 60년대를 걸쳐 강화되었다. 이 관점은 지

EXPLANATION OF FRACTIONAL SYMBOLS

NUMERATOR

| Left-hand Digit MAJOR USE TYPE | Second Digit SPECIFIC CROP OR USE TYPE | | Third Digit CONDITION OF CROP |
|---|---|---|---|
| 1. TILLED LAND | 1. CORN (MAIZE)<br>2. OATS<br>3. HAY, ON ROTATION<br>4. PASTURE ( " " )<br>5. BARLEY<br>6. WHEAT | 7. PEAS (Mainly for canning)<br>8. SOY BEANS<br>9. POTATOES<br>T. TOBACCO<br>X. SUDAN GRASS<br>½ OATS AND BARLEY MIXED | 1. GOOD<br>2. MEDIUM<br>3. POOR |
| 2. PERMANENT GRASS LAND | 1. OPEN GRASS PASTURE<br>2. PASTURE WITH SCATTERED TREES OR BRUSH<br>3. WOODED PASTURE<br>4. PERMANENT GRASS CUT FOR HAY | | 1. GOOD<br>2. MEDIUM<br>3. POOR |
| 3. TIMBER LAND | 1. PASTURED<br>2. NOT PASTURED | | 1. GOOD<br>2. MEDIUM<br>3. POOR |
| 4. IDLE LAND | 1. IS CAPABLE OF USE | | |

DENOMINATOR

| Left-hand Digit SLOPE OF LAND | Second Digit SOIL TYPE (Wis. Soil Survey terminology) | Letter X (if indicated) CONDITION OF DRAINAGE |
|---|---|---|
| 1. LEVEL, 0° TO 3°<br>2. ROLLING, 3° - 9°<br>3. ROUGH, 9° - 15°<br>4. STEEP, Over 15° | 1. MARSHALL SILT LOAM<br>2. KNOX " "<br>3. " " (STEEP PHASE)<br>4. LINTONIA " "<br>5. WABASH " "<br>6. ROUGH, STONY LAND | X POOR<br>XX VERY POOR |

Part of the fractional complex code map of the Montfort area, another example of a mosaic of uniformity and diversity qualitatively distinguished. The Prairie Upland district in the southeastern half, the Cuesta-Escarpment district in the northwestern half. Scale: 1 inch to .4 mile.

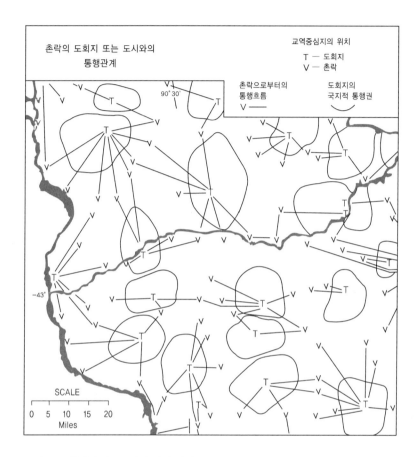

**그림 7.4** 남서부 위스콘신에 있어 지역연구의 두 가지 접근방법의 상호비교. 먼트포트 연구에서 인용한 토지이용도(왼쪽)는 공간적 등질성을 강조하는 형식적 접근방법을 나타낸다. 출처: 플래트(Platt, 1959, Pinch, 1933을 재인용). 연계와 배후지 지도(위)는 공간조직을 강조하는 기능지역을 나타낸다. 출처: Brush(1953)

리학자들이 널리 활용하고 있는 지도에서는 늘 암묵적인 것이었지만, 이때부터 경험적으로나 이론적으로나 보다 명시적인 것이 되었다. 공간조직은 20세기 후반을 거치면서도 강력한 지리학적 전통으로 남아 있는데, 자연과 사회라는 전통(nature-society tradition) 및 사회를 연구하기 위해 인문지리학자들이 가장 널리 사용하는 접근방법 가운데 하나인 지역연구의 전통(area study tradition)과 나란히 자리잡고 있다. 사실 대부분의 지리학자들은 문제의 유형에 따라 매우 다양한 접근을 행하고 있지만, 대개 이들 세 가지 관점을 혼합적으로 채택하고 있다.

지역의 공간조직을 추적하기 위해서 분석가들은 다양한 현상들을 연구하게 되었는데, 교통흐름, 전화통화, 운송비, 여행시간, 신문의 배포권, 학교 및 소매점 고객에 관한 기록, 통근과 이주에 관한 센서스 자료, 국가적 항공승객 및 은행의 흐름, 그리고 국제적 교역 등과 같은 연계 자료를 연구에 포함시키게 되었다. 통행과 통행목적, 쇼핑몰이나 교회로 향하는 것 등에 대한 인터뷰 자료는 지각과 태도, 선호에 관한 커다란 관심만큼이나 일반적으로 활용되었다.

비록 기능지역에 대한 지리학자들의 높은 관심으로 인하여 가시적 현상에 대해서는 먼트포트 연구의 토지이용 모자이크를 구성하는 데 활용된 것보다 덜 강조하게 되었지만, 지도화할 수 있는 현상들은 더욱 더 강조되었다. 다양한 현장에 대한 지도들과 출판되었거나 조사된 자료에 더해, 이러한 강조는 흐름도나 여행 시간도, 거래지도뿐만 아니라 계층적 체계와 네트워크에 있어 도시와 소도회(town), 마을, 근린권, 그리고 개인에 관한 현상들의 접근성을 지도화하는 것도 포함하게 되었다. '심상'(mental) 지도는, 어떤 주어진 지역에서 개개인들이 지식과 태도 또는 이주상의 선호라는 측면에서 타지역과 얼마나 밀접한가를 보여주기 위해 활용되었다.

## 높아진 추상화 수준

기능지역과 공간조직에 관한 연구에서 다루어진 매우 다양한 현상으로 말미암아, 연계패턴과 공간조직에 대한 보다 추상적인 일반화가 이루어지게 되었다. 중심지이론에서 유래한 추상적 분석에 덧붙여, 일반 중력모델(重力模型, gravity model)은 지리학을 기능 지역적 연계에 관한 초기의 언술적 관심에서 보다 정확하게 표현하려는 시도로 옮겨 가는 데 일익을 담당하였다. 어떤 두 장소간의 연계 정도는 이들 두 장소간의 거리와 인구규모와 관련이 있는 것으로 파악되었다. 뉴턴(Newton)의 중력 방정식을 유추하여 많은 지리학자들은 계측을 시도하고 비율을 구성하였는데, 이것은 자연히 초기의 모델구성과 통계분석의 활용을 크게 촉진시켰다. 모델의 일반 구조는 비교적 간단한 용어로 표현될 수 있었다. 추상화 수준이 높아짐에 따라 이는 다양한 형태를 띠게 되었는데, 아마도 미국에서 중심지 연구에 새롭게 관심을 갖게 된 점을 시발로 하여 이것은 이후 여러 방향으로 발전하게 되었다. 초기 중력 방정식은 또한 크고 다양한 공간작용 모델군(群)으로 발전하였다.

공간조직 및 기능지역과 연관된 여타 수많은 유형의 모델과 추상화는 1950년대 중반 이후 나타났다. 연계와 흐름에 관한 그래프(graph)론적 분석으로 복잡한 네트워크를 비교적 손쉬운 수학적 용어로 묘사할 수 있게 되었다. 조업도조사(操業度調查, operation research)[6]나 계량경제학 등에서 개발되어 온 수학적 프로그래밍 — 대표적으로 알려진 것이 선형프로그래밍 — 의 활용으로, 가장 효과적인 패턴 또는 공간조직이 무엇일 수 있는가를 강조함으로써 공간조직 연구에 규범적 차원이 부가되었다. 예컨대 쇼핑몰의 시장권에 대한 규범 모델은 그 보완지역이 어떠했는가 하는 것뿐만 아니라, 그 목적이 통행을 극소화하거나 판매를 극대화하려는 데 있다면 그것이 어떠해야 하는가도 묘사하

---

6) 수학적인 분석기법을 이용하여 경영관리상의 복잡한 문제나 군사상의 작전에 대해, 그 목적과 효과를 결정하고 최대의 효율을 올리기 위해 분석하는 것.

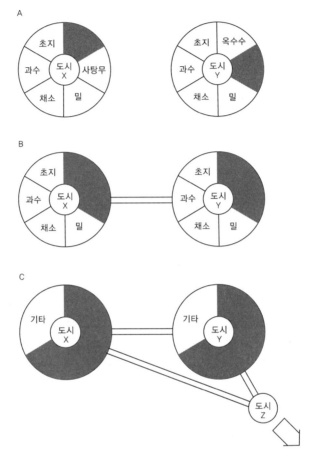

그림 7.5 다이어그램은 연계상의 변화가 토지이용상에 어떤 변화를 야기하는가를 설명하고 있다. (A)의 경우 각각 고립된 도시를 둘러싸고 있는 농업지역은 서로 엇비슷하게 다각화되어 있으며, 도시의 자급적 요구에 초점이 맞추어져 있다. (B)의 경우 도시들이 효과적인 교통으로 연결되어 있고 X는 옥수수를, Y는 사탕무를 특화하기 시작한다. (C)에서는 교통상의 연계가 국가적, 세계적 시장을 포함할 정도로 확대되고 있다. 특화는 심화되어왔고 X, Y 도시는 상호간뿐만 아니라 여타 다른 도시들과도 상호 의존해왔다. 출처: Taaffe and Gauthier(1973: 35)

고 설명해야 한다. 소매업, 도매업, 또는 서비스 기능뿐만 아니라, 학교와 정부, 또는 기타 기능에 대한 최적의 보완지역과 노동권(laborsheds)을 정의할 수 있게 됨으로써, 공간조직 개념의 실질적인 유용성은 크게 높아졌다. 배후지는 통행을 극소화하고 판매와 이윤을 극대화하거나 학교에서 인종구성을 보다 균등하게 하는 것과 같은 기타 수많은 정책적 목표를 달성하기 위해서도 구획할 수 있게 되었다. 계획가들은 또한 주어진 지역 내에서 최적의 흐름 패턴과 교통수단간의 조합을 제시하기 위해서도 이 모델을 활용할 수 있게 되었다. 이들 모델을 통해 정책 결정자들은 실제로 투자하기 전에 매우 다양한 정책적 대안이 가져올 수 있는 결과들을 실험할 수 있게 되었다.

공간조직이라는 아이디어는 곧 이어 연계로 표현되는 기능지역과 모자이크로 표현되는 등질지역을 포함하게 되었다. 지역의 외적 연계가 변할 때, 지역 내의 경제적, 사회적 패턴도 이를 쫓아 변한다. 예를 들어 지역적 특화(specialization)라는 경제적 아이디어는 두 지역 사이에 맺는 관계에 기초하고 있다. 그림 7.5는 연계에 있어 변화가 토지이용에서의 변화를 어떻게 야기하는가를 잘 보여준다. 연계가 없다면 (그림 7.5A), X라는 도시를 둘러싼 토지는 Y라는 도시를 둘러싼 토지가 그러한 것과 똑같은 넓은 농업활동 범위를 갖는다. 물론 X라는 도시를 둘러 싼 토지는 밀 생산을 위해 세계에서 최적이고, Y라는 도시를 둘러 싼 토지는 사탕수수를 생산하는 데 세계에서 최적이라고 할 수 있다.

일단 단일 연계가 형성되면(그림 7.5B), 지역적 특화가 시작되고 토지이용 패턴도 변한다. 밀은 Y 주변에서보다 X 주변에서 좀더 저렴하게 생산될 수 있으므로, Y 주변에 있는 농민들은 밀 경작을 중단할 것이고 Y는 X로부터 밀을 수입함으로써 그들의 수요를 충족시킨다. X 주변의 농민들은 밀 생산을 늘리고, 사탕수수를 경작하는 것은 중단한다. 두 도시가 세계적인 항구에의 접근을 제공하는 연계를 확장시킬 때, 특화는 증가한다(그림 7.5C).

최근 지리정보시스템 내지 GIS(이 책 제3장을 참조하라)의 발달로,

공간조직에 관한 연구에서 연계에 기초한 관점과 모자이크에 토대를
둔 관점을 연결시키는 것이 쉬워졌다. 지리정보시스템은 막대한 데이
터 베이스(data base)를 컴퓨터화하는 것과 관련된 것으로서, 이를 통해
지역의 제반 특성에 관한 정보와 연계와 흐름 정보를 서로 비교하는
것이 가능하다. 이러한 비교는 이전의 활용할 수 있었던 정보를 훨씬
뛰어 넘는 수준에서 가능하게 되었다. 우리는 또한 지리정보시스템을
통해 토지이용 모자이크와 실질적인 연계체계 모두를 포함하고 있는
지도 연구와 다양한 유형의 연계체계가 보여주는 추상적 모델을 서로
접목시킬 수도 있다.


## 아이디어의 영향


  기능지역을 간단하게 확인하는 것에서 출발하여 일반적으로 공간조
직에 대한 관심사로 확대된, 장소간의 연결과 연계를 연구하는 이러한
아이디어는 지리학의 경계를 넘어서도 적잖은 반향을 불러일으켰다.
우리는, 거리가 간단한 개념이 아니라 확장되고 있는 공간조직의 다양
성에 바탕이 되는 복합적인 아이디어임을 점차 인식하게 되었다. 우리
는 또한 거리관계에서 서로간에 기술적으로 유도된 변화를 수반하는,
동등하게 복합적인 상호의존망(網)을 인식하게 되었다. 연계와 상호의
존의 전체 체계는 척도(尺度, scale)에 따라 크게 다르다. 한 개인이나
(지역)공동체에 있어 진실인 것이 한 지역이나 국가에도 모두 진실일
수는 없다는 것이다.
  공간조직이라는 아이디어는, 거리가 공간조직에 영향을 미치는 데
서 알 수 있듯이 거리가 장소간의 기하학적 마일(miles)의 문제만이 아
닌, 그 본질상 종종 매우 주관적인 상당히 복잡다단한 아이디어임을

인식시켜 주었다. 거리는 시간과 비용, 비율, 지각, 또는 방향이라는 측면에서 표현될 수 있으며, 상이한 기술에 따라 서로 다른 의미를 지니고 있다. 운하, 고속도로, 제트 비행기, 팩스, 전자우편(e-mail) 등 이 모든 것은 서로 다른 연계와 공간조직을 만들어내고 있다. 신기술은 우리를 거리의 제약으로부터 벗어나게 해주지 않는다. 다만 우리는 이전과 다른 그리고 훨씬 복합적인 거리관계에 의해 지배받는다. 다음과 같은 예를 검토해 보자. 어떤 대도시의 일부 지역 사이를 이동하기 위해 도시 고속도로를 이용할 경우, 이는 보다 많은 교통 신호등이 설치되어 있는 직통 노선보다 더 적은 통행시간을 요할 때도 있다. 노선은 운전 시간을 극소화하기보다는 쾌적성을 극대화하기 위해 선택될 수 있다. 대도시는 종종 인접한 작은 도시들보다는 다른 멀리 떨어져 있는 대도시와 보다 잘 연결되어 있을 수 있다. 농촌 마을은 정교한 계층체계에 흡수된다.

우리가 우리의 연계와 다른 장소를 지향하는 방향을 검토할 때, 또 다른 복잡한 일이 발생한다. 대도시간의 계층구조에 있어 최고차 차원이 더욱 더 중요해진다는 점은 분명하다. 오락과 예술에 있어 뉴욕과 로스앤젤레스의 양극적 구조가 점점 더 지배적으로 되고 있다. 국내 정치에 있어서는 다른 주의 상원의원보다 우리 주의 상원의원과 지역 대표자에 대해 더욱 더 친근감을 느낄 수 있다. 어떤 사람은 거리가 접근성의 기준으로서 각종 매체에서 얼마나 언급되는가의 빈도에 의해 대체되어 왔다고 주장한다. '초고속정보도로'(information superhighway)의 발달로 연계와 흐름을 검토하는 데 있어 계속하여 또 다른 기준이 요구되고 있다. 우리는 거리의 효과가 교통 및 커뮤니케이션 기술의 급속한 진전으로 무력해졌다고 생각하기보다, 이들 효과가 보다 복합적이고 더욱 더 흥미를 끌게 되었다고 인식할 필요가 있다.

무엇보다도 공간조직과 기능지역이라는 아이디어의 가장 중요한 논점은 상호의존성을 명시적으로 인식하는 데 있다. 장소간의 연계 구조가 변한다는 것은 이들 장소의 상호의존성을 반영하여 재편된다는 것을 의미한다. 변화란 국지적, 지역적, 국가적, 세계적 차원에서 동시적으로 발생하며, 그 진행과정에서 여러 가지 어려운 정책적인 문제가 제기된다.

앞서 지적한 것처럼, 국지적 또는 대도시적 차원에서는 교외지역과 도시 사이의 자의적인 구분(간단히 말해 행정적 경계)은 전체로서 대도시권의 상호의존적인 기능적 연계를 애매모호하게 만든다. 이러한 정치적 경계는 놀랄 정도로 수많은 갈등과 불균등을 초래하고 있다. 코졸(Kozol, 1991)이 지적하고 있듯이, 교육 재정에 바탕이 되는 재산세는 같은 대도시권에서도 중심도시(central city)에 자리잡고 있는 학교들보다 교외지역에 있는 학교들이 훨씬 나은 재정적인 지원을 받게 되는 결과를 초래한다. 도시와 교외지역의 '분리'에 관한 미 대법원의 판결로 교외지역에 있는 대부분 학교들은 강제적인 버스통학 프로그램(bussing programs)7)의 부담으로부터 벗어났다. 이것이 '백인의 탈출'(white flight)을 가속화시키고, 이 탈출은 다시금 이미 극명한 도시와 교외지역간의 사회적, 경제적 대조를 더욱 더 강화시키기에 이르렀다. 기능적으로 통합된 도시와 교외지역이라는 구성요소 사이의 임의적인 정치적 장애물은 재정적 격차를 더욱 가속화시키는 순환을 떠받치는 꼴이 되고 있다. 중심도시에서 교육과 범죄를 예방하는 서비스가 부적절한 것으로 인식됨에 따라, 개인들과 사업체들은 이들 서비스가 적절하다고 생각되는 교외지역의 치안상황을 보고 이주하고 있다. 이것은 중심도시의 조세 기반을 위축시키는데, 세율을 높이거나 서비스를 축소시키는 대안만을 남겨놓고 있는 것이다. 이러한 대안 가운데

---

7) 인종적 융합을 도모하기 위해 아동을 다른 지구(학군)의 학교로 버스를 태워 통학시키는 프로그램.

어떤 행동을 취하더라도 도시로부터 인구 이탈은 더욱 심화되며, 이는 악순환을 통해 도시의 조세 기반을 더욱 더 축소시킨다. 이것은 다시금 서비스를 약화시키며, 따라서 또 다른 탈주의 순환을 시작하도록 한다.

　지역 차원에서 연계구조의 변화는, 검토되지 않은 시장의 힘이 대규모 대도시 복합체로의 집중을 강화함으로써, 바로 중소 도시들의 존립기반을 위협하고 있다. 이에 더하여 미국 제조업의 공간조직과 50개 주의 공간조직 사이에 보이는 불일치는 바로 특정 지역에 심각한 문제를 던져주고 있다. 미국의 많은 제조업은 국가적 토대 위에 조직되어 있으며, 개선된 교통 및 커뮤니케이션에 따라 높아진 이동성과 더불어 입지와 관련해서 상대적으로 자유로워지고(footloose) 있다. 제조업은 저임금과 노동조합에 대한 규제적 입법, 그리고 이들 산업에 감세나 다른 유인책을 제공할 의향이 있는 주(州)로 견인되어 왔는데, 물론 이 점은 복지나 의료보건, 교육과 같은 부문에 지속적으로 낮은 재정지원이 이루어지는 데 한 원인이 된다는 것을 의미한다. 이러한 이동성은, 많은 기업가들이 남부와 서부로 이동함으로써 공업화가 앞서 이루어진 북동부와 중서부의 여러 주에 불리하게 작용하였다. 많은 제조업들이 국가적으로 조직되어 있다는 사실에도 불구하고, 조세와 노동정책의 몇몇 유관 적합한 측면에 대해 연방 입법부가 법률로 규정하기가 어려웠는데, 왜냐하면 이에 대한 통제는 주 차원의 임무이기 때문이었다.

　국가적 차원에서 우리가 이제 평가해야 할 문제는, 아직 항공노선의 규제완화와 단지 8개 또는 9개 초대형 도시로 이루어진 소군집에 보다 큰 경제력 집중을 초래하고 있는 허브와 스포크(hub-and-spoke)형 네트워크로 인해 현재 강화되고 있는 계층체계상의 귀결이다. 문제를 더욱 복잡하게 만드는 것은, 이 논거를 통해 계층의 상층부에 집중양

상이 꾸준히 증가하고 있음을 알 수 있다는 것이다. 즉, 항공승객 흐름의 국가 네트워크가 지난 반세기 동안 뉴욕에 점점 더 집중되어 왔다. 1940년의 경우, 5개의 주요 센터를 확인할 수 있었다. 1989년의 경우 단 2개의 센터―뉴욕과 달라스―만이 확인되었다. 1940년에는 미국에서 가장 많은 항공 승객을 발생시키는 도시들의 거의 절반 가량은 다른 어떤 도시보다도 뉴욕(또는 뉴욕의 지배를 받는 어떤 도시)과 통행이 많았다. 1990년까지 이것은 거의 90% 정도로 늘어났다.

기능지역과 형식지역 사이의 관계가 특히 국제적 차원에서 중요해지고 있다. 앞서 언급한 교역관계에 더해, 국지적 문화 모자이크와 모든 척도에 걸친 상호의존망 사이의 관계를 고려할 필요성이 특히 오늘날 더욱 긴요해지고 있다. 만약 우리가 종족과 종교, 국적과 같은 국지적 문화 모자이크에만 관심을 쏟는다면, 우리는 경제적 연결과 정치조직, 정보의 흐름 등을 통한 인간성(humanity)의 나머지 부문과의 연계를 잊어버리게 된다. 반대로 우리가 외적 연계에만 관심을 쏟는다면, 우리는 국지적으로 다양한 인구집단의 정당한 요구와 영감을 감안하지 못한 채, 표준화와 동질화만 강조하는 위험에 빠지게 된다.

예를 들어 구 유고슬라비아에서 냉전 후에 벌어지고 있는 갈등은 일차적으로 국지적인 종족적 라이벌관계에 기초하고 있다. 몇 가지 가능한 해결책은 북태평양조약기구(NATO)와 같은 지역조직과 연계를 맺는 것뿐만 아니라 미국이나 유엔(UN)과 같은 세계적 조직과도 연계를 맺는 것이다. 하지만 보다 효과를 얻기 위해서는 그 어떤 해결책일지라도 이러한 외적 연계를 로마가톨릭, 동방의 그리스정교, 이슬람 사이에서뿐만 아니라 세르비아인, 크로아티아인, 보스니아인 사이에서 형성되는 국지적 관계와 연결시킬 수 있어야 한다는 것이다.

이렇듯 공간조직이라는 아이디어는 사회문제에 대한 우리들의 관심사를 확장시켜주는 효과를 지니고 있었다. 던(Donne)의 "인간은 섬일 수 없다"(no man is an island)는 말의 지리학적 함의는 물리적 유추에서 명백한 경험적 표현을 지닌 추상화까지 담아왔다. 상호의존성에 관한 연구에 있어서 지리학자들은 이를 자연환경과의 관계에 제한할 필요는 없다. 공간조직에 반영되어 있는 것처럼 지리학적 관점은, 자연환경의 그 어떤 측면과도 연관되지 않은 경우에도 상당히 유용할 수 있다. 하지만 공간조직이 홀로 서 있을 수는 없다. 경제적, 사회적, 정치적 상호관계에 바탕을 둔 네트워크는 앞의 제4장과 제6장에서 기술한 논리적 상호의존성과 얽혀 있다.

이처럼 반세기 훨씬 이전에 시작된 것으로서, 위스콘신의 몇몇 소지역의 국지적 경관을 넘어 바라본 이 아이디어는 계속 펼쳐지고 있으며, 우리를 수많은 다양하고도 끊임없이 변화하는 방향으로 이끌어가고 있다. 우리는, 우리가 살고 있는 도시와 지역과 국가와 세계의 공간조직을 특징짓는 흐름과 연계, 그리고 방향의 복합성을 식별하기 시작했을 뿐이다.

## 참고문헌

Barrows, H. H. 1923, "Geography as Human Ecology," *Annals of the Association of American Geographers* 13:1-14.

Brush, J. E. 1953, "The Hierarchy of Central Places in Wisconsin," *Geographical Review* 43:380-402.

Christaller, W., 1966, *Central Places in Southern Germany,* translated by C. W. Baskin. Englewood Cliffs: Prentice-Hall.

Finch, V. C. 1933, "Montfort—A Study in Landscape Types in Southwestern Wisconsin," *Geographic Society of Chicago Bulletin* 5:15-40.

Harris, C. D. 1941, *Salt Lake City: A Regional Capital,* Ph. D. dissertation, University of Chicago, Chicago.

James, P. E., and Mather, E. C. 1977, "The Role of Periodic Field

Conferences in the Development of Geographical Ideas in the United States," *The Geographical Review* 67:446-462.

Kozol, J. 1991. *Savage Inequalities: Children in American Schools.* New York: Crown Publishing.

Platt, R. S. 1928, "A Detail of Regional Geography: Ellison Bay, Community as an Industrial Organism," *Annals of the Association of American Geographers* 18:8E 1-126.

_____. 1959, "Field Study in American Geography," *Department of Geography Research Paper* 20(61): 105-114. Chicago: University of Chicago Press.

Preston, R. E. 1971, "The Structure of Central Place Systems," *Economic Geography* 47:136-155.

Taaffe, E. J(ed.). 1970, *Geography,* Englewood Cliffs: Prentice-Hall.

Taaffe, E. J. and Gauthier, H. L. 1973, *Geography of Transportation,* Englewood Cliffs: Prentice-Hall.

Ullman, E. L. 1953, "Human Geography and Area Research," Abstract, *Annals of the American Geographers* 43:238-239.

_____. 1954, "Geography as Spatial Interaction," *Annals of the Association of American Geographers* 43:54-60.

# 8
## 포섭된 육각형망 : 중심지이론

엘리자베스 번즈

노동절(Labor Day)[1]이 다가옴에 따라 자녀들과 함께 학교 로고가 찍힌 옷을 구입하기 위해 지역몰(regional mall)로 간다. 물론 양말 몇 켤레를 구입하는 경우에는 집 근처 작은 상점이 충분하다. 매 주일마다 구입하는 잡화는 집 근처 수퍼마켓이나 대형할인점에서 구입하지만, 반 갤론들이 우유나 도리토스(Doritos) 한 봉지가 필요한 경우에는 가장 가까운 편의점이나 가스 충전소에 딸린 식료품 마트로 간다. 일상적인 진찰을 위해서는 가까운 의원에 가지만, 중대한 외과수술일 경우에는 지역의 대형 종합병원으로 찾아간다.

우리는 이와 유사한 패턴을 가장 큰 대도시권에서뿐만 아니라 가장 작은 농촌마을에서도 찾아 볼 수 있다. 일상적인 용무나 용품―가스, 스넥, 은행거래, 우체통―은 다수로 이용할 수 있으며, 또한 두루 분포해 있다. 편의점, 가스 충전소, 지방은행의 지점, 자동인출기, 우체통

---

1) 미국의 거의 모든 주(州)와 캐나다에서 노동을 찬양하기 위한 법정 공휴일. 보통 9월 첫째 월요일.

등은 도시경관의 친근한 요소들이다. 중앙도서관이나 소방서와 경찰서, 지역몰, 종합 병원과 사무실이 딸린 대형 의료원 등도 똑같이 친근하지만, 수적으로 매우 적고 멀리 떨어져 있으며, 넓은 지역에 걸쳐 살고 있는 사람들이 광범위하게 접근할 수 있는 곳에 자리잡고 있다. 이러한 시설물들은 많은 사람들을 대상으로 하여 서비스를 행하지만, 그 어떤 사람도 이를 가까이 두고서 매일매일 필요로 하지 않는다. 이러한 서비스들은 종종 넓은 부지의 대규모 빌딩 단지에 입지해 있고, 많은 사람들이 접근할 수 있도록 하기 위해 간선도로의 교차지점이나 고속도로 인터체인지에 근접해 자리잡고 있다.

기업이나 회사는 점포나 사무실을 가능한 한 많은 손님과 고객을 끌어들일 수 있도록 입지시킨다. 도시에서 사람들은 보통 동일한 제품을 제공하는 경쟁적인 서로 다른 점포를 쉽게 찾아갈 수 있다. 패스트푸드 판매점, 주유소, 체인으로 구축된 잡화점 등은 번화가를 중심으로 군집을 이루고 있는데, 각 업체들은 지나가는 고객들을 확보하기 위해 경쟁한다. 이상적으로 말해 어떤 맥도날드 점포의 시장권은 예컨대 다른 맥도날드 점포의 시장권과 겹치지 않아야 한다. 월마트(Wal-Mart)와 같은 기업과 패스트푸드 프랜차이즈 업체(franchise)는 충분한 고객을 규칙적으로 확보할 수 있고 국지적으로 경쟁이 미약한 장소에 그들의 점포를 입지시킨다(Craff and Ashton, 1994).

## 중심지이론이란 과연 무엇인가?

중심지이론(中心地理論, central place theory)은 인간 정주취락의 공간 조직, 특히 소비 상품 및 서비스의 입지를 파악하는 데 포괄적인 접근 방법을 제공해준다. 그 폭넓은 영향력은 소비자와 기업, 그리고 도시적 장소 사이의 예측 가능한 관계를 인식할 수 있다는 데 있다. 이러한 제 관계는 서로 다른 지리적 경관, 서로 다른 문화적 배경, 서로 다른 역사적 단계에서 가시적으로 드러난다. 이들 관계는 뉴욕시뿐만 아니라, 아이오와의 오툼바(Ottumwa)에서도 분명하다. 더군다나 중심지 관계는 특정한 사적 의사결정과 공공 행동에 토대를 제공해준다.

중심지이론은 1960년대 북미의 도시경제지리학에서 중요한 구성요소로 등장하였는데, 이때는 미국에서 대도시권과 도시의 서비스경제가 급속히 성장하고 있던 시기였다. 중심지이론은, 몇몇 학자들이 효율적인 입지와 통행패턴을 묘사하는 몇 가지 핵심적인 원리들을 확인하고 조직하면서 탄생하였다. 이러한 이론적 통찰은 먼저 농촌의 취락패턴을 설명하고 후에 도시지역에서 토지이용패턴을 이해하고 정형화하는 데 직접적인 실용적 가치를 지니고 있는 것으로 곧 알려지게 되었다. 물론 후자의 경우에는 이러한 개념들이 소매입지와 마케팅, 의료지리학(醫療地理學, medical geography), 공공시설의 입지 등에 광범위하게 활용되었다.

사업체들과 개별 소비자들의 의사결정이 실제로 어떻게 해서 상점과 사무입지에 함께 맞아떨어지는가? 중심지이론은 소비자의 통행과 판매 지점간의 긴밀한 연계를 인식시켜주는 서로 연결된 개념체계를 제공하고 있다. 표 8.1에는 이러한 개념들이 정리되어 있다.

한 서비스 제공자의 시장권(市場圈, market area)은, 공급자가 피자를 판매하는 배달점포이든 교육을 시키는 학교이든 간에 그 소비자들이 입지하고 있는 지역을 말한다. 시장권의 지리적 규모는 인구밀도와 소비자의 구매력과 같은 것에 달려 있다. 따라서 사람들이 밀집하여 정주하고 있거나 고소득인 지역에서의 시장권은 저밀도나 저소득 지역에서의 시장권보다 작을 수 있다. 소비자의 규칙적인 활동은 국지적인 인구밀도, 가처분소득, 문화 등에 따라 가변적인 구매력이나 소비자

표 8.1  중심지 개념

| | |
|---|---|
| 중심지 | 재화와 서비스를 얻는 데 있어 공통의 입지를 제공하는 도회지(town)나 도시 |
| 중심지계층 | 인구규모 및 재화와 서비스의 유형에 따라 중심지를 군집화시켜 놓은 것 |
| 시장권 | 중심지에 의해 서비스를 받는 배후지 또는 둘러싼 지역 |
| 도달거리 | 소비자가 특정한 재화와 서비스를 위해 기꺼이 이동하려고 하는 거리 |
| 임계치 | 한 재화나 서비스의 설비를 지지하는 고객이나 소비자가 갖고 있는 구매력 |

지지력의 **임계치**(threshold)를 구성한다. 피자 배달점포는 피자를 살 수 있는 구매력과 욕구를 지닌 사람들을 충분히 확보할 수 있는 지역을 서비스할 경우에만 이윤을 얻을 수 있다. 이러한 임계치의 조건들은 특정 입지에서 충족될 때, 피자 가게는 그곳에 존립할 수 있다. 이와 마찬가지로 어떤 학교의 서비스 권역도 적어도 지역 교육관청을 만족시킬 수 있는 최소한의 학교 규모를 제공할 수 있는 자녀들을 가진 충분한 가구를 필요로 한다.

공급자의 견지에서 볼 때, **도달거리**(range)는 고객들이 특정 재화나 서비스를 얻기 위해 얼마나 멀리 통행하려고 하는가를 말한다. 사람들은 보통 빈번히 구입하는 재화나 용역—가스, 스넥, 또는 현금 자동인출기 등—에 대해서는 짧은 거리를 이동하려고 한다. 자주 필요치 않는 구매나 서비스—예컨대 전문의, 자동차 구매, 또는 담보대출—는 보다 큰 수고와 장거리 통행을 요한다. 사업을 하는 사람이나 도시 계획가는 많은 고객이나 사용자들이 정상적인 기초(수요)를 충족시켜줄 수 있는 사업 및 서비스의 입지를 파악하려고 한다. 이상적으로 말해, 각 사업 및 서비스의 입지는 모든 고객이나 사용자들을 고려할 때 낮은 평균 통행시간을 요구하는 개인의 통행으로 도달 가능하다. 확실히 특정 지역에서 서비스의 입지(도서관의 분관과 같은) 수가 많으면 많을

수록, 한 입지에 도달하기 위해 이동해야 할 평균 거리는 그만큼 짧아
진다.

중심지(central place)는 재화와 서비스를 얻는 데 있어 공통의 입지
를 제공하는 도회지(town)나 도시를 말한다. 고객들은 중심지에서 복
수의 상점과 서비스를 발견하는 반면, 이곳에 입지한 업체들은 다른
점포와 더불어 입지하지 않을 때 그러한 경우보다 더 많은 고객들과
접할 수 있다. 시골을 한번 드라이브해 보거나 지명(地名)이 있는 지도
를 한번 들여다보면, 이러한 관찰을 확인할 수 있다. 작은 도회지는 도
회지의 거주자뿐만 아니라 흩어져 있는 지역 주민들에게도 서비스한
다. 작은 도회지는 목장이나 광산이 있는 지역에서보다 농장이 집중된
지역에서 더욱 더 밀집하여 자리잡고 있다. 소수의 대도시는 지역 중
심지로서 기능하며, 그 위치는 주변지역과 소도회지를 서비스하는, 도
로와 철도, 항공 등에의 접근을 용이하게 하는 이점을 반영하고 있다.
최대의 도시권들―뉴욕, 로스앤젤레스, 시카고―은 국가적, 세계적 시
장을 서비스한다.

이러한 중심지의 계층(hierarchy)은 도회지 및 도시의 수와 규칙적인
배열에서 나타나는 패턴을 묘사한다. 패턴은 한 극단에서 모든 소도회
지에 재화와 서비스를 제공하는 것과 다른 극단에서 고객이나 공급자
가 유일한 국가적 대도시권으로만 왕래할 것을 요구하는 것 사이에 균
형을 잡아가는 것을 반영한다. 지역적 차원에서는 대도시들이 널리 자
리잡고 있지만 수적으로는 소수에 불과하며 넓은 지역을 서비스하는
데, 그 안에서 작은 도시나 도회지는 좀더 국지적인 수요에 대응하여
서비스한다. 이와 같은 패턴이 1961년 아이오와 남서부 지방에 존재
하였다. 그림 8.1은 미주리(Missouri)강 연안에 입지하고 있는 오마하의
쌍둥이 도시, 네브라스카, 카운슬 블러프스, 아이오와에 적용되듯이,
이 다섯 등급의 중심지 계층을 묘사하고 있다. 물론 이들 중심지는 지

그림 **8.1** 1961년 아이
오와주 남서부의 중심
지계층. 출처: Berry(1967)

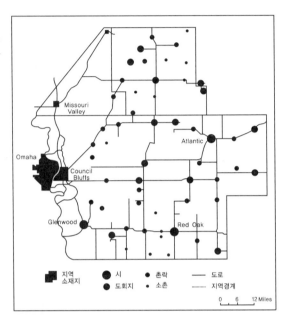

역 중심지로서, 보다 작은 도시나 도회지, 마을, 소촌(hamlets) 등을 위
해 서비스한다(Berry, 1967).

　이와 더불어 이러한 개념들은 기능지역에 있어 시장 중심지의 입지,
규모, 경제적 특성, 배열 양상 등을 통합적으로 설명해준다. 이처럼 중
심지이론의 마지막 매력은 실제 소비자의 행태, 공급자의 의사결정,
취락의 입지에 대한 관찰을 바탕으로 하여 보편적인 입지원리를 일체
적으로 해석할 수 있다는 점에 있다. 그렇지만 이 이론의 폭넓은 영향
력은 도시 및 지역의 다양한 문제에 적용함으로써 부각되고 있다.

　새로운 공동체를 계획하는 것은 종종 중심지 원리에 바탕을 두고
있다. 캘리포니아주(州) 오렌지 카운티의 옛 어빙 랜치(Irvine Ranch)와
같이 도시지역에 대규모 미개발지를 개발할 때, 근린과 상업서비스는
이전의 가로 계획안이나 기존 토지구획, 건물과 상관없이 계획하고 입

지시킬 수 있다. 지역쇼핑, 서비스, 업무센터 등은 이러한 공동체에 중심업무지구(central business district)로서 서비스하며, 소비자의 통행을 최소화하고 상점과 의료서비스, 사무실 등에 유효한 시장입지를 제공할 수 있도록 설계되어 있다. 오늘날 교외지역 간선도로의 교차점은 새로운 공동체에 이러한 접근 가능한 입지를 제공한다.

1960년대 볼티모어와 메릴랜드, 그리고 워싱턴 디씨 사이의 중간지점에 건설된 메릴랜드주(州) 콜롬비아의 신도시는 이에 관한 좋은 사례이다. 단일 도회 중심지가 공동체의 핵심인데, 이는 작은 도회지의 간선도로와 동등한 역할을 한다. 도회 중심지는 대형 빌딩과 수많은 상업 점포, 그리고 각 근린지구가 국지적 도로 네트워크에 손쉽게 접근할 수 있다는 점 등을 특징으로 한다. 각 근린지구도 중심상업센터를 갖고 있지만, 이 근린지구의 센터들은 특화되어 있지 않고 고객들은 일상적인 재화와 서비스를 위해 이들 사이에 직접 통행할 필요가 없다. 근린지구를 도회 중심지와 주변 고속도로와 연결시켜주는 주요 간선도로에 몇 가지로 연결되어 있는 꼬불꼬불한 국지적 도로로 서비스를 받고 있듯이, 각 근린지구는 자기 완결적이다. 이러한 가로(街路) 설계는 단일 도회 중심지의 종주성(宗主性, primacy)[2]을 강화하며, 이것은 근린지구에서 상점과 사무실을 이용할 수 없도록 하고 있다. 콜롬비아와 주변의 도회지로부터 노동자들을 견인하는 사무실과 공업단지는 거주 목적의 근린지구로부터 떨어진 도회지 외곽에 자리잡고 있다.

도시 및 지역 계획에서의 응용은 중심지 개념의 폭넓은 수용을 말해주는 것이며, 그 활용에 있어 몇 가지 주의할 점을 제시해준다. 이상적인 원리에 입각하여 공동체를 계획한다는 것은 쉽지 않는데, 이는

---

2) 종종 수위성(首位性)으로 번역하기도 한다. 따라서 한 국가의 도시체계에서 종주성을 가진 도시를 종주도시라고 부를 때도 있다.

특히 소비자의 선호와 사업 조건이 건조환경(建造環境, built environment)보다 훨씬 빠르게 변하기 때문이다. 예를 들어 콜롬비아에서는 일상적인 재화와 서비스를 이따금 직장으로 출퇴근하는 길에 거주하고 있는 근린지구 밖에서 구입한다. 그러므로 계획가들이 그리는 근린지구의 구매력이 근린 중심지를 지지할 정도로 완전히 활용될 수 없는 것이다.

1980년대 미국의 대도시권들은 최대의 고용과 서비스센터를 목표로 하여 지역의 토지이용 및 교통계획을 위한 기초로서 중심지 원리를 채택하였다. 여러 도시들 가운데서 로스앤젤레스는 여러 개의 구역과 근린지구에 대한 토지이용 계획에 초점을 맞춘 중심지에 기초한 접근 방법(centers-based approach)을 선택하였다. 애리조나주(州)의 피닉스(Phoenix)시는, 1986년에 인준된 일반계획안(General Plan)에서 우선적인 공사(公私) 개발지원을 위해 9개 도시마을을 설계하면서도 위와 유사한 접근방법을 채택하였다(Burns, 1988; Fink, 1993)(그림 8.2). 도시마을 중심지(urban village center)의 수와 입지는 국지적 시장권과 통행 패턴에 관한 분석만큼이나 기존 쇼핑몰과 개발 가능한 공지 상태의 지역 중심지에 있는 부지의 입지에 영향을 받고 있었다.

지역의 취락체계는 오랜 역사를 지닌 관례적인 계획행동을 설명해 준다. 대규모 서비스 공동체와 교통적으로 연결되어 있는 작은 농촌취락들은 이스라엘의 신개발지인 라키쉬(Lachish) 지역과 제2차세계대전후 북해로부터 매립하여 얻은 네덜란드의 간척지에서 설계되었다(Constandse, 1963; Takes and Venstra, 1960). 이들 간척지에 대한 최근 네덜란드의 계획정책은 좀더 소수의 대규모 취락을 지원하고 큰 필지의 농경지를 줄이는 방향으로 옮겨가고 있다. 이러한 경향은 높아진 농업기계화, 도시적 직업에 얻게 됨에 따라 늘어난 통근, 개선된 고속도로를 바탕으로 한 자동차 이용의 확대 등에 부응한 것이다.

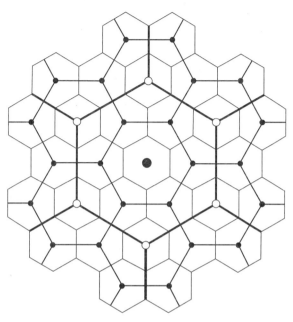

| 중심지 | | 시장권 |
|---|---|---|
| ● | 1차 | ——— |
| ○ | 2차 | ——— |
| ◉ | 3차 | ▬▬▬ |

그림 8.2 애리조나 주 피닉스시의 도시 마을 계획안. 출처: 피닉스시 계획과 (City of Phoenix Planning Department, 1991: 6)

# 기원

중심지라는 개념은 두 독일 지리학자의 지역적 정주취락 분석에 기원을 둔 것으로서, 북미 지리학자에 의해 도시적 배경에 적용되었다. 이상에서 살펴본 것처럼, 서비스 활동의 공간구조를 설명하고 이상적인 경제경관을 기하학적으로 묘사하는 것에 의해 뒷받침된 이러한 이론적 개념들은 그 당시 우세하였던 기술적 접근방법을 확장시키려고 준비한 지리학자들에게는 전혀 뜻밖이었다.

1950년대 후반 그리고 1960년대 초반에 걸쳐 도시 및 경제지리학자들은 그들의 초점을 농촌사회와 경관에서 도시사회와 제2차 세계대전 후 급속히 성장한 미국의 도시로 옮겼다. 여타 사회과학과 마찬가지로 도시 및 경제지리학은 계량혁명(計量革命, quantitative revolution)을 겪었는데, 여기서 계량적 방법론과 추상적 모델이 높이 평가받았다. 지리학적 연구와 이해의 초점은 지역 및 경관 연구에서 벗어나 일반원리를 선언하는 방향으로 옮겨갔다. 후자의 경우, 각 장소의 독특한 성격은 그리 강조되지 않는다.

제7장에서 서술한 것처럼, 1950년대까지 기능지역에 관한 연구들은 중심지이론에 통합될 수 있는 핵심적인 개념들을 규정하고 있었다. 도시에 의해 서비스를 받고 도시에 의존하는 넓은 지역은 도시의 배후지 또는 보완지역으로 인식되고 있었다. 국가적인 도시체계는 몇 층으로 장식된 결혼식 케이크와 비슷한 계층체계를 이룬다는 것이었다. 그 바탕은 좀더 큰 도시와 지역 중심도시(capitals)를 지탱하는 수많은 작은 소촌과 마을로 구성되어 있으며, 이어 이들 큰 도시와 지역중심지들은 소수인 최대의 도시권을 지탱하는 것이었다. 이주와 항공 및 철도 통행, 제조업생산, 그리고 소매업의 판매와 같은 활동들이 이 네트워크 안에서 모두 연결되어 있다고 했다. 브라이언 베리와 윌리엄 개리슨(Brian J. L. Berry and William L. Garrison, 1958)은 워싱턴주 중부에 있는 도회지들의 상업활동의 수와 입지에서 나타나는 하나의 계층을 확인하였다. 베리(1962)는 아이오와주 남서부에서 농촌 및 도시 주민들의 쇼핑 통행에 관한 연구를 행했는데, 그 농촌지역과 중심지 체계는 그림 8.1에 설명되어 있다.

중심지이론은 독일의 지리학자 발터 크리스탈러(Walter Christaller)

의 독창적인 업적에서 유래한 것으로서, 그의 저서인 『남부 독일의 중심지』(*The Central Places of Southern Germany*)[3]는 1933년에 처음 출간되었으나 1960년대 중반까지 영어로 번역되지 않았다(Christaller, 1966). 물론 울만(Ullman, 1941)이 이미 1941년에 영어로 크리스탈러의 아이디어를 훌륭히 요약 정리한 적은 있었지만, 그의 아이디어와 아우구스트 뢰쉬(August Loesch, 1954)와 같은 그의 계승자들은 1960년대까지 미국의 지적 사유에 폭넓은 영향을 미치지 못했다. 처음에 크리스탈러는 구매력의 임계치, 소비자의 도달거리, 도시취락의 중심지적 역할, 작은 장소가 큰 장소의 시장권 안에 포섭되는 관계 등의 개념들을 규정하고 결합시켰다. 뢰쉬는, 크리스탈러의 모델이 각 중심지는 모든 재화와 서비스를 제공하고 서비스공급자로 하여금 각 시장권에서 독점(monopoly)을 행하도록 조장하고 있다는 점을 가정하고 있다고 파악했다. 뢰쉬의 이상적 모델은 이러한 관심사를 논의하고 있는데, 결국 각각의 주요 중심지가 지닌 시장권에서 지역 정주취락의 복잡다단한 패턴으로 귀결되었다. 이와 더불어 크리스탈러와 뢰쉬의 분석은 하나의 중심지 체계를 만들어내는 집합적인 도시적 장소들의 기하학적, 수학적 특성에 초점을 맞추고 있었다.

크리스탈러의 독창적인 기여가 지닌 가치를 과장해서는 안 된다. 그는 남부 독일의 지역 취락이라는 일군의 특수한 장소에 관한 지식을 바탕으로 하여 자신의 분석을 행하였다. 하지만 그의 독특한 통찰은 모든 장소에 적용될 수 있는 일련의 원리를 그려낸 점에 있었다. 그의 세계관이 몇몇 지리학자들에게 정신적 충격을 준 것만은 자명하다. 농촌 취락패턴이라는 친근한 주제가 갑자기 새로운 각도에서 인식되었

---

3) 크리스탈러의 남부 독일의 중심지는 『남부 독일』이라는 유명한 지지서를 저술한 그라트만(Gradmann)을 지도 교수로 하여 뉘른베르크 대학에 제출한 박사학위 논문을 말한다.

다. 크리스탈러의 통찰로 말미암아 지리학자들은 통합적 입지분석이라는 맥락에서 도시적 장소를 파악할 수 있게 되었다.

그렇다면 크리스탈러는 이러한 개념적 도약을 어떻게 일구어냈는가? 그는 일관되고 결속적인 하나의 중심지 구조를 만들어내는 공통적인 개념들을 개관하는 강력한 걸음을 내딛었다. 그리고 그는 이러한 개념들이 이상적인 경관, 다시 말해 균등한 인구밀도, 지세, 토양, 광물자원을 갖고 있으며, 교통 네트워크가 모든 지역을 동일하게 서비스하는 경관 속에서 어떻게 상호 작용하는가를 보여주었다. 특수한 지역의 독특한 성격에 관한 미세한 점을 생략한 것은 동일한 통행 및 경제적 의사결정을 기술하는 데 장점이 되었다. 각 소비자들은 재화와 서비스가 제공되는 가장 가까운 장소로 통행한다고 가정하였다. 이에 더하여 기업가는 이윤을 낼 정도로 지지하는 충분한 고객이 존재할 때 서비스를 제공하는 것으로 기대하였다.

크리스탈러의 접근방법은 육각형의 포섭된 시장권이 보여주는 명백한 기하학적 패턴을 지닌 이상적인 경제공간으로 귀착되었다(그림 8.3). 사업체들은 흩어져 있는 농촌 주민들을 서비스하기 위해 최소의 중심지에 자리잡고 있다. 즉, 이러한 소촌들은 서로 떨어져 분산되어 있고 그들의 사업체를 지지할 수 있는 충분한 고객들에게 도달하기 위한 최소한의 고객 통행거리를 반영하고 있다. 따라서 하나의 규칙적인 패턴이 나타난다. 크리스탈러의 이상적인 기하학의 하나는 그림 8.3에서 보여주는 육각형의 포섭된 시장권을 묘사하고 있다. 최대(3계층)의 중심지는 차하위(2계층) 중심지 세 개에 의해 서비스되는 시장권과 동일한 하나의 시장권을 서비스한다. 이 2계층의 중심지들은 다시금 최소(1계층) 중심지의 셋에 의해 서비스받는 시장권에 동일한 하나의 시장권을 서비스한다.

이 벌집 모양의 포섭된 패턴은, 각각의 큰 중심지가 차하위의 작은

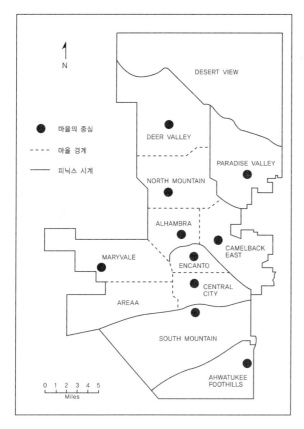

시장권보다 3배나 큰 하나의 시장권을 서비스한다는 점에 의해, 시장
권이 어떻게 결합되어 있는가를 보여주고 있다. 이러한 기하학적 패턴
에 있어서는 각 중심지의 시창권은 인접 시장권과 중첩되지 않으며,
서비스를 받지 못하는 그 어떤 내버려진 고객도 있을 수 없다. 크리스
탈러는 이러한 소규모 시장권들이 좀더 큰 시장권 속에 포섭된다고 가
정하였다. 큰 중심지들은 이윤을 창출하는 더 많은 고객들을 요구하는
특화된 재화와 서비스를 지지한다. 다목적 점포는 이러한 큰 도회지에
서 동일한 서비스 유형을 위해 존립한다.

어떤 아이디어의 의미를 계측하려는 노력이 이루어질 때, 실제로 잘 작동하는 하나의 접근방법은 다름 아닌 그것을 처음 언급한 사람의 의문을 둘러싼 논쟁의 심도를 반영한다. 그러므로 선수를 친 크리스탈러의 업적을 전체적으로 또는 부분적으로 신뢰하는 논자들의 수로부터 중심지이론이 얼마나 중요한가를 상당부분 논증할 수 있다. 우리는 이제 이러한 논자들을 라이프 에릭슨(Leif Erickson)이 콜롬버스(Columbus)를 앞선 것과 똑같이 크리스탈러에게는 선구자였다고 볼 수 있다. 이를테면 알-코리즈미(Al-Khorizmi)(Gould, 1985: 14)와 알-무쿠아다시(Al-Muquaddasi)(Berry, Conkling and Ray, 1976: 226~7)와 같은 중세기의 아랍학자들이 있었다. 18세기 프랑스의 리처드 칸틸롱(Richard Cantillon)(Dawson, 1969; Fairbairn and Barr, 1977)과 뮐러 폰 네터도르프(A. H. Muller von Netterdorf)(Getis, 1962), 레이나우트(J. Reynaud)(Robic, 1982; Lepetit, 1988), 레옹 랄라느(Leon Lalanne)(Getis, 1962), 구버트 드 기어와 엘리스 르클뤼(M. Goubert de Ger and Elisee Reclus)(Dunbar, 1978) 등을 포함한 대부분 19세기의 논자들, 1851년 영국 센서스 감독관들 (Freeman, 1961), 미국인 구딘(S. H. Goodin) (Abbot, 1981: 115; Hamer, 1990: 132), 그리고 20세기 초 그랜트 앨런(Grant Allen)과 웰스(H. G. Wells)(Blouet, 1977), 튀슬러(J. Tischler)(Kellerman, 1979), 그리고 찰스 요시야 갈핀(Chalres Josiah Galpin)(Ullman, 1941) 등이 있었다. 몇몇 예에서 확실히 취락의 공간패턴에 대해 단지 부분적인 통찰이나 관심을 공유한 사람들이 있었다. 다른 경우에는 유사성이 적지 않다. 하지만 지리학자들과 계획가들의 이목을 끌고 그들의 아이디어에 큰 영향을 미친 것은 분명 중심지에 관한 완전한 체계를 만들어낸 크리스탈러의 정식이었다. 그를 이 이론의 작가로서 기술하는 것은 부정확한 것도 부적절한 것도 아니다.

브라이언 베리의 저서인 『상업구조와 상업의 황혼』(*Commercial Struc-*

*ture and Commercial Blight*)이 1963년 출간된 때에는 중심지 개념이 지리학에서 이미 널리 알려져 있었다(Berry, 1963; 1967). 그의 비판적 통찰이란 지역적 차원뿐만 아니라 도시지역 내에서도 상업적 중심지체계가 존재한다는 점을 확인한 것이었다. 그는 시카고를 주된 사례로 삼아, 중심지 개념을 미국 도시에서 보이는 실질적인 비즈니스 패턴과 연결시켰다. 베리가 중심지 연구의 초점을 다양한 상업 중심지와 지구를 가진 단일 도시지역으로 옮겨놓게 됨으로써, 중심지이론은 농촌이나 지역 분석에만 적용될 수 있는 것이 아니라 현대의 도시적 공간조직을 이해하는 데에도 기초가 될 수 있다는 점을 확신하게 되었다.

이후 중심지이론의 확장으로 경제상황을 보다 현실적으로 기술할 수 있게 되었다. 사업을 하는 사람들은 예컨대 불완전한 정보를 바탕으로 하여 입지 결정을 하고, 상이한 가구유형과 문화적 배경을 지닌 소비자들은 그들의 통행행동과 서비스 선호에서 변화를 보여준다. 중심지이론은 오늘날에도 커다란 영향력을 행사하고 있는데, 이것은 이 이론이 모든 도시인구와 경제성장, 즉 서비스경제의 본질적 구성요소에 대한 하나의 결속된 설명을 제공하기 있기 때문이다.

독창적인 중심지 개념의 이론적 힘은 서비스 활동의 관례적인 체계에 의해 분명히 제시되고 있다. 그러므로 이러한 지속적인 원리들을 명확히 하는 높은 수준의 일반화와 특정 장소의 특수한 상황을 알아야 하는 필요성 사이에 끊임없는 긴장이 존재한다. 지리학자들은 경관 속에서 육각형의 시장권을 찾지 않지만, 전체적인 원리는 경제적 행태의 공간조직을 정형화하고 있다.

중심지 개념은 오늘날 현안이 되는 지역적 정주취락 문제에 직접적으로 기여하고 있다. 미국의 대평원(Great Plains) 지역에는 개별 농장을 바탕으로 한 분산적 농업구조가 발달하였다. 20세기 초 크고 작은 중심지의 네트워크가 이곳에서 출현하였다. 존 허드슨(John Hudson,

1985)은 크리스탈러의 중심지이론과 대동소이한 일종의 '민속적 입지
이론'(folk location theory)이 남북전쟁 후 미국 철도의 도회지 입지 계
획가를 좌우하였다고 주장하고 있다. 하지만 국지적 중심지에 의해 서
비스받는 지역에서 상황이 변함에 따라 소도회지와 그 주변 인구는 감
소하였다. 밀 경작은 기계화되고, 토지소유는 공고화되고, 곡물을 생산
하는 데 훨씬 적은 노동력이 필요하게 되었다. 쇼핑 목적의 통행에 있
어서 자동차가 마차를 대체함에 따라 고객의 이동시간도 감소하였다.
이러한 인구기반과 교통기술의 변화는 최소의 도회지를 지지하는 데
소용된 가까이에 있는 고객들을 소멸시켰다. 베리와 파아(Berry and
Parr, 1988: 30)는 '밀도가 감소함에 따라 일정 등급의 중심지들은 더
적은 사람들을 서비스하며', 서비스들은 중심지 계층의 상위 등급에
집중함을 지적하고 있다. 인구와 중심지의 쇠퇴가 널리 확산됨에 따
라, 여러 주에 걸쳐 있는 국립공원을 관리하는 버팔로의 공동위원회는
대평원의 인구감소 지역으로 버팔로 떼가 회귀하는 것을 허용할 것을
제안받았다(Popper and Popper, 1987).

서비스의 후퇴나 충분하지 않는 국지적인 인구수요와 비슷한 이슈
들이 도시적 환경, 특히 저소득 근린지구에서도 출현하고 있다. 중심
지 개념은 도시의 상업입지가 가까이에 있는 소비자들의 구매력과 소
득에서 보이는 편차를 어떻게 반영하는가를 잘 보여준다. 로스앤젤레
스의 사우스 센트럴(South Central)은 일상적인 서비스가 완전히 충족
되지 않는 중심도시에 있는 저소득 커뮤니티의 한 예이다. 1990년의
센서스에 따르면, 약 백만 명에 가까운 주민들의 평균 소득은 20,820
달러 정도로 파악되었는데, 미국 평균소득 30,525달러에 32%나 적은
것이었다. 주민의 49.2%가 흑인이며, 44.8%는 라틴 계통이다. 로스앤
젤레스의 전체 카운티에는 주민 203명당 하나의 상점이 있지만, 사우
스 센트럴에서는 주민 451명당 하나의 상점이 있을 뿐이다(*Los Angeles*

*Times*, 1991). 더군다나 로스앤젤레스 전체에서는 주민 290명당 하나의
서비스 업체-영화관, 자동차정비소, 변호사 사무소, 호텔-가 있으나,
이 카운티에서의 비율은 주민 103명당 하나의 서비스 업체가 있다고
한다.

이와 같은 비교는 어떤 커뮤니티의 평균 소득, 구매력, 그리고 실제
로 제공되는 재화와 서비스 등에 비추어 한 대도시권을 가로질러 나타
나는 불균형을 파악하는 출발점이 된다. 로스앤젤레스의 사우스 센트
럴의 경우 현금인출 점포는 많이 있으나, 모든 서비스를 제공하는 은
행은 적은 편이며, 패스트푸드점은 많으나 다양한 메뉴를 제공하는 레
스토랑은 적은 실정이다. 이 커뮤니티는 저소득 흑인 및 라틴 계통의
근린지구에 투자를 꺼리는 개인과 기업의 비즈니스 문제에 직면해 있
다. 그런데 기본적인 재화와 서비스가 부족하다는 점은 그곳에서 일하
고 살고 있는 사람들에게는 적잖은 영향을 미친다. 다양한 종류의 재
화와 서비스를 제공하는 소수의 상점은 높은 가격을 매길 수 있는데,
왜냐하면 멀리 떨어져 있는 경쟁자들에게 도달하기 위해서는 오랜 시
간이 걸리는 자동차나 버스 통행을 이용할 수밖에 없기 때문이다.


## 진화와 확장


지리학 내에서 중심지이론은 그 특성과 강조점에 있어 몇 가지 중
대한 변화를 겪어왔다. 원리적으로 중심지이론은 제일 먼저 도시와 도
회지의 기존 입지패턴을 서술하고 설명하는 데 활용되었다. 한때 중심
지이론은 여러 경우에서 기존의 취락패턴을 설명할 수 없다는 것이 분
명해지기도 했다. 도시들은 중심지의 추론 안에서 고려되지 않은 수많
은 원인(예컨대 공업화)으로 발전하였다(Page and Walker, 1991:

285-286). 오늘날 중심지이론은 도시나 취락 입지보다는 주로 서비스
와 시장입지의 패턴과 관련하여 원용되고 있다. 중심지이론은 기존의
패턴을 기술하는 열쇠로서보다는, 오히려 이러한 패턴들에서 어떠한
개선이 이루어질 수 있으며 이루어져야 하는가를 확인하는 규범적 또
는 관례적 토대로 더 많이 활용되고 있다. 중심지이론은 세계가 어떠
한가(존재, 즉 재구성적·분석적 측면 – 옮긴이)를 보여주는 것이 아니라,
세계가 어떠해야 하는가(즉, 당위인 구성적·계획적 측면 – 옮긴이)를 보
여준다는 것이다. 중심지이론을 적용함에 있어 이러한 중점의 이동으
로 인하여 중심지이론은 한때 그것이 활발하게 연구되었던 분야인 도
시지리학에서 현재의 연구와 다소 소원해지게 되었지만, 선진 산업국
가와 저개발 국가 모두에서 계획영역에 중요한 도구로서 자리잡게 되
었으며, 따라서 세계를 변화시키는 그 힘은 증대해왔다.

개발도상국가들에 중심지이론을 활발하게 적용한 것은 1970년대
이후였다(Rondinelli and Ruddle, 1978; Rushton, 1988). 크리스탈러와
같은 개념을 사용하는 계획가들은 특히 농촌지역에서 분산되어 있는
주민들의 수요를 충족시키기 위해서는 시장 및 서비스 중심지가 촘촘
히 배열되어 있는 계층적 네트워크가 중요하다는 점을 인식하게 되었
다. 네트워크가 잘 발달하지 못한 많은 상황에서는 주민들의 수요를
충족시키기에 저차 중심지들이 너무 적으며, 서비스 중심지의 계층은
종종 최대 중심지들이 너무 큰 비대한 구조를 보여준다고 한다. 중심
지이론이 제시하는 관점에 따라, 지리학자들과 계획가들은 지리학자
마크 제퍼슨(Mark Jefferson, 1939)이 지칭한 '종주도시'(宗主都市,
primate city), 즉 어떤 다른 도시보다 크고 비정상적으로 국민생활에
중요하고, 지배적인 국가적 도시중심지를 가진 국가의 불리한 상황을
인식하게 되었다. 제퍼슨이 이러한 형태의 도시화를 파악하였을 때,
그가 말하려고 한 점은 이 종주도시가 국가의 중심지 내지 중핵지라는

의미를 부여받는다는 점을 평가하려는 것이었다. 오늘날 많은 경우 균형을 지닌 분산적인 취락 및 서비스 계층의 유용성에 대한 중심지이론의 통찰 때문에, 도시의 종주성은 일반적으로 지역간 심각한 불균형을 야기하는 문제로 이해되고 있다. 2차 중심지들을 적극적으로 진흥하는 것이 이러한 불균형에 대처하는 중요한 방안으로 파악된다.

오늘날 북미 도시에 중심지 개념을 적용함으로써, 가변적인 소비자의 지식, 현 단계의 이동상황, 비즈니스와 관련한 불완전한 의사결정 등의 기존의 조건들을 인식할 수 있게 되었다. 중심지 개념은 소매업과 마케팅, 공공 시설물과 의료서비스의 입지 등에 폭넓은 영향력을 행사하고 있다. 이러한 주제들은 공통적인 입지문제를 안고 있다. 흩어져 있는 주민들에게 서비스를 제공하기 위해서는 어디에 상점과 사무실과 병원을 입지시켜야 하는가?

개별 상점 소유자들과 기업들은 소매 점포를 입지시키기 위해 중심지의 임계치와 도달거리 개념을 활용한다. 모든 기업가들은 자신이나 그 시설물을 지지하는 시장권에서 독점권을 행사하기를 원한다(Collins, 1989; Guy, 1991). 즉, 기업가들은 멀리 떨어진 입지를 선택하거나 완전 고객시장에의 경쟁자의 접근을 제한하기 위해 유명 입지에 많은 점포를 집중시킴으로써, 다른 상점과의 경쟁을 피하려고 한다. 도시의 구매자들이 활용할 수 있는 많은 선택권은 그 어떤 상점이나 몰도 가까이에 있는 주민들에 의해 창출되는 구매력을 모두 손에 넣을 수 없다는 것을 의미한다. 30년 훨씬 이전에 데이비드 허프(David L. Huff, 1963)는 시카고 교외에 있는 쇼핑센터인 파크 포레스트 플라자(Park Forest Plaza)에 가장 가까이 살고 있는 고객들이 대부분 이곳에서 쇼핑하려고 한다는 점을 확인하였다. 이 몰에서 쇼핑을 한 주민들의 비율이 몰에서 거리가 증가함에 따라 떨어졌다.

오늘날 소매상들은 넓은 시장권으로부터 고객을 끌어들이는 새로운

쇼핑입지-교외지역의 대형 할인점, 도시의 아울렛, 유서 깊은 도시지
구에 있는 고급 몰-와 경쟁하기 위해 점차 특화를 기한다. 자동차의
이용이 널리 확산됨에 따라, 쉽게 걸어갈 수 있는 거리 안에 있는 소
형 상점들은 소멸하고 있다. 즉, 자동차로 접근할 수 있는 근린 센터는
이러한 큰 고객 기반을 서비스하는 것으로부터 이윤을 얻고 있다
(Handy, 1993). 시애틀 대도시권에서는 소매점 계층은 두 개의 중심업
무지구(시애틀의 도심과 교외지역인 벨리브 Bellevue)와 가구(사우스센터
Southcenter)와 골동품(그린우드 Greenwood)을 제공함으로써 대도시권
차원에서 특화되어 있는 교외지역의 중심지를 포함하고 있다(Morrill,
1988).

국가적인 소매업에 관한 사례는 중심지를 마케팅하는 응용노력에서
보이는 급속한 발전을 설명해준다. 국지적 이동의 필요성을 제거하는
혁신적인 마케팅 기법은 특정 고객집단의 구매력을 파악하지 않으면
안 된다. 우편판매 카탈로그, 전화, 텔레비전은 국지적 상점에 통행할
필요도 없이 고객과 소매업자들을 직접 연결시켜준다. 기업체들은 자
신들의 제품에 대해 서로 다른 국가적, 국지적 소비시장을 잘 알고 있
지만, 시장 또한 그러하다. 미국의 센서스, 판매기록, 고객조사 등으로
부터 얻은 자료를 이용하여 사설 마케팅 업체들은 개별 우편번호
(Zipcodes) 구역이라는 차원에서 소매지리(retail geography)를 분석하고
있다. 이들 기업들은 자동차, 식품, 잡지, 유흥오락과 같은 제품에 대
한 생활양식이 배어 있는 선호도에 의거하여 잠재 고객들을 분류하고
있다. 클래리타스(Claritas)라는 회사는 귀족층(Blue Blood Estate: 우편
번호가 90210인 캘리포니아 베버리 힐스를 포함한 가장 부유한 교외지
역)에서 공공부조(Public Assistance: 우편번호가 90002인 캘리포니아 와
츠를 포함한 빈곤한 중심도시 근린지구와 농촌 카운티)에 이르는 캐치프
레이즈로 생생하게 묘사한 40개의 전국적인 근린지구 유형을 파악하

고 있다.

중심지이론은 또한 도시와 농촌의 서비스 권역에서 소비자에게 공공서비스가 어떻게 설치되어야 하는가의 문제를 뒷받침한다. 중심적인 시설물을 통해 공공서비스를 어떻게 제공해야 하는가는 서비스권역 안에서 최적의 이동시간과 이동루트가 어떠해야 하는가의 문제를 제기한다. 이러한 문제들은 911 전화신고 서비스, 경찰서, 소방서 등의 응급 서비스를 제공하는 사람들이 당면하고 있는 것으로서, 이 모든 것은 적절한 대응이란 무엇인가를 확인하고 이에 대처하는 장비와 인력을 어떻게 배치하고, 응급상황이 있는 특정 주소지에 단위 요원들을 어떻게 급파할 것인가와 관련되어 있다. 이 경우 지도화 프로그램과 지리정보시스템은 계획적 목적뿐만 아니라 즉각적인 대처를 위해 도로네트워크, 사건발생 특정 주소지, 응급처방 단위 요원의 입지 등을 보여주는 최신의 지도를 제공해준다.

소비자들이 학교와 같은 중심적 입지로 이동해야 할 때, 이러한 입지는 이용자의 공간적 분포와 그들의 이동루트와 이동수단을 고려하여 선택되어야 한다. 모든 커뮤니티는 우리에게 친숙한 많은 초등학교로 구성된 하나의 계층을 갖고 있으며, 초등학교의 서비스권역은 중고등학교의 서비스구역 내에 포섭되어 있다. 고전적인 근린지구의 설계는 교통량이 적고 자녀들이 도보나 자전거로 학교를 다닐 수 있는 세분된 거주단지의 중심부에 입지시키는 것이다. 이상적으로는 이러한 세분화는 한 초등학교를 지지할 수 있는 자녀들에 의거하여 행해진다.

초등학교와 인접해 있는 거주지 사이에 형성되어 있는 이러한 긴밀한 관계는 더 넓은 지역으로부터 학생을 끌어들여야 하는 대형 학교나 특성화된 학업과정을 제공하는 마그넷 학교(magnet school)[4]에는 잘

---

4) 우수한 설비와 광범위한 교육과정을 특징으로 하며, 인종 차별 없이, 또는 기존의 학군에 구애받지 않고 통학할 수 있는 규모가 큰 학교.

맞지 않는다. 이것은 또한 학교 내에 인종적 균형을 맞추기 위해 강제 버스통학이 요구되는 경우나 근린지구의 가구구성이 변할 경우에도 들어맞지 않는다. 예컨대 가까운 근린지구가 더 이상 충분한 초등학교 재학생들을 갖고 있지 않을 때, 학교는 폐교될 수도 있다. 불필요한 초등학교는 종종 장·노년 계층을 위한 시민센터나 콘도미니엄 단지가 될 수 있지만, 이 새로운 토지이용이 원래 입지에 항상 꼭 맞는 것은 아니다.

이와 비슷한 방식으로, 각 대도시권에 있어 의료시설의 입지패턴은 의원 수준에서 근린지구의 병원, 그리고 마지막으로 거의 모든 종류의 기기와 전문분야가 갖추어진 일괄 서비스를 제공하는 종합병원에 이르기까지 독특한 계층이 존재함을 말해준다. 주요 종합병원은 의사들의 집무실, 의료기기 공급자, 간호실, 외래 환자동 등에 중핵지로서 서비스한다. 이러한 집적지는 종종 예전에 병원이 있던 곳에 가까운 중심도시 입지에서 비계획적으로 출현하는데, 이곳에서는 기존의 건물과 서비스가 주요 투자인 셈이다. 미국에서 교외에 입지하는 새로운 의료캠퍼스는 의료와 관련된 활동들을 모두 갖추도록 설계되고 있다 (Urban Land Institute, 1989)

하지만 이러한 계층적인 의료모델은 영구적인 것이 아니다. 그 어떤 의료시설도 가까이 있는 여타 시설과 그 서비스를 이용하는 환자들로부터 고립하여 기능하지 않는다. 유연성이 떨어지는 입지를 가진 다목적인 설비를 유지하는 것은, 가까이 있는 환자들의 특성이 변할 때 큰 비용을 초래한다. 중심도시에 있는 근린지구가 중산층 거주자를 잃는다는 것은 그곳에 자리잡은 옛 종합병원이 이제 저소득 인구기반을 가까이 두고 있다는 것을 의미한다. 교외의 인구성장은 분산되어 있는 분원 형태의 종합병원을 지탱한다. 혁신적인 외과 및 검진 기술을 제공하는 외래환자 병동을 포함한 여타 의료시설로부터 경쟁이 발생한다. 이러한 관심사로 인하여, 교외지역과 신도시가 병원 및 커뮤니티 수준의 보건에 있어 투자가 줄어든 영국에서는 지역을 단위로 한 의료시설에 대한 평가를 행하는 경우가 종종 있다(Mohan, 1988).

## 영향

　자주 활용되어온 어떤 아이디어는 어쩔 수 없이 종종 오용(誤用)되어 왔다. 수상쩍은 목적을 위해 중심지이론을 원용한 역사는 이론을 만든 저자 자신과 함께 시작되고 있다. 즉, 크리스탈러는 나치(Nazi)가 점령한 폴란드의 취락패턴을 다시 계획하는 데 자신의 개념을 응용하려고 1940년대 초반을 베를린의 한 사무실에서 보냈다(Rossler, 1989). 중심지 개념은, 훨씬 뿌리깊은 사회적 기원을 갖고 있는 문제들을 풀기 위해 공간패턴을 재배열하는 것에 의거하여, 특히 제3세계에 지나치게 기계론적이고 단순한 방식으로 응용되어 왔다(Bromley, 1983; Gore, 1984). 아프리카와 라틴아메리카의 농촌개발에 중심지이론을 원용한 결과, 몇몇 경우에는 성과가 미미하였으며, 심지어 기존의 불균형을 해소하기보다는 오히려 더욱 더 심화시키는 역효과를 가져오기도 했다(Southall, 1988). 하지만 잘못 적용할 수 있거나 잘못 적용하였을 수도 있는 아이디어를 우리의 생각으로부터 배제시킨다는 것은 생각 전체를 포기하는 것일 수도 있으며, 과거의 몇 가지 의심스러운 에피소드 때문에 중심지이론을 방기한다는 것은 예외적일 정도로 고무적이고 통찰적인 관점을 잃어버리는 것일 수도 있다. 비록 많은 관점들은 세계를 나쁘게 변화시켜 놓은 경우도 있었지만, 세계를 더욱 더 좋게 바꿔놓을 수도 있는 것이다.

　중심지 개념은 여전히 영향력을 갖고 있는데, 이는 중심지 개념이 인간의 취락패턴에 있어 중요한 활동과 행태, 다시 말해 재화와 서비스의 제공여부를 설명해 주기 때문이다. 그 핵심적인 통찰력은 인간의 경관이 보여주는 복합성은 마구잡이식이 아니라는 것이다. 오히려 그 복합성은 부분적으로 크고 작은 장소에서 소비자와 서비스 제공자의 공간적 상호작용으로 질서를 보여주고 있다는 것이다. 또한 중심지 원리는 여전히 영향력을 행사하고 있는데, 이것은 중심지 원리가 지적으로 탄력성을 갖고 있기 때문이다. 비록 사회적 상황은 변하고ー예를 들어 개인의 기동성이 높아지고 취락의 밀도가 변하고 있다ー있지만, 이 개념은 재화와 서비스가 중심지에서 어떻게 제공되는가의 방식에 대해 여전히 유력한 설명을 제시해주고 있다.

중심지 개념은 이러한 입지 원리를 그들의 이론과 실제에 결합한 마케팅과 도시계획과 같은 관련 분야에 큰 영향을 미쳤다. 우리가 위에서 살펴보았듯이 중심지이론에 담긴 아이디어로 우리는 이러한 원리들이 가장 잘 이해되고 있는 분야ー소매업과 상업입지, 의료서비스, 학교 및 공공시설의 입지ー에서 미래의 행동을 예측할 수 있다.

중심지이론은 효율적인 공간패턴과 행태가 무엇이고 비효율적인 공간패턴과 행태가 무엇인지에 대한 우리의 인식을 제고시켜주고 있다. 확실히 소비자와 사업체의 입지결정은 공간적 독점과 서비스를 제공받지 못하는 커뮤니티, 그리고 각종 시설물의 중복 등을 야기할 수 있다. 서비스 제공자에 있어 불균형이 존재하듯이, 한 커뮤니티에 너무 많은 또는 너무 적은 의사가 있을 수 있다. 중심지이론에 의거하여 가장 잘 설명되는 활동은 전체 도시경제의 수많은 구성요소들이다. 중심지 개념은 우리의 일상적 삶의 다양한 측면들을 다루는 방식에서 끊임없이 응용되고 확장될 수 있다. 각 서비스의 혁신과 소비자의 선호변화는 중심지 개념을 지속적으로 인식하는 것이 얼마나 가치 있는가를 강조해주고 있다.

\* 본 장의 여러 부분에 대해 논평과 시사점을 제시해 준 빌 메이어(Bill Meyer)에
게 감사를 드리는 바이다.

## 참고문헌

Abbott, C. 1981, *Boosters and Businessmen: Popular Economic Thought and
Urban Growth in the Antebellum Midwest,* Westport, Ct.: Greenwood
Press.

Berry, B. J. L. 1962, *Comparative Studies of Central-place Systems,* Washington,
D.C.: Office of Naval Research, Geography Branch.

_____. 1963, *Commercial Structure and Commercial Blight,* Chicago: University
of Chicago.

_____. 1967, *Geography of Market Centers and Retail Distribution,* Englewood
Cliffs, N. J.: Prentice-Hall.

Berry, B. J. L., and W. L. Garrison. 1958, "The Functional Bases of the
Central Place Hierarchy," *Economic Geography* 34: 145-154.

Berry, B. J. L., and J. B. Parr. 1988, *Market Centers and Retail Location:
Theory and Applications,* Englewood Cliffs, N.J.: Prentice-Hall.

Blouet, B. W. 1977, H. G. "Wells and the Origin of Some Geographic
Concepts," *Area* 9:49-52

Bromley, R. 1983, "The Urban Road to Rural Development: Reflections on
US-AID's 'Urban Functions' Approach," *Environment and Planning* A
15: 429-432.

Burns, E. 1988, "Urban Planning Within the Salt River Valley," In *Metro
Arizona,* Charles Sargent(ed.), 165-166, Scottsdale, Ariz.: Biffington
Books.

Christaller, W. 1966, *Central Places in Southern Germany,* translated by C. W.
Baskin. Englewood Cliffs, N. J.: Prentice-Hall, originally published in
1933.

City of Phoenix Planning Department. 1991, *General Revised Plan for
Phoenix,* Phoenix: City Planning Department.

Collins, A. 1989, "Store Location Planning: Its Role in Marketing Strategy," *Environment and Planning* A 21:625-628.

Constandse, A. K. 1963, "Reclamation and Colonization of New Areas," *Tijdschrift voor economischen en sociale geografie* 54: 41-45.

Dawson, J. E. 1969, "Some Early Theories of Settlement Location and Size," *Journal of the Town Planning Institute* 55: 444-448.

Dunbar, G. S. 1978, *Elisee Reclus: Historian of Nature,* Hamden, Ct.: Archon Press.

Fairbairn, K. J., and B. M. Barr. 1974, "Acknowledging the Past: Richard Cantillon's Pattern of Urban Settlement Location," *Area* 6:208-210.

Fink, M. 1993, Towards a Sunbelt Urban Design Manifesto, *Journal of the American Planning Association* 59:320-333.

Freeman, T. W. 1962, *One Hundred Years of Geography,* Chicago: Aldine.

Getis, A. 1984, "A Report on the Work of Leon Lalanne," *The Professional Geographer* 14(3):27.

Gore, C. 1984, *Regions in Question: Space, Development Theory and Regional Policy,* London: Methuen.

Gould, P. 1985, *The Geographer at Work,* London; Routledge & Kegan Paul.

Graff, T. O., and D. Ashton. 1994, "Spatial Diffusion of Wal-Mart: Contagious and Reverse Hierarchical Elements," *The Professional Geographer* 46:19-29.

Guy, C. M. 1991, "Spatial Interaction Modelling in Retail Planning Practice: The Meed for Robust Statistical Methods," *Environment and Planning* B 18: 191-203.

Hamer, D. 1990, *New Towns in the New World: Images and Perceptions of the Nineteenth-century Urban Frontier,* New York: Columbia University Press.

Hamilton, C. 1986, "What Can We Learn from Los Angeles?" *Journal of the American Planning Association* 52: 500-507.

Handy, S. 1993, "A Cycle of Dependence: Automobiles, Accessibility, and the Evolution of the Transportation and Retail Hierarchies," *Berkeley Planning Journal* 8:21-43.

Hudson, J. C. 1985, *Plains County Towns,* Minneapolis: University of Minnesota Press.

Huff, D. 1963, "A Probabilistic Analysis of Shopping Center Trade Areas,"

*Land Economics* 39:81-90.

Jefferson, M. 1939, "The Law of the Primate City," *Geographical Review* 29: 220-226.

Kellerman, A. 1979, "Location Theory Anticipated," *Area* 11:347-348.

Lepetit, B. 1988, *Les villes dans la France moderne (1740-1840)*, Paris: Albin Michel.

Los Angeles Times. 1991, "Retail Exodus Shortchanges Consumers," *Los Angeles Times*, A1 and A38-A39, November 24.

Loesch, A. 1954, *The Economics of Location*, translated by W. J. Woglom and W. F. Stolper, New Haven: Yale University Press, Originally published 1939, reprinted by Wiley, New York, 1967.

Mohan, J. 1988, "Restructuring, Privatization and the geography of Health Care Provision in England, 1983-1987," *Transactions of the Institute of British Geographers*, new series 13:449-465.

Morrill, R. L. 1988, "The Structure of Shopping in a Metropolis," *Urban Geography* 8: 97-128.

Page, B., and R. Walker. 1991, "From Settlement to Fordism: The Agro-industrial Revolution in the American Midwest," *Economic Geography* 67: 281-315.

Popper, D. E., and F. J. Popper. 1987, "The Great Plains: From Dust to Dust," *Planning* 53(12): 12-18.

Robic, M.-C. 1982, "Cent ans avant Christaller, une theorie des lieux centraux," *Espace Geographique* 11:5-12.

Rondinelli, D., and K. Ruddle. 1978, *Urbanization and Regional Development: A Spatial Policy for Equitable Growth*, New York: Praeger.

Rossler, M. 1989, "Applied Geography and Area Research in Nazi Society: Central Place Theory and Planning," 1933-1945, *Environment & Planning* D 7:419-431.

Rushton, G. 1988, "Location Theory, Location-allocation Models, and Service Development Planning in the Third World," *Economic Geography* 64: 97-120.

Southall, A. 1988, "Small Urban Centers in Rural Development," *African Studies Review* 31(3):1-15.

Takes, C. A. P., and A. J. Venstra. 1960, "Zuyder Zee Reclamation Sheme," *Tijdschrift voor economische en sociale geograpie* 51: 162-167.

Ullman, E. L. 1941, "A Theory of Location for Cities," *American Journal of Sociology* 45: 853-864.

Urban Land Institute. 1989, *Development Trends 1989,* special issue, Washington, D.C.: Urban Land Institute.

Weiss, M. 1988, *The Clustering of America,* New York: Harper & Row.

# 9
# 메갈로폴리스 : 미래는 지금부터다

패트리시아 고버

미국 위스콘신주 케노샤(Kenosha)는 밀워키와 시카고 사이 미시간호 서안에 자리잡고 있는 마을이다. 30년 전 케노샤는 인구 약 65,000명의 번잡한 산업도시였다. 찰리 크로우(Charlie Crows) 부부와 알 페드마이어(Al Fedemeiers) 부부는 그 도시에 소재한 자동차 공장과 금속가공 공장에서 근무하였다. 주민들이 대체로 도시 내에서 일하고 재화와 서비스를 구입하며, 여가활동을 즐긴다는 점에서 케노샤는 자족도시라고 할 수 있었다. 그런데 오늘날 이 도시는 피츠버그에서 밀워키까지 뻗어 있는 거대한 중서부 메갈로폴리스(megalopolis)에 둘러싸여 있다. 현재 이 도시의 경제 기반은 전통적인 국지적 공업생산능력을 반영하기보다는 오히려 앞서 언급한 광활한 도시권 네트워크의 주변지역에 위치하고 있음을 반영하고 있다. 찰리 크로우와 알 페드마이어의 자녀들은 이제 데어리랜드 그레이하운드(Dairyland Grey- hound) 공원의 개경주(dog racing) 시설과 I-94고속도로상에 있는 탠지어 아울렛 몰(Tangier Outlet Mall)이라는 도시 내 주요 관광명소에서 일하고 있다.

아울러 케노샤로 꾸준히 유입하고 있는 시카고로의 통근 인구를 대상
으로 하는 건설업과 기타 서비스업에도 종사하고 있다. 과거 상대적으
로 독립적이던 성격과는 대조적으로, 케노샤와 그 주민들은 현재 거대
한 도시네트워크에 밀접히 연계되어 있다. 즉, 메갈로폴리스가 케노샤
에 다가온 것이다.

　메갈로폴리스라는 아이디어는 1960년경 프랑스 지리학자 장 고뜨
망(Jean Gottmann)이 널리 퍼뜨림으로써 의해 대중화되었다. 이 용어
는 두 가지 방식으로 사용될 수 있다. 즉, 고뜨망이 원래 연구를 수행
한 사례지역 - 도시화된 미국 북동부 - 을 일컫는 명칭으로 활용할 수
도 있으며, 또한 여러 개의 대도시권이 지속적인 도시발전 네트워크로
융합된 것을 가리키는 일반적인 용어로서도 이용될 수 있다. 메갈로폴
리스는 크게 확장된 규모의 도시생활, 새로운 형태의 공간조직, 경제
행위 양식의 변화, 그리고 도시경제생활의 자원인 정보의 도래를 상징
적으로 나타냈다. 고뜨망은 메갈로폴리스가 인간 정주취락의 역사에
있어 전환점을 나타낸다고 주장했다.

　이 장에서는 메갈로폴리스가 왜 그리고 어떻게 그렇게 중요한 아이
디어가 되었는지, 그리고 어떻게 이 아이디어가 미국 도시의 중대한
지리적, 경제적, 정치적, 사회적 변화를 설명하기 위해 활용되었는지를
고찰하고자 한다. 아울러 메갈로폴리스라는 아이디어가 지리학에 어
떠한 영향을 미쳤는지, 그것이 어떻게 대중에게 익숙한 어휘를 모아놓
은 목록에 오르게 되었는지, 그리고 전세계적으로 도시화의 미래에 대
해 무엇을 말하고 있는지 살펴보고자 한다.

## 'Megalopolis'에서 'megalopolis'까지

하나의 도시회랑지대(都市回廊地帶, urban corridor)가 보스턴, 뉴욕, 필라델피아, 볼티모어, 그리고 워싱턴시를 포괄하면서 미국 북동부를 따라 나타나고 있다고 인식되어 왔다. 저널리스트들은 이것을 '보스와시'(Boswash)라고 불렀다. 1950년대 고뜨망은 프린스턴 대학 고등연구소(the Institute for Advanced Studies)와 함께 연구를 진행하면서, 위의 도시회랑지대에 대해 심도 깊은 연구를 수행하여 『메갈로폴리스: 미국 북동부 도시지역』(Megalopolis: The Urbanized Northeastern Seaboard of the United States)이라는 책을 집필하였다. 이 책에서 고뜨망은 연쇄적으로 결합되어 있는 인접 도시들은 시간이 흘러감에 따라 융합할 것이라고 결론을 내렸다. 고뜨망이 파악한 것은 다른 사람들이 전혀 파악하지 못한 것으로서, 미래의 도시발전의 원형으로서 기능할 수 있는, 새로운 형태의 도시조직이었다. 그는 그러한 도시조직이 새로운 종류의 도시구조로서의 지위를 갖고 있으며 역사적으로도 깊은 뿌리를 갖고 있다는 점을 표현하기 위해, 그러한 도시조직을 거대도시를 의미하는 그리스어를 활용하여 '메갈로폴리스'(Megalopolis)라고 지칭하였다(Gottmann, 1961).

메갈로폴리스는 도시생활규모가 단일 대도시로부터 인구, 재화, 정보의 이동으로 상호 결합되어 성장하는 대도시권 네트워크로 변하고 있음을 나타냈다. 보스턴, 뉴욕, 필라델피아, 볼티모어, 워싱턴시와 이 도시들의 교외지역은 더 이상 자족적인 도시체계가 아니었고, 그 대신 남북으로 600마일에 이르는 거대한 도시영역(都市領域, urabn realm)의 한 부분이었다(그림 9.1). 중심도시, 교외지역, 그리고 주변의 농촌지역을 갖춘 단일 대도시는 보다 다핵 중심적이고 표현하기가 애매한 도시공간조직에 그 자리를 내어주고 있었다. 고뜨망은 일부 도시들이 이전의 중심성을 잃어가고 있으며, 중심지와 전통적으로 관련된 크기와 기

그림 **9.1** 1961년 장 고뜨망이 정의한 메갈로폴리스.
출처: Swatridge(1971: 4)에서 재인용.

능 모두를 갖추고 있지 않은 교외 지역 또는 위성도시로 전락하고 있음을 인지하였다. 도심 활동은 도시 중심에서 벗어나 주변으로 이전하고 있었다. 농촌적 토지이용과 도시적 토지이용이 결합됨에 따라, 도시생활은 보다 농촌적인 것처럼 보이게 되었고 농촌생활도 더욱 더 도시적인 것으로 보이게 되었다.

그러나 메갈로폴리스는 도시생활의 규모와 척도의 단순 증가 이상

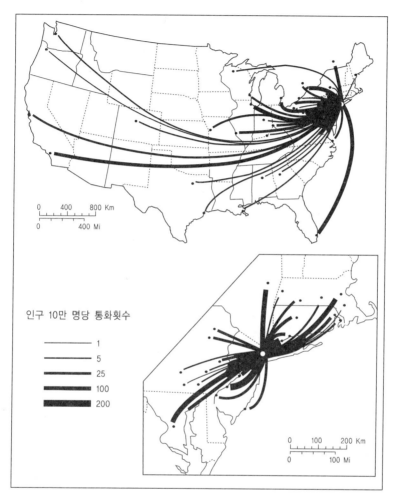

그림 **9.2** 1958년 뉴욕과 몇몇 도시들 간의 인구 10만 명당 1일 평균 통화횟수.
출처: Gottmann(1961: 590)

의 것이며, 도시형태 변화 이상의 것이었다. 그것은 도시생활의 토대
인 상호작용의 정도가 증가함을 표현한 것이다. 경제적 전문화와 분업
의 발전은 효율적인 교통과 통신을 요구한다. 고뜨망은 고속도로교통,
항공교통, 인구이동, 신문의 배포, 전화통화 등 모든 종류의 활동과 이

동의 특징적인 밀도를 파악하였다(그림 9.2).

메갈로폴리스의 세번째 특징은 자체의 전국적인 규모의 배후지를 외부세계와 연결시키는 '경제적 중심점'(hinge)으로서 역할을 수행하는 것이었다. 역사적으로 도시는 자체적으로 포괄하고 있던 영향권에 보다 많은 영역을 포섭시킴으로써 자체의 영향력을 증대시키려고 했다. 예를 들어 19세기 초 뉴욕은 이리 운하의 건설을 통해, 교역거점으로서 갖고 있던 위상을 크게 제고하였다. 1825년에 이리 운하가 개통되기 전에는, 미국 동부해안과 내륙을 연결하기 위해 많은 비용이 소요되었고, 매우 복잡한 수상교통로(오하이오강을 따라 미시시피까지, 다시 뉴올리언즈까지, 그리고 마지막으로 해상선박을 통해 미국 동부해안의 항구에 이르는 교통로)를 거쳐야만 했다. 이러한 수송로에는 엄청난 비용이 소요되었으므로 부피가 크고 무게가 나가는 생산물의 장거리 운송은 수지가 맞을 수가 없었다. 그에 따라 오하이오주의 농민들은 그들의 곡물을 위스키로 증류시켜 생산물의 무게를 줄였고, 동시에 비싼 운송료를 지불할 수 있을 정도로 생산물의 가치를 높였다.

1820년 이전에는 뉴욕, 보스턴, 볼티모어, 그리고 필라델피아와 같은 미국 동부 도시들은 어떤 도시가 미국 내륙에서 가장 넓은 부분을 자체의 시장권역으로 통합시킬 수 있고, 그럼으로써 자체의 위상을 경제적 중심점으로 높일 수 있는가를 둘러싸고 치열한 경쟁을 벌였다. 1818년 내셔널로드(National Road)의 개통으로 볼티모어가 애팔래치아 산맥이라는 장벽을 처음으로 헤쳐나가기는 했지만, 이리 운하의 개통을 통해 뉴욕은 처음으로 내륙과 비용적 측면에서 효율적인 연계를 달성했다고 보아야 한다. 이리 운하는 허드슨강의 트로이(Troy)에서 이리호의 버팔로까지 이르는 364마일의 인공수로와 허드슨강을 경유해서 뉴욕시와 오대호(Great Lakes)를 연결하는 수상연계 통로를 만들어냈다(그림 9.3). 이리 운하를 이용할 경우 운송비는 1톤의 화물을 1마일 운

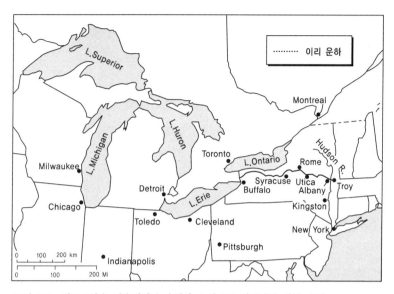

그림 9.3 허드슨강을 경유해서 뉴욕시와 오대호를 연결시킨 이리 운하.

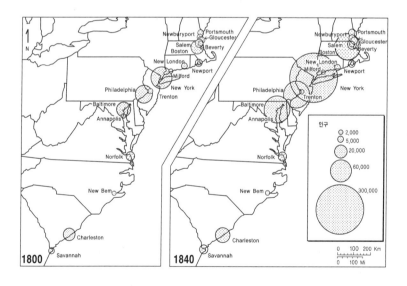

그림 9.4 1800년과 1840년의 미국 동부해안의 주요 도시의 인구. 출처: Pred(1966: 188)에서 인용.

송할 때마다 1센트밖에 소요되지 않은 반면, 내셔널로드를 이용할 경우에는 운송비로 13센트나 지출되었다(Bigham and Roberts, 1962). 이리 운하가 장거리수송 비용을 크게 감소시킴으로써, 뉴욕은 오대호 주변 중서부 지역을 자체의 배후지로 편입시킬 수 있었고, 더 나아가 철로가 개설된 이후에는 대평원의 일부 지역까지도 포괄하게 되었다. 1840년 뉴욕의 인구는 급증했고, 아울러 뉴욕시는 미국 전체의 경제경관에 대한 지배권을 확보하게 되었다(그림 9.4).

고뜨망의 경제적 중심점 개념은 도시경제 성장의 전통적인 배후지 개념을 연장한 것이었다. 메갈로폴리스(Megalopolis, 'Boswash')는 그것의 전국 규모의 배후지의 크기와 부(富)로 말미암아 크게 번성하였다. 물론 메갈로폴리스는 배후지를 외부 세계와 연결시킬 수 있는 능력에 의해서도 크게 번창하였다. 메갈로폴리스는 국제 금융중심지, 다국적 기업의 본사, 그리고 선진적인 서비스의 주요 수출거점이라는 지위로부터 권력과 지배권을 확보하였다. 이러한 외부 관계의 가치는 세계경제의 출현으로 오늘날 우리에게 매우 분명하게 드러나고 있다. 그러나 고뜨망이 처음으로 메갈로폴리스를 기술하던 1950년대 말에는 그 아이디어가 훨씬 덜 명백한 것으로, 그리고 보다 혁신적인 것으로 나타났다.

메갈로폴리스는 국제적 집산지(集散地, entrepôt)로서의 역할이 커짐과 비례해서, 도시 고용패턴에 중대한 변화를 초래하게 되었다. 재화를 생산하고 취급하는 데 종사하는 사람들의 수는 점점 줄어드는 반면, 서비스 종사자수는 점점 더 늘어나고 있었다. 공장에서 오피스로, 블루칼라 직업에서 화이트칼라 직업으로 진행되는 이러한 변화를 사람들은 '화이트칼라의 혁명'(White Collar Revolution)이라 불렀다. 이러한 혁명으로 '4차 산업활동'(quaternary activities)이라고 일컫는 새로운 군집의 경제활동이 창출되었다. 이러한 고도의 전문적 서비스업은 정보분석, 연구, 의사결정과 관련되며, 경영관리, 금융, 보험, 기업홍보, 마케팅, 교육, 정부, 과학적 연구, 그리고 공연예술을 포함한다.

메갈로폴리스는 4차 산업활동의 전개로 인해, 아이디어가 교환되는 장소, 즉 '거래공간'(transactional space)이 되었다. 재화의 생산과 유통보다는 오히려 정보의 생산과 유통이 강조되었다. 정보통신의 발전으로 취락의 분산이 이루어질 것이라고 예상되었다. 실제로 오늘날 정보통신의 발달로 인하여 사람들은 복잡하고 밀집되어 있는 도시에 거주하지 않고서도 직업적, 개인적 제반 욕구를 충족시킬 수 있게 되었다. 개인은 분산되어 있는 거주지로부터 도시의 다른 지역들과 정보를 교환할 수 있으며, 더욱이 세계적으로도 정보를 교환할 수 있게 되었다. 시·공간이 붕괴됨에 따라, 도시생활의 토대인 물리적 근접의 필요성이 줄어들 것이다.

고뜨망은 1983년도 논문에서 정보통신 기술의 발전이 반드시 도시의 쇠퇴를 의미하는 것은 아니라고 주장하였다. 도시의 쇠퇴 여부는 사람들이 정보통신 기술을 어떻게 이용하기로 결정하느냐에 달려 있다는 것이다. 텔레비전을 통해 거의 모든 종류의 오락 프로그램을 집에서 볼 수 있게 되었지만, 사람들은 여전히 콘서트와 스포츠경기, 극장, 영화관에 가고자 한다. 홈쇼핑 네트워크와 통신판매 카탈로그는 구매장소와 공공장소인 도심과 쇼핑몰의 지위를 아직도 무너뜨리지 못하고 있다. 전화를 활용한 회의와 비디오폰도 비즈니스맨들의 대면접촉 필요성을 제거하지 못하고 있다. 고뜨망은 고립과 분산이 거래사회(去來社會, transactional society)의 필연적인 결과는 아니라고 주장하였다. 실제로 거래활동과 정보통신 기술은 더 많은 대면접촉과 정보교류를 조장하며, 오히려 집적의 증가를 초래하여 보다 큰 대도시를 만들어내고 있다. 직접적인 접촉에 의존하지 않는 활동, 예를 들어 일상적이고 틀에 박힌 제조 활동, 도매 활동 등이 주변지역으로 밀려난다.

그 대신 중심부에서는 거래활동이 들어서게 된다.

고뜨망은 현대 도시발전의 기저에 있는 추동력을 강조하면서 메갈로폴리스를 꼼꼼히 기술함으로써 다음의 문제를 제시했다. 또 다른 메갈로폴리스(megalopolis)가 있었는가? 다핵 중심적이고 분산적인 형태를 갖추고 있고, 강도 높은 내적 결속력, 세계경제와의 중요성 높은 연계, 그리고 고차서비스로의 전문화도 나타나고 있는, 비슷한 크기의 또 다른 메갈로폴리스가 존재하는가? 확실한 것은 지리학자 등이 전세계적으로 메갈로폴리스를 보기 시작했다는 것이다(Isomura, 1969; Hall, 1971; Doxiadis, 1974; Gottmann 1976; Leman and Leman, 1976).

미국 동부의 메갈로폴리스에 가장 근접하게 대응되는 것이 일본의 도카이도(Tokaido) 지역이었다. 이 지역은 도쿄에서 오사카까지 태평양의 연안을 따라 500마일 이상 뻗어 있는 광역 대도시권 내지 연담도시(conurbation)라고 할 수 있다. 메갈로폴리스라는 단어는 일본의 가타가나로 음역되어 메가로포리수(megaroporisu)라는 단어로 변형되었다. 1967년 일본의 두 지리학자인 이시미즈 테루오(Ishimizu Teruo)와 기우치 신조(Kiuchi Shinzo)는 고뜨망의『메갈로폴리스』를 간략하게 번역하여 출간하였다. 그로부터 2년 후 도시사회학자 이소무라 에이치(Isomura Eiichi)는 도카이도 메가로포리수를 상세히 기술하였다. 건축가 단게 겐조(Tange Kenzo)는 도카이도 메가로포리수가 미국의 메갈로폴리스와 마찬가지로 독립된 대도시권들의 연쇄 결합일 뿐만 아니라, '상호 연관성'으로 결합된 단일 도시영역이기도 하다고 주장하였다(Hanes, 1993). 이러한 상호 연관성의 가장 가시적인 상징이 바로 신칸센(Shinkansen)이라는 '탄환열차'였다. 1964년 도쿄 올림픽을 대비해서 완공된 탄환열차는 도쿄에서 오사카까지 놀라운 속도로 – 소요시간이 8시간에서 3시간으로 줄어들었음 – 승객을 수송하였다. 탄환열차는 도카이도 지역이 메갈로폴리스로서의 지위와 세계 제일의 도시지역 가운데 하나라는 지위를 갖고 있음을 여실히 보여주었다.

1976년 고뜨망은 또 다른 네 개의 메갈로폴리스를 확인하였고, 아울러 메갈로폴리스로서 성장 잠재력을 갖춘 세 개의 지역을 찾아내었다. 앞의 네 지역에는 퀘벡에서 밀워키에 이르는 오대호지역, 잉글랜드의 남북축의 도시회랑지대, 암스테르담에서 루르에 이르는 북서부 유럽, 그리고 상하이를 중심으로 하는 도시군이 포함되었다. 그리고 후자의 세 도시지역, 즉 각각 메갈로폴리스의 지위에 오를 수 있을 만큼 급속도로 결합되고 있는 세 지역은 브라질의 리우데자네이루-상파울루 지역, 밀라노와 토리노, 그리고 제노바를 중심으로 하는 남부유럽지역, 그리고 샌프란시스코에서 샌디에고에 이르는 캘리포니아 해안지역을 포괄하는 것이었다(Gottmann, 1976). 고뜨망이 미국 동부의 메갈로폴리스를 처음으로 기술한 지 15년이 흐른 뒤 메갈로폴리스라는 용어는 일반적인 현상을 표현하게 되었고, 지역에 부여하는 별명과 같은 것이 되었다.

## 지적 맥락

메갈로폴리스라는 아이디어는 그 당시 도시이론가들이 갖고 있던 강력한 반(反)교외적 편견에 대항하게 되었고, 오랫동안 내려온 지리학의 여러 전통에도 도전하게 되었다. 고뜨망의 『메갈로폴리스』는 1961년에 출판된, 도시와 미국사회를 다룬 네 권의 중요한 저서들 중 하나였다. 나머지 세 권의 책은 루이스 멈포드(Louis Mumford)의 『역사 속의 도시』(City in History, 1961)와 제인 제이콥스(Jane Jacobs)의 『위대한 미국 도시의 죽음과 삶』(The Death and Life of Great American Cities, 1961), 그리고 다니엘 부어스틴(Daniel Boorstin)의 『이미지』(The Image,

1961)였다. 메갈로폴리스의 주요 특징 가운데 하나는 교외로의 팽창 (sprawl)을 일으키면서 광활한 농촌지역을 자체의 영향권에 편입시킬 수 있는 능력이었다. 부어스틴, 멈포드, 그리고 제이콥스는 교외생활에 대해 깊이가 없고, 파생적이며, 인공적이라며 부정적인 견해를 피력하였다. 그들은 도시기능이 일정 수준의 인구밀도와 다양한 활동을 요구하지만, 이러한 것들이 메갈로폴리스의 특징을 이루는 저밀도의 동질적인 교외개발로 인해 희박해지고 있다고 주장했다. 부어스틴, 멈포드, 제이콥스에게는 메갈로폴리스와 관련된 교외로의 확산이 도시생활의 정수-활기차고 창의적인 지역사회를 뒷받침하는 데 필요한 높은 인구밀도-에 적대적인 것으로 보였다.

이상의 저자들 중 유일하게 고뜨망만이 메갈로폴리스의 긍정적인 측면을 강조하였다. 그에 따르면, 메갈로폴리스의 크기와 복잡성 때문에 사람들이 서로 정보를 전달할 필요성이 커졌고, 사회적 교류의 기회가 더 많이 발생하게 되었다는 것이다. 아울러 교외로의 팽창을 통해 산업도시의 질식할 정도의 번잡함도 완화되었다는 점을 강조하였다. 고뜨망이 메갈로폴리스에 대해 갖고 있던 미래상은 일반적인 사람들, 다시 말해 멈포드와 제이콥스처럼 과밀하고 무질서한 도시적 집중에 매혹되지 않았던 사람들의 열망과 행태에 보다 일치하는 것이었다. 제2차세계대전 후, 참전 군인들과 그 가족들은 적절한 가격대의 신축 단독주택을 구입할 수 있었던, 레빗타운(Levittown)과 같은 교외지역에 집중적으로 이주하였다. 고뜨망의 관점에서는 메갈로폴리스가 결코 도시문명의 파멸에 대한 신호가 아니라 경제적, 기술적 성취의 더할 나위 없는 상징으로 찬미되어야 하는 것이었다. 메갈로폴리스가 '엄청난 노력으로 세운 거대한 기념비'(Gottman, 1961: 23)이며, '미국 전역과 그 이상의 지역의 성공했거나 또는 모험을 좋아하는 사람들에게는 매력적인 것'(Gottman, 1961: 15)이라고 화려한 수사를 통해 묘사한 것은, 그 당시 비관적인 도시주의자들이 직설적으로 조롱했던 현상을 정말로 긍정적으로 보았기 때문이다.

미국 지리학 내에서 고뜨망의 저서 『메갈로폴리스』는 도시문제에 대해 지대한 관심을 불러일으켰다. 당시 미국 지리학은 농촌경관과 지역지(地域誌, regional inventory)에 전통적으로 초점을 맞춰왔던 것으로부터 빠르게 벗어나지는 못하고 있었다. 돌이켜보건대, 그러한 미국 지리학의 움직임은 미국의 전국 인구가 엄청나게 빠른 속도로 도시화되고 있었다는 사실을 고려한다면 이해하기가 쉽지 않다. 도시지역에 거주하는 미국인구의 비율은 1900년 30%이었다가 『메갈로폴리스』가 출간되기 직전인 1960년에는 70%로 증가했다(U.S. Bureau of the Census, 1975). 그후 도시인구의 비율은 비록 그 증가속도가 다소 둔화되기는 했지만, 계속해서 증가하여 1990년에는 75%로 상승하였다(U.S. Bureau of the Census, 1992).

미국 전체의 경제적 경관과 정주체계가 이렇게 광범위하게 변화하고 있는 와중에도 20세기 중반 미국 지리학계의 지배적인 세 가지 패러다임 때문에 도시연구가 등한시되었거나 극도로 협소한 연구주제들에 한정해서 이루어졌다. 이상의 세 가지 전통적인 패러다임 가운데 두 가지는 인간과 자연환경 간의 관계에 초점을 맞추었다. 세 가지 전통적 연구 중 첫번째는 칼 사우어(Carl Sauer)와 이른바 버클리 문화지리학파의 연구였다. 이들은 농촌지역과 전근대적인 문화에 크게 편향된 채, 인간에 의한 경관의 이용과 변형을 이해하고자 했다. 사우어의 관심사들 중 하나가 농작물 재배와 동물의 가축화가 이루어진 중심지와 새로운 농업기술이 전파되는 경로를 파악하는 것으로서 농업의 역사와 확산이었다(Solot, 1986). 인류학과 지리학 간의 연계를 형성하려는 사우어의 경향으로 인해, 그리고 그가 현대적인 현상과 반대되는 것으로서 역사적 현상을 강조했기 때문에, 도시문제나 도시에 대한 관심이 미국 지리학계 내에는 거의 존재하지 않았다(Marston et al., 1989).

두번째는 그 연구주제가 오랫동안 지속되어온 시카고 대학의 인간과 환경 간의 상호작용에 대한 관심사에서 나왔다. 이 주제는 인간의 적응-인간이 위험지역의 환경에 적응해서 살아가는 방식-에 관한 아이디어를 강조했다. 초기의 저작들은 인간이 어떻게 그리고 왜 홍수가 잦은 범람원에 정착했는가와 인간이 어떻게 홍수에 적응했는가에 초점을 맞추었다. 이러한 연구작업은 홍수 이외의 자연적, 기술적 재난에 관한 연구에 발판을 마련하였고, 범람원과 기타 위험지역 관리를 위해 미국 정부의 공공정책을 수립하는 데에도 일조했다. 이러한 흐름의 연구는, 메갈로폴리스 내에서 이루어지는 개발로 인해 메갈로폴리스가 자연적 위험에 쉽게 영향을 받을 수 있음에도 불구하고 명확하게 도시 지향적이지 않았다. 그리고 본래 연구해야 하는 지리적 실체로서가 아니라 단지 잠재적인 위험지역으로만 도시를 생각하였을 뿐이었다.

1950년대의 세번째 전통적 연구인 지역지리학은 지리학의 종합적인 성격을 강조하여 특정 지역의 기후, 지형·지세, 생물지리, 농업, 산업, 인구를 종합한 일련의 지지를 만들어냈다. 정주체계-도시의 입지와 규모, 성장, 기능, 그리고 배후지와의 관계-는 지지의 일부분이었지만, 도시는 지역지리학의 연구초점이 아니었다.

메갈로폴리스에 대한 열망이 미국 지리학계의 편협한 사고방식 밖에 있었던 사람으로부터, 즉 북아메리카의 지리를 새롭게 바라보면서 무한한 것처럼 보이는 도시화의 힘에 압도당한 사람으로부터 나왔다는 것은 어쩌면 당연한 일인지도 모른다. 물론『메갈로폴리스』가 어떤 점에서는 미국 북동부에 대한 지지라고 할 수 있다. 하지만 사실 그 이상의 것이라고 보아야 한다. 왜냐하면, 저자 고뜨망이 도시성장 과정에 초점을 맞추었기 때문이며, 아울러 전례 없는 집중을 창출하고 지속시킨 인구, 경제활동, 정치권력, 문화적 영향력의 원동력에도 초점을 맞추었기 때문이다. 고뜨망의 도시에 대한 관심 집중은, 도시에 대한 젊은 지리학자들의 관심을 불러일으켰고, 1950, 60년대의 획기적인 아이디어와 함께 당시 지리학의 하부분야로서 싹트고 있던 도시지리학의 성장에 토대를 마련해 주었다. 그에 따라 1984년에는 도시지리학 전문연구그룹(Urban Geography Specialty Group)이 미국 지리학회(AAG)에서 가장 규모가 큰 연구그룹으로 성장하였다.

『메갈로폴리스』가 출간된 시기는 지리학 내에서 지역의 종합과 분석으로부터 공간조직으로 강조점이 변하던 시기와 일치하였다. 1960년대와 1970년대 초에는 다른 사회과학과 마찬가지로, 지리학에서도 '계량 및 과학혁명'(quantitative-scientific revolution)이 거세게 일어나고 있었다. 그 결과, 지지연구와 각 지역의 개성 파악에서 공간분석과 지역들이 공유하는 일반성으로 지리학의 관심사가 이동하였다. 메갈로폴리스는 이러한 학문적 전환의 과도기적인 아이디어였다. 그것의 지적 근원은 미국 북동부 도시지역에 대한 상세한 지역적 기술에 있었지만, 메갈로폴리스라는 아이디어의 중심에는 강력한 공간적 의미가 자리잡고 있었다. 고뜨망은 토지이용, 도시밀도, 교통과 통신의 공간적 패턴에 관심을 기울였고, 메갈로폴리스의 상업·제조업 구조의 공간적 재조직화, 그리고 집중과 탈집중이라는 공간적 프로세스에도 관심을 기울였다. 메갈로폴리스는 보다 보편적인 도시화의 법칙을 확립하는 토대를 제공하였다고 할 수 있다.

메갈로폴리스는 이 책 제7장에서 에드워드 테이프(Edward Taaffe)가 서술하고 있는 경제지리학의 기능지역에 대한 아이디어와 밀접히 결부되어 있었다. 메갈로폴리스 내 지역들간의 연관성과 상호의존성은 통근·통학의 밀도, 도시간 전화통화 회수, 도시간 승객과 재화의 이동,

그리고 거래도시라는 총체적 개념으로 표현되며, 이것들은 거의 틀림 없이 메갈로폴리스의 가장 뚜렷하고 혁신적인 특징들이라고 할 수 있었다. 도시들이 물리적으로 함께 성장한다는 것은 전문적이지 않은 일반적인 관찰자들에게도 명백한 것이었다. 그러나 도시가 인구, 재화, 그리고 정보의 이동이라는 관점에서 함께 성장하고 있다는 것은 보다 추상적이고 복잡한 아이디어라 할 수 있었다.

## 메갈로폴리스는 왜 그렇게 영향력이 있었는가?

메갈로폴리스는 주목을 끄는 아이디어였다. 왜냐하면 그 당시 세계에서 정말로 일어나고 있는 것이 무엇인지를 설명하는 데 도움을 주었기 때문이었다. 이 아이디어는 지리학자들이 인구분포와 정주체계의 변화를 설명하기 위한 분석의 틀을 제공해주었다. 그리고 관련 학문분야에 계획되고 조절될 필요가 있었던 인간의 정주취락의 미래상을 제시해주었다. 가장 중요한 것은 메갈로폴리스를 거기에 거주하는 주민들의 일상생활을 통하여 용이하게 표현할 수 있다는 것이다. 많은 사람들은 자신들의 생활패턴의 규모가 확장되어왔고 자신들이 살고 있는 도시 중심(重心, the center of gravity)이 변화해왔다는 것을 잠재 의식적으로는 알고 있었다. 그러나 『메갈로폴리스』가 출판되었을 때까지는 아무도 '전체적인 큰 그림'을 명료하게 표현하지 못하였다. 고뜨망의 『메갈로폴리스』와 그것이 갖고 있는 아이디어에 대해 대중언론에서도 널리 평가를 했으며, 곧 메갈로폴리스는 미국사회의 언어와 사고에 편입되었다.

메갈로폴리스의 대중적이고 저널리즘적인 개념이 함께 성장하는 도시들과 도시생활규모의 팽창에 고착했다고 하더라도, 메갈로폴리스

경제의 핵심적인 특징은 학문적 의미에서 보다 더 큰 영향력을 미쳤다. 『메갈로폴리스』는 제조업에서 서비스로의 이행, 도시성장의 기반으로서 4차 산업활동의 출현, 그리고 지역경제체제에서 세계경제체제로의 방향전환을 포함하여 도시화 과정의 근본적인 변화에 관심을 집중시켰다. 이러한 변화에 대한 인식은 생산자서비스, 기업본사, 오피스 입지, 그리고 거래도시에 관한 연구와 함께 도시·경제지리학에 관심을 증폭시켰다.

메갈로폴리스의 개념은 관련 학문분야에 큰 영향을 미쳤다. 계획분야에서 메갈로폴리스라는 개념은 도시 수준의 계획으로부터 더 광범위한 지역 수준의 계획으로 분석의 스케일에 있어 일대 전환을 가져왔다. 경제학자 로클린 커리(Lauchlin Cuurie)의 1976년도 저서에서는 대도시의 기본적인 설계가 여전히 중심의 대광장, 또는 마을녹지, 또는 네모난 광장을 중심으로 하는 소규모 마을 형태에 기초하고 있는데, 이것은 도시의 크기가 커지면 점차 시대에 뒤떨어지게 되는 설계라고 강조하였다. 도시화의 강화가 불가피하고 바람직하다는 점을 인식하면서, 커리는 규모가 증대된 경제를 보호하고, 많은 면적의 도시공간이 교통에 활용될 필요성을 줄이며, 동시에 인구밀집지역 부근 오픈스페이스(open space)도 보존하고, 빈부격차를 줄일 수 있는 바람직한 도시형태를 정의하려고 했다. 그의 해법은 '도시 내 도시'(cities within cities)였다. 여기서 광역 대도시권은 진정한 도시라 할 수 있는, 밀집되어 있고 걸어서 통행이 가능한 충분한 크기의 계획 공동체들로 구성된다. 그리고 대도시체계 내에서 이러한 계획공동체 각각은 전형적인 영국의 신도시(New Town)나 또는 미국의 계획된 커뮤니티(planned community)보다 더 많은 수의 주민, 즉 400,000~500,000명을 수용하기로 되어 있었다.

메갈로폴리스가 계획분야에 미친 영향력은 일본에서 가장 큰 것으

로 나타났다. 일본에서는 고뜨망의 낙관적인 전망을 받아들여 일본의
경제적, 기술적 성공의 상징으로서 메가로포리수(megaroporisu)를 이상
적으로 생각하는 경향이 있었다. 1965년 단게 겐조는 그의 저서 『일
본 열도의 미래상』(Image of the Future of the Japanese Archipelago)에서 일
본의 미래를 위한 청사진을 제시했다. 그는 도카이도 지역(Tokaido
Belt)에서 나타난 전후의 엄청난 인구성장과 정치, 경제 권력의 집중을
인지하면서도 자족적인 대도시권이라는 시대착오적인 개념에 집착하
는 것에 대해 비판을 가했다. 메갈로폴리스적 규모로 살아가는 사람들
의 교통과 통신의 욕구를 충족시키는 것이 일본 도시계획의 의무가 되
었다. 이러한 의무를 이행함에 있어서 하부구조가 사회적, 환경적 목
표에 우선하였다(Hanes, 1993).

　미국 동부 메갈로폴리스의 녹지공간에 대해 고뜨망이 주의를 기울
이고 그러한 녹지공간의 관리에 내재하는 문제점들을 명확하게 표현
함으로써, 조경가의 관심도 끌어들였다. 고뜨망은 1950년대 미국 동부
메갈로폴리스에서는 녹지경관이 우세했다는 점을 인식했다. 사실 이
지역 면적의 거의 50%가 수목으로 덮여 있었다. 이 수치는 당해 지역
이 메갈로폴리스로 발전되기 이전에 비해 식생 피복의 면적이 크게 늘
어났음을 보여주는 것이었다. 역설적이게도 도시의 팽창은 녹지공간
의 재생(reforestation)과 관련이 있는 것으로 나타났다. 이전에 경작된
토지가 방기되어 수목이 우거진 자연상태로 되돌아가는 것이 신규 토
지가 도시용도로 전용되는 것보다 더 빠른 속도로 이루어지고 있었다.
조경가가 다루어야 하는 문제는 지역의 삼림지대를 구성하는 최선의
방법과 메갈로폴리스 주민들의 생리학적, 심리학적 욕구를 충족시키
는 최선의 자연형태를 확인하는 것이었다. 1968년 뉴욕 식물원이 개
최한 한 심포지엄 기조연설에서 고뜨망은 주민들이 인구밀도가 1평방
마일당 수천 명인 주거지역에서 거주하고, 인구밀도가 1평방 마일당

십만 명 이상인 업무지역에서 근무하는 메갈로폴리스에서는 자연의 중요성이 확대된다는 점을 강조하였다. 메갈로폴리스는 "도시적인 것이 농촌적인 것에 반대되지 않고 완전하게 새로운 형태로 엮어져 있는 광범위한 체계의 필수적인 부분으로서 도시를 바라보게 만든다"(Gottmann, 1970: 65).

고뜨망은 미국인들에게 '도시적인 것'과 '농촌적인 것'이라는 본질적인 이분법에서 벗어날 것을 촉구하였다(Gottmann, 1961: 343). 농장, 숲, 습지대와 같은 농촌적 이미지에 대조되는 것으로서 주택, 오피스, 공장, 상점, 거리 등의 도시토지이용 개념은 두 가지 유형의 토지이용이 메갈로폴리스에서는 혼합됨에 따라 점차 시대에 뒤떨어지는 것으로 인식되었다. 상업시설, 오피스와 아울러 교외에 개발된 주택이 메갈로폴리스 중심부 바로 외부에 입지한 농지를 대체해 버렸다. 외곽 주변지역에서 별장(second homes)이 증가함에 따라 도시적 생활양식과 농촌적 생활양식의 통합이 강화되었을 뿐만 아니라, 도시적 토지이용과 농촌적 토지이용의 통합도 강화되었다. 다시 등장하는 녹지공간, 즉 지역 내 주택, 오피스, 공장 사이에 산재하여 입지해 있는 녹지공간은 도시적이냐 농촌적이냐 라는 전통적인 개념을 무너뜨렸다.

또한 메갈로폴리스는 인간정주학(人間定住學, Ekistics: science of human settlement)의 핵심적인 연구대상이 되었다. 1970년대 초 그리스의 계획가 콘스탄티노스 독시아디스(Konstantinos Doxiadis)는 전세계 인구가 소도시에서 대도시, 메갈로폴리스, 대륙 규모의 도시 집적체인 에페로폴리스(eperopolis), 전세계적으로 연계된 정주체계인 에쿠메노폴리스(ecumenopolis)로 계속해서 더 큰 단위로 통합되는 경향이 있음을 기술하였다. 미래를 바라보는 관점에서 독시아디스는 기존의 인간 정주취락의 존재, 전세계 지역의 자연지리적 특성, 역사·문화적 전통, 그리고 현재 시점의 도시화의 패턴과 추세를 고려하면서 2100년도의 에

그림 **9.5**   1974년 독시아디스가 예상한 유럽의 도시지역(zone of urban habitation).
출처: Doxiadis(1974: 371)

쿠메노폴리스의 물리적 배치와 지형·지세적 구조에 대한 시나리오를
전개하였다. 그에 따르면 유럽의 에쿠메노폴리스는 런던-파리-암스테
르담의 중심축에 집중될 것이고, 이 중심축으로부터 소규모의 축들이
뻗어나가 유럽 대륙의 주요 도시지역을 포괄하는 형태가 될 것이라고
했다(그림 9.5). 이 유럽의 중심축은 필연적으로 미국 동부해안을 '향
해 나아갈 것'으로 보았다. 동시에 이 두 거대한 메갈로폴리스간의 강
력한 연계가 나타날 것으로 예상할 수 있다고 했다. 독시아디스와 그
의 추종자들은 1970년대 초 전세계의 인구분포가 과거의 소도시로부

터 미래의 도시인 에쿠메노폴리스로 이행중에 있다고 주장하였다. 이러한 분석의 틀에서는 메갈로폴리스가 이제까지 일어난 도시생활의 성격과 규모의 변화를 이해하고 미래의 추세를 예측하기 위한 하나의 모델로서 기능하고 있었다.


## 오늘날의 메갈로폴리스

도시학자들이 훨씬 더 큰 수준의 인구집중, 더 큰 규모의 대도시권, 그리고 더 많은 메갈로폴리스를 기대하였지만, 오히려 그만큼 집중의 힘은 1970년경부터 약화되기 시작하였다. 1970년과 1980년 사이에 미국의 비(非)대도시지역이 대도시권보다 훨씬 더 빠른 속도로 성장하였으며, 대도시권의 경우 성장이 대도시권의 크기와는 역의 상관관계를 보이는 것으로 나타났다. 거대 규모의 대도시 집적지역의 인구 성장률이 가장 낮은 것으로 조사되었고, 어떤 경우에는 인구가 감소하고 있는 것으로 나타나기도 했다(Champion, 1989b). 이러한 추세는 인구학자 캘빈 비일(Calvin Beale)의 1975년 논문에서 처음 확인되었고, 지리학자 브라이언 베리(Brian Berry)가 1976년도 논문에서 그러한 추세에 맥락과 힘을 부여하였다. 즉, 그는 그러한 추세를 기술하기 위해 '역도시화'(逆都市化, counterurbanization)라는 용어를 만들어냈다. 그에 따르면 역도시화는 생산이 산업적 양식에서 탈산업적 양식으로 이행하고 대중들이 소도시, 저밀도, 그리고 쾌적한 환경을 선호하는 경향을 보임으로써 나타나게 되었다는 것이다. 베리의 역도시화 테제는 미국과 해외에서 큰 반향을 불러일으켰다. 왜냐하면 많은 산업 국가들과 산업화 과정에 있는 국가들에서도 사회과학자들이 비슷한 경향을 발견하였기 때문이다.

그러나 역도시화의 지지자들이 놀랄 정도로, 그리고 미래의 추세를 예측하려고 노력하는 사람들이 당황할 정도로, 1980년대에는 미국, 영국, 그리고 많은 다른 국가들에서는 역도시화 경향에 대한 커다란 반전이 일어났다. 미국의 많은 대도시들이 1970년대에 입은 적지 않은 손실을 회복하였고, 비(非)대도시 지역의 성장은 점차 약화되었다(Frey, 1990).

메갈로폴리스에 있어 이러한 경향의 결과는 과연 무엇인가? 메갈로폴리스는 사람들이 훨씬 더 큰 규모의 도시환경에 집적하는 경향에서 출현한 것이며, 그리고 제반 거래활동을 위한 중심성의 강력한 흡인력이 메갈로폴리스를 지탱하였다. 1970년대에는 집적의 힘과 중심성의 흡인력이 약해지는 것처럼 보였다. 전국에서 메갈로폴리스가 차지하는 인구, 소득, 제조업, 그리고 기업 본사의 비중이 줄어들었다. 게다가 메갈로폴리스 내에서는 인구와 경제활동이 대도시 중심부에서 교외와 비대도시권의 주변부(fringe)로 분산되었다. 이러한 분산은 저밀도 생활환경에 대한 개인들의 선호, 주변부 지역을 보다 매력적인 산업·오피스활동의 입지로 만드는 기술혁신과 저렴한 신규 건설부지의 용이한 확보를 통해 이루어졌다. 1980년대 대도시권이 활기를 되찾게 됨으로써 역도시화 테제에 대해 회의를 품게 되었으며, 역도시화는 인간정주 역사의 또 다른 전환점이라기보다는 오히려 인구의 집중과 집적의 강화라는 장기간에 걸친 경향으로부터의 일시적인 이탈임을 의미하게 되었다(Champion, 1989a). 메갈로폴리스의 가장 크고 중요한 도시인 뉴욕은 1980년대에는 고차서비스(국제적이고 전문적인 수준의 경영, 광고, 법률, 회계, 그리고 기타 관련 서비스)가 집중적으로 입지해 있는 '세계도시'(world city)로서 등장하게 되었다. 메갈로폴리스 도시계층의 두번째 계층에 있는 도시인 보스턴과 필라델피아는 사업·금융 서비스, 기업의 의사결정기능, 소비재 유통기능으로 특화된 전국적 수준의 명령·통제 중심지가 되었다(Noyelle and Stanback, 1984; Frey, 1990). 1980년대 중반 이 세 도시들 모두 미국 경제를 그 당시 출현하고 있던 세계경제로 끌고 나아갔다. 그러나 가장 최근의 경제불황, 즉 1990년대 초의 불황으로 미국 북동부, 즉 메갈로폴리스의 핵심적인 도시들도 부정적인 영향을 받았고, 그에 따라 이 지역과 도시에 입지해 있던 전국적, 국제적 수준의 명령·통제기능이 화이트칼라 고용의 엄청난 감소로－이른바 여피불황(Yuppie recession)－타격을 받았다. 미국 북동부 도시지역으로부터의 인구유출이 다시 증가하게 되었으며, 이로 인해 인구학자들과 도시지리학자들은 지역의 인구변화에 대한 새로운 설명을 찾느라고 고심하였다.

미국 통계국(U.S. Bureau of the Census)은 메갈로폴리스 단위의 도시발전에 재빠르게 대처하지 못했다. 실제로 1950년까지 센서스는 도시(중심도시)와 교외지역이 하나의 단위로서 기능한다는 것을 공식적으로 인식하지도 못했다. 센서스 당국은 단지 1950년에 표준대도시통계권역(standard metropolitan statistical areas, SMSAs)과 도시화지역(urbanized areas, UAs)에 관한 통계를 발간하기 시작했을 뿐이었다. SMSA는 '대규모 인구 중심(nucleus)을 갖고 있는 밀접하게 통합된 경제·사회적 단위로서, 일반적으로 인구, 통근패턴, 그리고 대도시적 성격에 관해 명기된 기준을 만족하는 하나 또는 그 이상의 카운티(counties)로 구성되어 있는 권역'을 말한다(U.S. Bureau of the Census, 1988: 11). 또 UA는 중심도시와 교외 간의 내재적인 결합을 전제하며, 적어도 인구 50,000명 이상의 한 개의 도시와 인구밀도가 최소한 1평방 마일당 1,000명인 인접지역으로 구성된다.

1960년대와 1970년대 중에 일어난 대규모 도시개발이라는 상황에서는 이전에 독립적으로 존재하던 많은 대도시권들간의 통합이－댈러스와 포트워스(Fort Worth)가 가장 좋은 예임－이루어졌다. 그리고 보

스턴과 같은 최대의 대도시권이 팽창함으로써, 광역도시권 전체 내에
여러 개의 따로 떨어져 있는 대도시적 실체들이 창출되었다. 1983년
센서스 당국은 이러한 도시발전을 인식하면서 통합대도시통계권역
(consolidated metropolitan statistical areas, CMSAs)이라는 용어를 공식적
으로 채택하였다. CMSA는 이전에 따로 떨어져 있던 표준대도시통계
권역(SMSAs)간의 통합으로 형성된 인구 100만 이상의 통합대도시권을
의미한다. 1990년 미국에서는 인구 1,800만 명의 뉴욕-북부 뉴저지-
롱아일랜드 통합대도시권, 인구 1,500만 명의 로스앤젤레스-애너하임
-리버사이드 통합대도시통계권역, 그리고 인구 800만 명의 시카고-게
리-레이크 카운티 통합대도시통계권역을 비롯하여 20여 개의 통합대
도시통계권역이 존재하는 것으로 확인되었다(U.S. Bureau of the Census,
1992).

　최근에는 미국 통계국이 이상과 같이 수행한 전국의 도시구조의 혼
성적인 개념화(hybrid conceptualization)가 도시성장의 속도와 특성에
조응하지 않게 되는 것을 우려하여, 연방 관리예산국(Office of
Management and Budget)과 공동으로 일단의 지리학자들과 인구학자들
(Brian Berry, Richard Morril, John Adams, William Frey, Alden Speare)에
게 정주체계구조의 새로운 표현방식을 개발하도록 위임하였다. 메트
로폴리탄 개념과 통계 프로젝트(Metropolitan Concepts and Statistics
Project)의 결과가 아직 최종적으로 나온 것은 아니지만, 이러한 노력은
정주체계의 복잡성 증가, 정주체계를 기술함에 있어 기능적 연계가 갖
는 중요성, 그리고 현재의 기준을 사용함에 따라 커지는 문제점들을
인식하고 있다고 보아야 할 것이다. 서로 통합하고 서로에게 편입되
는, 도시화된 지역들은 현재의 센서스에서 설정하는 공간적 권역으로
는 제대로 표현되지 않고 있다.

　한편 시간이 지남에 따라, 메갈로폴리스를 주도하는 도시에 대한 새

로운 용어들－메가시티(megacity), 자이언트시티(giant city), 글로벌시티(global city), 그리고 월드시티(world city)－이 도입되어 왔지만, 그 규모와 거래 네트워크에 대한 아이디어는 되풀이되는 주제라고 할 수 있다. 도시 네트워크에 대한 관심은 특별히 유럽에서 강력하게 나타나고 있다. 왜냐하면, 내부 경계가 사라졌고, 동구권이 개방되었기 때문이다(Cambis and Fox, 1992). 유럽 대륙의 주요 '이차도시'(second cities)들로 구성된 유로시티(Eurocities)를 포함해서 수많은 도시조직이 설립되었다. 유로시티에 속하는 도시들은 대도시가 유럽공동체 미래의 경제발전의 원동력이라고 주장하면서, 유럽공동체를 통해 유로시티를 구성하고 있는 도시들간에 원활한 관계가 형성되기를 바라고 있다. 1990년대 유럽에서 도시의 성공여부는 도시가 유럽 도시체계 내에서 전략적 제휴를 전개할 수 있는 역량에 기반할 것이다. 핵심 요인에는 다국적 기업의 입지, 고등교육·연구개발 기관의 입지, 첨단기술산업, 통신하부구조, 사업서비스, 그리고 질적 수준이 높은 생활환경 등이 포함된다(Borga, 1992).

도시계획가 사센(Saskia Sassen)의 1991년도 저서 『세계도시: 뉴욕, 런던, 도쿄』(Global City: New York, London, Tokyo)에서는 세계경제에서 중심성이 계속해서 중요해지고 있다고 주장하고 있다. 공장과 생산시설이 비용이 적게 소요되는 지역으로 이전하듯이, 금융거래와 금융투자, 그리고 사업서비스는 도시에 집적하게 된다는 것이다. 세계도시는 세계경제의 통제와 조정의 중심지가 되었다. 이러한 세계도시에 새로운 계급으로서 고임금의 전문가들이 집중하게 되고, 이들은 다시 저임금의 서비스업 노동자들에 의존함으로써, 세계도시에는 새로운 계급구조가 창출되었다. 중간계급이 교외로 이주했기 때문에, 세계도시는 이제 매우 부유한 사람들과 매우 가난한 사람들의 활동영역이라고 할 수 있다. 사센에 따르면, 세계도시는 메가폴리스의 '두뇌' 역할을 수행한다고 한다. 뉴욕시는 미국 북동부의 도시지역에 대해, 도쿄는 도카이도 메가로포리수에 대해, 그리고 런던은 잉글랜드의 남동부 지역에 대해 그러한 역할을 수행한다는 것이다. 이러한 첨단기술의 거래공간은 세계경제 통합의 부산물이다.

지리학자 존 보처트(John Bochert)는 『메갈로폴리스: 워싱턴에서 보스턴까지』(Megalopolis: Washington, D.C. to Boston)라는 1992년 워싱턴에서 개최된 국제지리학연합(IGU) 학술대회용 안내자료에서 이상의 주제들 중 많은 것들을 다루고 있다. 보처트는 도시생활의 규모와 밀도, 지역의 중심점 기능(hinge function), 미국 동부 메갈로폴리스 내 엄청난 정도의 정보와 인구의 흐름, 그리고 정보화시대가 인구·경제활동의 지리적 패턴과 지역에 미친 영향을 포함해서, 하나의 지역으로서 미국 동부 메갈로폴리스의 본질에 대한 고뜨망의 아이디어 중 많은 부분을 새롭게 전개하였다.

메갈로폴리스에 관한 지식은 거의 모두 선진국의 경험에 근거하고 있지만, 새로운 메가시티(megacity)들이 저개발국가들에서도 나타나고 있다. 유엔(UN)은 2000년도에 전세계 메가시티 중 23개(각각 800백만 이상의 상주인구를 갖고 있음)가 개발도상국에 입지해 있을 것이라고 예상하고 있다. 그리고 상파울루-리우데자네이루의 총인구는 3,500만 명에 근접할 것이고, 봄베이는 그 자체만으로도 인구가 1,800만 명에 이를 것이며, 또 라고스(Lagos)의 인구는 1,300만 명 이상이 될 것으로 보고 있다(UN Dept. of Economic and Social Information and Policy Analysis, 1993). 이러한 거대한 인구집중 도시는 다핵 중심의 도시구조를 필요로 하며, 주변 농촌지역을 미국 동부의 메갈로폴리스가 미국 공간경제를 지배하게 된 것과 동일한 방식으로 자체의 영향권 안에 편입시킬 것은 확실하다.

제3세계의 메가시티가 메갈로폴리스처럼 정보처리와 고차서비스로 특화되고, 국가경제와 세계경제를 효과적으로 연결하는 경제적 중심점으로서 역할을 수행하게 될지 어떨지는 그리 명확하지는 않다. 크기와 물리적 구조만이 문명의 요람이자 현대 경제의 중추로서의 의미를 갖는, 고뜨망의 메트로폴리스 미래상을 구성하는 것은 아니다. 제3세계 메가시티에서의 대규모 시장과 규모의 경제가 갖는 이점 중 일부는 대기·수질오염, 만성적인 교통혼잡, 부족한 쓰레기처리시설, 부족한 하수도시설, 그리고 높은 범죄율 등 집적의 불이익으로 인해 틀림없이 상쇄될 것이다(Richardson, 1993). 엄청난 규모의 도시발전으로 인한 경제적 이점과 그에 부수적으로 인디아(봄베이, 캘커타, 델리), 중국(베이징, 상하이, 텐진), 방글라데시(다카), 파키스탄(카라치), 그리고 나이지리아(라고스) 등 세계에서 가장 빈곤한 일부 국가들에서 발생하는 환경문제간의 상쇄효과(tradeoffs)가 단지 현실로 나타나기 시작했을 뿐이다.

## 결론

메갈로폴리스라는 아이디어와 그것으로부터 도출된 지적 활동으로 도시와 도시성장에 대한 학문적, 공식적 담론이 등장하였다. 그에 따라 현대 도시발전의 규모가 확대되었다는 인식이 높아졌고, 제조업에서 서비스업으로의 이행에 따른 지리적 결과가 나타났다. 또한 도시의 크기, 성장, 그리고 기능에 대한 세계경제의 영향이 나타났으며, 거래공간이 출현하였고, 그러한 공간이 사람들의 생활에 영향을 미치게 되었다. 메갈로폴리스는 지리학자, 계획가, 그리고 건축가에게 영향을 주었으며, 사람들의 세계관에도 스며들었다. 그리고 20세기 도시에서 일어나는 중대한 경제적, 사회적, 정치적, 지리적 변화를 해석하는 도구로서도 기능하게 되었다.

메갈로폴리스에 대한 일반화는 오늘날에는 명백한 것으로 생각된 다. 누가 도시들간에 기능적으로 상호 연관된 체계가 존재한다는 사실 에 대해 의문을 가질 것이며, 교외화의 불가피성, 세계경제의 출현 또 는 거래의 중요성에 이의를 달 것인가? 그러나 미국 동부의 메갈로폴 리스가 처음으로 기술되고, 그 근본적인 특징들이 다른 메갈로폴리스 로까지 일반화되었을 때에는, 이러한 프로세스를 거의 인식하지 못하 였다.

전국 인구의 대부분이 도시에 거주하고 있음에도 불구하고, 역사적 으로 도시와 교외화에 거의 관심을 갖고 있지 않던 학문으로부터 메갈 로폴리스라는 개념이 나왔다는 점도 중요하다. 오늘날 미국 지리학회 의 전문 연구모임 중에서 도시지리학 관련 모임이 구성원 637명으로 두번째로 큰 실정이다(지리정보시스템이 구성원 1,007명으로 가장 큰 모임임).

메갈로폴리스에 대한 이해와 대중화와 관련해서 고뜨망은 지리학과 도시연구 분야에 인간들이 자신을 공간상에서 조직하고 자신들의 생 활환경을 형성해온 방식에 대한 새롭고 풍부한 아이디어를 제공하였 다. 오늘날 메갈로폴리스는 지리학 내부에서보다는 외부에서 훨씬 더 빈번하게 인용되고 있으며, 학자들보다 저널리스트와 일반인들이 더 많이 이용한다는 점은 메갈로폴리스라는 아이디어가 갖고 있는 학제 간, 그리고 학문간 경계를 뛰어넘을 수 있는 능력을 잘 보여주는 것이 라고 할 수 있다.

# 참고문헌

Beale, C. L. 1975, *The Revival of Population Growth in Non-metropolitan America,* Economic Research Service, ERS 605, Washington, D.C.: U.S. Department of Agriculture.

Berry, B. J. L. 1976, "The Counterurbanization Process: Urban America since 1970," In *Urbanization and Counterurbanization,* ed. B. J. L. Berry, 17-30. Beverly Hills: Sage.

Bigham, T. C., and J. M. Roberts. 1962, *Transportation, Principles and Practice.* New York: McGraw-Hill.

Boorstin, D. 1961, *The Image.* New York: Atheneum.

Borchert, J. R. 1992, *Megalopolis: Washington, D.C. To Boston.* New Brunswick: Rutgers University Press.

Borga, J. 1992, "Eurocities — A System of Major Urban Centers in Europe," *Ekistics* 59:21-27.

Cambis, M., and S. Fox. 1992, "The European Community as a Catalyst for European Urban Networks," *Ekistics* 59:4-6.

Champion, A. G. 1989a, "Counterurbanization: The Conceptual and Methodological Challenge," In *Counterurbanization,* ed. A.G. Champion, 19-33. New York: Edward Arnold.

Champion, A. G. 1989b, "Introduction : The Counterurbanization Experience," In *Counterurbanization,* ed. A.G. 1-18. New York:Edward Arnold.

Currie, L. 1976, *Taming the Megalopolis.* New York: Pergamon Press.

Doxiadis, C. A. 1974, *Ecumenopolis: the Inevitable City of the Future.* New York: Norton.

Frey, W. H. 1990, "Metropolitan America : Beyond the Transition," *Population Bulletin* 45:1-51.

Gober, P. 1993, "Americans on the Move," *Population Bulletin* 48:1-39.

Gottmann, J. 1961, *Megalopolis: The Urbanized Northeastern Seaboard of the United States,* Cambridge, Mass.: MIT Press.

Gottmann, J. 1970, "The Green Areas of Megalopolis," In *Challenge for Survival: Land, Air, and Water for Man in Megalopolis,* ed. P. Dansereau, 61-65, New York: Cambridge University Press.

Gottmann, J. 1976, "Megalopolitan System Around the World," *Ekistics* 41:

109-113.

Gottmann, J. 1983, "Urban Settlements and Telecommunications," *Ekistics* 48: 411-416.

Hall, P. A. 1971, *London 2000,* London: Faber and Faber.

Hanes, J. E. 1993, "From Megalopolis to Megaroporisu," *Journal of Urban History* 19: 56-94.

Isomura, E. 1969, *Megalopolis in Japan : Its Reality and Future,* Tokyo: Nihon Keizai Shimbunsha.

Jacobs, J. 1961, *The Death and Life of Great American Cities,* New York: Random House.

Leman, A. B. and I. A. Leman. 1976, *Great Lakes Megalopolis: From Civilization to Ecumenization,* Ottawa, Canada: Ministry of Supply and Services.

Marston, S. A., G. Towers, M. Cadwallader, and A. Kirby. 1989, "The Urban Problemmatic," In *Geography in America,* ed. G. Gaile and C. J. Wilmott, 651-672, Columbus: Merrill.

Mumford, L. 1961, *The City in History,* New York: Penguin Books.

Noyelle, T. J. and T. M. Stanback. 1984, *The Economic Transformation of American Cities,* Totowa, N. J.: Rowman and Allanheld.

Pred, A. R. 1966, *The Spatial Dynamics of U.S. Urban-industrial Growth,* 1800-1914, Cambridge: MIT Press.

Richardson, H. W. 1993, *Efficiency and Welfare in LDC Megacities,* In Third World Cities, ed. J. D. Kasarda and A. M. Parnell, 32-57, London: Sage.

Sassen, S. 1991, *The Global City : New York, London, Tokyo,* Princeton, N.J.: Princeton University Press.

Solot, M. 1986, "Carl Sauer and Cultural Evolution," *Annals of the Association of American Geographers* 76: 508-520.

Swatridge, L. A. 1971, *The Bosnywash Megalopolis,* Toronto: McGraw-Hill.

Taaffe, E. J., and H. L. Gauthier. 1973, *Geography of Transportation.* Englewood Cliffs, N. J.: Prentice-Hall.

U.N. Department of Economic and Social Information and Policy Analysis. 1993, *World Urbanization Prospects: the 1992 Revision,* ST/ESA/SER. A/136, New York: United Nations.

U.S. Bureau of the Census. 1975, *Historical Statistics of the United States.*

Washington, D.C.: U.S. Government Printing Office.

U.S. Bureau of the Census. 1988, "History and Organization," In *Factfinder for the Nation*, CCF No.4, Washington, D.C.: U.S. Government Printing Office.

U.S. Bureau of the Census. 1992, *Statistical Abstract of the United States: 1992*, Washington D.C. : U.S. Government Printing Office.

# 제4부

# 종결부

# 10
## 장소감

에드워드 렐프

## 장소의 무지, 또는 라스베이거스의 리어왕

필자는 미라지(Mirage) 호텔의 열대 정원에서 규칙적으로 분출하도록 설정된 화산을 즐기면서, 라스베이거스의 간선 도로변에 서 있었다. 그때 리어왕의 말이 뜻하지 않게 내 마음속에 파고들었다. "나는 도대체 여기가 어디인지 모르겠다." 마찰과 물리적 과정 속에서 동시에 틈이 벌어지고 혼란스러운 옛 왕이 시간, 공간, 그리고 현실을 통해 옮겨진다. 보도에는 보행자들로 가득 차 있다. 그러나 그들은 슬롯머신용 25센트 짜리 동전이 담긴 플라스틱 컵을 움켜쥔 채 카지노 사이에서 왔다갔다하면서, 대부분 자신의 행운과 불운에 열중하고 있다. 그래서 리어왕은 거의 주의를 끌지 못하고 있다. 연극에서 리어왕은 그 자신이 시인한 것처럼 "완전한 정신상태가 아니었다." 그의 주변 세계는 충분히 정신이 멀쩡했다. 그의 지리학적 문제는 그의 머리 속에 있었다. 여기서는 그 반대가 사실인 것처럼 보인다.

좁고 긴 거리의 경관은 예측할 수 없을 정도로 병치되어 있는 광경들 가운데 하나이다. 7차선의 도로, 3층 높이의 간판, 힌두사원, 미시시피강을 운항하는 선박을 암시하는 장식으로 뒤덮인 건물들, 아일랜드의 선술집, 일본적인 것, 그리고 그외 무수한 환상적인 것들이 있다. 이런 모든 것 뒤에는 모더니스트적인 슬라브 양식의 고층 호텔이 서있다. 다음의 화산폭발 시간을 알리는 간판 뒤에 조심스럽게 숨겨져 있는 스피커에서는 새들이 지저귀는 소리가 나온다. 몇 야드 떨어져서는, 두 개의 실물 크기의 항해용 선박이 모호하게 보이는 카리브해 마을 앞에서 모의 전투에 참여하고 있다. 마지막 해적이 배의 돛대에서 떨어졌을 때, 리어왕은 이러한 믿기 어려운 장면들로 인해 정신이 혼란스럽게 되어, 수입된 야자나무와 섬유유리로 만들어진 야자나무라는 복합 인공생태(人工生態, synthetic ecology)로 구성된 열대 우림 속을 떠돌고 있다.

여기에서는 공적인 공간과 사적인 공간이 서로 아무런 무리 없이 융합된다. 리어왕은 생각 없이 다시 거리로 나서고 있다. 그리고 나서 금박을 입힌 고전적인 전랑(前廊, portico)을 통과하여 번잡한 보도로 이끌리고 있다. 그 보도는 그를 제왕답게 시저스 팰리스(Caesar's Palace)에 있는 포럼샵(Forum Shops)의 일부인 애피언 웨이(Appian Way)로 데려간다. 건축물은 로마양식이고, 디자이너 상점은 이탈리아식이다. 그리고 상상력을 동원하여 창조적으로 만든 바커스 신과 그보다 못한 신들의 동상이 갑자기 그리고 규칙적으로 나타나도록 기획된 전자동영상만화(animatronic) 레이저 쇼에 의해 나타났을 때, 그 동상을 바라보고 있던 군중은 대개가 일본 관광객들이다. 적운이 천천히 움직이고 있는 눈부신 푸른 하늘은 보행자 전용 상점가가 폐쇄될 때까지 돔 모양의 천장에 투사되고, 그리고 나서 일몰을 통해 별이 빛나는 하늘로 변한다.

거리를 따라 듄스(Dunes) 호텔이 한때 서 있었고 다시 세워질, 일시적으로 방치된 공터가 사막으로 되돌아가기 시작했으며, 쓰레기가 체인으로 연결된 담장을 둘러싸고 쌓여 있었다. 그 너머에는 밝은 빨강색과 푸른색으로 되어 있는 지붕, 지나치게 과장된 탑과 기발하게 장식되어 있는 성채를 가진, 앞뒤가 맞지 않을 정도로 불가사의한 중세의 성이 서 있다. 모노레일을 통해 이 거대한 건축물은 스핑크스, 오벨리스크, 입체사진술에 의한 조각품, 그리고 고대 이집트식으로 조형된 야자나무로 둘러싸여 있는 웅장한 유리 피라미드와 연계된다(그림 10.1). 그 피라미드 꼭대기로부터 레이저광선이 매우 강렬하게 하늘을 꿰뚫고 있는데, 그 광선은 스모그가 약해질 때면 언제나 로스앤젤레스에서도 볼 수 있다. 거리를 가로질러, 일군의 이스터(Easter)섬의 거대한 석상들이 지나가는 사람들과 차량들, 그리고 어두운 유리로 된 거대한 건물에 박아 놓은 엄청나게 큰 사자상을 경멸하듯이 바라보고 있다. 이 사자의 입 부분이 5,000개의 호텔 객실과 테마파크를 갖춘 엠지엠 그랜드(MGM Grand)의 입구가 된다. 내부에는 오즈의 마법사에 나오는 주인공들(도로시, 토토, 양철로 된 나무꾼, 사자, 허수아비의 동상)이 노란색 벽돌로 된 도로를 따라 카지노까지 영원히 춤을 추고 있다.

도로시와 그의 친구들처럼, 리어왕은 단 하나의 극적인 순간에 라스베이거스에 사로잡혀 있다. 그는 스스로에게 반복해서 중얼거리고 있다. "나는 도대체 여기가 어디인지 모르겠다." 그가 모른다는 것은 이해할 만하다. 명확하게도 라스베이거스가 어떤 장소인지에 대해 전적으로 확신할 수 있는 사람은 아무도 없다. 체인으로 연결된 담장과 바람에 날린 쓰레기가 있는 반(半)사막의 한 부분을 제외하고는, 장식물과 간판 아래에는 고유한 것이 아무 것도 없다고 가정하기가 쉽다. 너무 빨리 이런 식으로 가정을 해서는 안 된다. 우리가 주의 깊게 관찰

그림 **10.1**    라스베이거스의 이집트를 구경하는 관광객들: 룩소르(Luxor) 호텔. 필자의 스케치.

한다면, 불순한 의도의 가식은 없으며 또한 가식을 위해 행한 다른 장소의 고유한 것을 차용한 것과 새로운 것을 만들어낸 사실을 숨기려고도 하지 않는다는 것을 볼 수 있다. 이것이 실제 화산이고 실제 중세시대의 성이라고 속는 사람이 있을 것이라고 상상하기는 어렵다. 이러한 의미에서, 여기에 있는 거의 모든 것은 정직한 위조품이라고 할 수 있다.

라스베이거스 거리는 재구성되고 재조합된 지리와 역사의 가장 좋은 조각들의 놀랄 만한 접합을 보여준다. 그것은 다른 장소들과 시간들로 만들어져 있고, 실제적인 것과 인공적인 것이 상호간에 쉽게 빠져 들어가는 환상들로 구성되어 있으며, 즉각적인 부를 통해 무제한의 자유에 대한 꿈을 수용할 수 있게 창출된 장소이다. 라스베이거스의 설계자가 착각했던 것은 아니다. 그들은 실제로 한 해에 2,300만의 방문객을 유치하는 어떤 곳을 창출하였다. 그리고 라스베이거스를 방문하는 여행객들은 속지 않는다. 그들은 이 모든 것들이 가공되었음을 알고 있다. 그들은 단지 라스베이거스를 좋아하기 때문에 이곳으로 온다. 지리학자인 나로서는, 그들에게 동의하는지 여부는 중요하지 않다. 실제 과제는 여기에서 무엇이 일어나고 있는가를 비판적으로 이해하는 것, 바꿔 말해 이 장소의 의미를 파악하는 것이다.

## 장소감

　장소감(場所感, sense of place)은 지리학자들이 발명해서 이제는 사회의 다른 분야에 서비스로서 제공하고 있는 이론이 아니다. 그리고 그것은 지도나 중심지이론이 지리학의 퍼즐을 푸는 도구라는 점과 달리 도구도 아니다. 리어왕이 자신의 위치를 인식해야 했을 경우, 장소감의 중요성을 파악하기 위해 지리학에 대해 그 어떤 것도 알 필요가 없었다. 또 라스베이거스의 여행객들도 그곳에 도착하기 위해(패키지 여행상품에 의해 그렇게 된다) 또는 나열된 별개의 장소들을 즐기기 위해(그것에 대해 그들은 텔레비전을 통해 평생 동안 간헐적으로 봄으로써 아마도 준비했을 것이다), 지리학의 어떤 것도 알 필요가 없다. 장소감은 무엇보다도 우리를 세계와 연결시키는 타고난 능력으로서 모든 사람들이 어느 정도는 갖고 있다. 그것은 우리 모두의 환경적 경험에서 절대적으로 필요한 부분이다. 단지 우리가 처음부터 장소에 존재하기 때문에 환경, 경제, 또는 정치에 대해 추상적인 주장을 전개할 수 있다. 그러나 이것에 덧붙여서, 장소감은 세계가 어떻고 그것이 어떻게 변하고 있는가를 파악하는 데 활용되는 중대한 환경지각을 위한 학습된 기술일 수 있다. 지리학자들은 하나의 능력으로서 장소감을 고찰해왔으

며, 그것을 자신들의 학문발전 과정 중에 하나의 기술로서 개발해왔
다. 그들은 저술을 통해 종종 그렇게 해왔지만 내가 생각하기로는 가
르침을 통해, 즉 소중히 간직된 전통처럼 장소감이라는 이해와 기술을
한 세대에서 다른 세대로 전수시킴으로써 더 빈번하게 발전시켜 왔다.
특수한 맥락과 관련 있는 장소감을 통해 환경적 지식과 실천에 어떤
보편적 변화가 일어난다고 주장한다면, 이는 비논리적인 것이 될 것이
다. 장소감이 추구해왔고 계속해서 그렇게 해야 하는 것은 세계의 무
수한 국지적 변화에 대한 상식과 이해를 제고하는 것이다.

지리학자들만이 장소감에 주의를 기울였던 것은 아니다. 건축가, 심
리학자, 정신과 의사, 예술가, 문학평론가, 시인 그리고 심지어는, 내가
생각하기로는 거의 성공하지는 못했지만, 경제학까지도 모두 장소감
의 제반 측면들을 고려해왔다. 그들 대부분은 우리로 하여금 장소감이
변함없이 좋고 장소감의 개선으로 건조환경(built environment)이 보다
아름답게 되고, 우리의 삶이 더 나아지며, 그리고 공동체가 더욱 정의
롭게 된다고 믿게 했을 것이다. 지리학적 견해는 보다 광범위하지만,
덜 이상적이다. 지리학자들에게는, 장소가 존재의 모든 희망, 업적, 애
매모호성, 그리고 공포조차도 갖고 있는 인간생활의 한 측면이다. 지
리학자들은 장소감을 우리 각자를 우리의 주변환경에 연결시키는 실
로서 이해할 뿐만 아니라, 어떤 장소를 장소 그대로 이해하기 위한 학
습 방법으로서 보고 있다. 환경적 연계의 형태로서, 장소감은 존재에
관한 것이고 정치적인 것이다. 학습된 지리학적 기술로서 장소감은 장
소에 대한 조심스럽고 비판적인 관찰을 요구하며, 드러난 현상이 공유
된 문화적 전통을 드러낼 수도 있거나 심대한 부정을 감출 수도 있다
는 인식을 요구한다. 사실, 어떤 장소에 소속되고 그곳의 전통에 참여
하려는 정치적 욕구는 소속되지 않았다고 믿어지는 모든 사람들을 체
계적으로 배제하려는 시도를 가속화시킬 수 있다. 보다 강한 장소감만

이 세계를 개선시킬 수 있다고 믿는 모든 사람들과는 대조적으로, 지리학자들은 사회문제에 대한 지속적인 해결책이 그러한 문제가 발생한 장소와 공동체를 파괴해야 했으며, 아마도 도시 재개발이나 재정비의 이름으로 파괴해야 했음을 기억하려고 노력한다. 모든 군사전략 중에서 가장 영속적인 것들 중의 하나가 사람들의 의지를 약화시키기 위한 장소파괴라는 것은 장소감의 중요성이 잘못 이용되고 있는 증거이다. 장소에 대한 애착심을 간직한 사람들만이 그 장소를 변함없이 재건한다는 것은 장소감의 중요성에 대한 훨씬 더 강력한 증거가 된다.

요컨대 장소감은 우리를 세계에 연결시키는 강력하고 대개 긍정적인 능력이지만, 유해하고 파괴적인 것이 될 수도 있다. 배운 기술인 지리적 장소감은 항상 장소에 있어 좋은 점과 나쁜 점을 파악하고, 그리고 나서 적절하고 영속적이지만 다양한 환경과 문화에 대응하는 변화를 비판적으로 짖하는 것을 목표로 삼아왔다. 이러한 기술은 2,000년이나 더 거슬러 올라가서, 지리학자들에 의해 처음으로 기술되었다. 그 당시에는 그것이 중요한 것으로 여겨졌다. 20세기 말 점차 혼란스러워지는 지리를 해명하고자 한다면, 이제 그것은 필수 불가결한 것이 된다.

## 지리학에서 장소의 역사

고대에는 사람들이 자신들의 이름과 출신지로써 자신들을 확인하는 것이 일반적인 관례였는데, 물론 안타깝게도 소멸되었지만 이는 아마도 헤로도투스(Herodotus)에 의해 시작된 지리적 전통이라고 할 수 있다. 현재 리비아 해안의 도시인 시레네(Cyrene) 출신 에라토스테네스(Eratostenes)는 기원전 225년경에 몇 년 동안 알렉산드리아에서 사서

로서 일했다. 그는 보통 '지리학'이라는 용어와 개념을 만들어냈다고
믿어지고 있다. 그에 관해서는 많은 것이 알려져 있지 않다. 명백한 것
은 그가 다재다능한 사람이었다는 점이다. 그는 시인이자 수학자이며
역사가이자 최초의 지리학자였다. 필자는 그가 도서관 사서로서 무엇
인가를 분류하려는 성향을 지닌 다소 야위고 진지한 사람이었을 것이
라고 생각한다. 필자는, 그가 인식론적 영감의 순간에서 지리학을 만
들어낸 것이 아니라 상인과 여행가의 보고서로부터 수집한 다양한 지
역에 관한 모든 정보를 조직해내려는 노력에서 지리학을 만들어냈을
것이라고 생각한다. 지금은 전해 내려오지 않지만 지리학에 대한 그의
세 권의 책은 지구의 크기 추정에 관한 설명, 알려진 지표면에 관한
지도, 그리고 국가들에 대한 일련의 기술들로 구성되어 있다.

　우리가 알고 있는 조그마한 사실에서 보면, 에라토스테네스에게 있
어 장소감은 대체로 장소의 입지에 대한 정확한 지식으로 구성되었던
것 같다. 흑해 남부해안 마을인 아마시아(Amasia)의 사람으로서 고대
의 가장 유명한 지리학자였던 스트라보(Strabo)에게는 장소감이 좀더
복잡한 개념이었다. 여러 권으로 구성되어 있고 아마도 기원전 9년과
5년 사이에 쓰여진 것으로 보이는 그의 저서 『지리학』(Geography)은 현
존하는 가장 오래된 지리학 저작 가운데 하나이다. 스트라보는 에라토
스테네스를 인정했다(그리고 실제로 스트라보가 에라토스테네스에 대해
알려져 있는 많은 것들을 전하고 있다). 하지만 그는 에라토스테네스의
지도학적 접근과 지리학의 창설자라는 에라토스테네스의 주장을 경멸
적으로 무시해버렸다. 그 대신에 스트라보는 스토아(Stoic)학파의 일원
으로서 그가 지닌 신앙체계에 조응해서, 지리학의 기원을 지구와 지상
의 모든 장소는 인간이 이용할 수 있도록 신이 창출했다는 호머의 통
찰력까지 거슬러 올라갔다. 이렇게 신이 부여한 지리는 신의 섭리를
지녔다. 즉, 어떤 지역은 인간활동에 유리한 속성을 부여받았고, 다른

지역은 불리한 속성을 부여받았다. 인간들은 신의 섭리를 인식하고 그 것에 대응하기 위해 신들이 제공한 자신들의 선견지명과 이성의 힘을 활용해야 한다. 인간이 이성을 활용하지 못한다면, 아마도 인간은 척 박한 황무지에서 비참한 존재로서 생계를 간신히 이어나갈 것이라고 생각했다.

스트라보는 『지리학』의 시작 부분(1편 2장 12절)에서 "장소에 대한 지식은 미덕에 도움이 되며," 고결한 삶은 자연과의 조화로운 삶을 의 미한다고 기술하였다(Strabo, 1917). 우주에 대한 지식, 수많은 여행, 그리고 주의 깊은 관찰력을 지닌 지리학자들은 특별히 인간의 생활양 식과 장소를 평가할 수 있었다. 이러한 예리한 장소감으로 지리학자들 은 경관이 지닌 신의 섭리를 해석할 수 있었고, 유리한 환경과 불리한 환경을 구별할 수 있었다. 그들은 또한 다른 사람들에게 그들 스스로 고결하게 살아간다는 스토아학파의 이상을 인식하고 달성하라고 충고 할 수도 있었으며, 따라서 스트라보는 그의 저서가 정치·군사 지도자 를 지향하게끔 했다.

필자는 지리학에 대한 스트라보의 견해에 감탄하고 있다. 그리고 필 자의 해석은 아마도 이러한 감탄에 경도되어 있는 것 같다. 필자의 설 명이 함축하듯이, 그의 『지리학』은 1990년대 환경윤리의 고전적 토대 는 아니다. 여러 권으로 구성된 책은 '산문으로 쓴 지도집'이라고 성 격지어졌듯이 대체로 무비판적인 세부사실의 나열이다. 그 저서에 담 겨 있는 정보의 일부는 매우 기이하고 전혀 합리적이지 않거나 또는 관찰에 근거하고 있지도 않다. 그럼에도 불구하고, 스트라보가 지리학 자들이 특수한 장소의 특성에 특별한 민감성을 갖고 있고, 훈련을 통 해 그들은 경관의 외부형태를 꿰뚫어봄으로써 미묘하고 신성한 질서 를 파악해야 한다고 믿었다고 제시하는 것은 잘못된 해석이 아니다. 그러므로 스트라보의 이해는 에라토스테네스의 이해와 두드러지게 대

조를 이룬다. 에라토스테네스에게 있어 장소는 사실적이며 객관적이
고, 대개 입지와 공유된 속성의 문제이다.

장소의 해석에 있어 이러한 차이는 그 이후로 계속해서 지리학을
통해 반향을 불러일으켰다. 스트라보 이래, 지리학자들은 종종 장소에
대한 조심스러운 관찰에 기반하여 사려 깊은 설명을 기록했지만 장소
에 대한 관념과 장소감에 대해서는 거의 기술하지 않았다. 에라토스테
네스의 전통에 입각한 연구자들에게는 장소의 객관적 특질, 특히 입지
가 가장 중요했다. 다른 지리학자들에게는 장소의 특수성과 유리한 속
성이 훨씬 더 중요했다. 로스앤젤레스 출신의 지리학자인 니콜라스 엔
트리킨(Nocolas Entrinkin, 1991)은 최근에 이러한 양면 가치를 '장소의
중간성'(the betweenness of place) ─ 이것은 장소감이 객관적으로 공유
된 환경의 속성과 환경에 대한 주관적으로 특유한 경험 사이에 놓여
있음을 의미한다 ─ 이라고 기술함으로써 양자를 포괄하려고 시도하였
다. 객관적 관점에서 보면, 장소는 입지 또는 공유된 일련의 관계로 간
주된다. 주관적 관점에서 보면, 장소는 의미와 상징의 영역이다. 엔트
리킨(1991: 5)은 "장소를 이해하기 위해서는 객관적인 현실과 주관적
인 현실에 접근할 수 있어야 하며…… 장소는 그 중간지점(points in
between)에서 가장 잘 파악된다"고 기술하였다. 다시 말해, 장소는 에
라토스테네스와 스트라보 둘 다로부터 차용된 어떤 것을 갖고 있다는
것이다.

나는 이것이 너무나 이론적이라고 생각한다. 어떤 곳에 대한 관찰은
항상 공유된 또는 차용된 요소(예컨대 라스베이거스에 있는 피라미드,
이스터섬의 석상, 그리고 수입된 야자수)를 드러낸다. 그러한 요소들은
원래 장소에서 옮겨진 것이거나 무장소적인(placeless) 것으로 기술될
수 있으며, 고유하거나 뚜렷한 특징(예를 들어, 라스베이거스의 시저스
팰리스 또는 그곳에만 있는 거리)으로 적절하게 기술될 수도 있다. 그러

한 무장소적인 요소는 일반적이고 아마도 객관적으로 발전된 과정의
결과이지만, 특수한 맥락에 통합되어왔다. 우리는 객관적 일반화 중의
하나가 아니라 주관적인 특수성의 세계를 경험한다. 그리고 자기 자신
을 자의식적으로 객관적인 것과 주관적인 것 사이에 자리매김할 수 없
다. 장소에 대한 연구는 특수성에서 시작해야 하고, 그것을 통해 장소
에 고유한 측면과 무장소적인 측면이 어떻게 융합되는가, 그리고 어떤
종류의 균형으로 융합되는가에 관한 재미있는 문제를 고찰해야 한다.

　여기에 19세기에 활동하던 예술·산업사회 비평가였던 존 러스킨
(John Ruskin)으로부터 인용한 사례가 있다. 1866년에 출판된 그의 저
서『야생 올리브로 만든 왕관』(*The Crown of Wild Olive*)의 서문에서 한
때는 맑고 때묻지 않았지만 그 당시 이미 개발로 더럽혀진 런던 남부
카샬톤(Carshalton) 웅덩이 물에 대해 기술하고 있다. "그 장소의 비열
한 인간들이 자신들의 거리와 집을 불결한 것으로 만들고 있다. 먼지
와 진흙 더미, 낡고 부서진 금속 조각, 그리고 악취가 나는 누더기가
흩어져 있다"(Ruskin, 1866: 386). 여섯 명의 사람들이 하루 동안 일을
해서 그러한 더러운 것들을 청소해낼 수 있지만, 러스킨은 기민하게
그 하루 동안의 일이 결코 수행되지 않는다고 논평하고 있다. 그는 그
개울에서 언덕 위로 걸어 올라갔고 새로운 선술집에 다다랐다. 그 선
술집 담장 앞에는 약 2피트 깊이로 움푹 들어간 곳이 있었고, 그곳은
오로지 뒤쪽에 있는 쓰레기가 바람에 날리는 것을 막을 목적으로 세워
진 웅장한 철제 울타리로 둘러쳐져 있었다.

　　이제 아무런 쓸모 없이 그 조그마한 필지의 땅을 둘러싸고 있던 그리고 그
　부지를 유해한 것으로 만들었던 철제 울타리는 카샬톤 웅덩이를 세 배 이상으
　로 청소할 만큼의 많은 양의 작업을 말하는 것이었다—광산에서의 갑갑하고 위
　험한 작업, 용광로에서 이루어지는 격렬하고 소모적인 작업, 적절하게 디자인
　하지 못하는 제대로 배우지 못한 학생의 바보 같고 앉아서만 수행해야 하는 작

업······ 이러한 작업이 다른 작업 대신에 행해진 것, 부지를 재생시키기보다는 오히려 그것을 더럽히는 데 정력과 인생이 소모된 것, 그리고 약효가 있을 정도로 신선한 공기와 깨끗한 물 대신에 먹을 수도 없고 숨쉴 수도 없는 전적으로 가치 없는 금속을 생산하는 데 정력과 인생이 소모된 것을 어떻게 받아들일 수 있게 되었는가?(Ruskin, 1866: 387-388)

이제 많은 장소에 대해 제기할 수 있는 하나의 예민한 문제가 있다. 그것으로 인해 러스킨은 19세기 산업경제에 대해 신랄하게 비판을 가하게 되었다.

러스킨의 기술은 중간성(betweenness)에 대한 어떠한 문제도, 카셀톤의 객관적인 측면과 주관적인 측면 사이의 동요에 대한 어떠한 문제도 보지 못하고 있다. 오히려 그는 그 장소의 특수한 특징들에서 산업활동에 깊숙이 박혀 있는 의미를 발견했다. 추상적인 과정은 장소의 세부 특성을 통해 드러난다. 매우 잘 발전된 지리학적 장소감이란 지역의 개성을 주의 깊게 바라보고 그것에 대해 열린 마음을 유지하며, 그리고 나서 그것을 통해 그것이 의미하는 더욱 더 큰 패턴과 과정을 파악하는 것이다. 이것의 역도 못지 않게 중요하다. 예를 들어, 진보 또는 경제적 성장에 대한 사회이론과 사회적 추상화는 특정 장소에 사는 개인들의 실제 생활에서만 실질적인 의미를 갖게 된다.

## 완벽한 장소감의 소멸

오래된 심리학 교과서에는 종종 난쟁이 같은 인체모형(homunculus) -그 모양은 뇌의 얼마나 많은 부분이 다양한 신체 부위로부터 나오는 감각작용에 집중하고 있는가에 의해 결정됨-의 도식을 포함하고 있다. 이것은 재미있는 것이 아니다. 그 난쟁이는 몸이 왜소하고, 팔다리가 짧고, 입과 얼굴이 매우 컸다. 아울러 발도 컸으며 손은 그보다 더욱 컸다. 시각은 두뇌의 실질적인 부분인 선조피질(area striata)에 위치해 있다. 그리고 그것들이 포함된다면, 해부 실험용 인체모형은 또한 괴물과 같이 팽창된 눈을 갖게 된다.

우리가 가진 감각 중 일부는 정보를 세계에서 우리의 뇌로 안내하는 기관들을 갖고 있고, 어떤 감각들은 그렇지 못하다. 불행히도 해부 실험용 인체모형으로서의 난쟁이는 장소감을 위한 기관과 외피층(cortical region)을 결여하고 있다. 그것을 위한 기관-또 다른 코, 또는 제3의 눈-이 추가적으로 있었다면, 환경적 관계가 매우 확실하고 명확하게 될 것이다. 실제로 우리가 말할 수 있는 모든 것은, 장소감이 다른 기관들에 의해 입수된 정보를 통합하는 합성적 능력이라는 사실이다. 그것은 아마도 뇌에 어떤 고정된 위치를 갖고 있지 않는 웹(web)이라고 간주하는 것이 가장 적절할 것이다. 그러나 장소감에 대해서한 가지는 분명하다. 즉, 장소감은 과거에 대한 향수와 전성기를 위해 남겨진 기억력의 일부와 중첩된다. 왜냐하면 장소감에 대해 쓰여진 거의 모든 것이 오래되거나 전통적인 것을 찬미하고 새로운 것은 모두 비난하기 때문이다.

완벽한 장소의 시대는 역사적으로 고정되어 있지 않다. 사회심리학자 에릭 월터(Eric Walter, 1988)와 같은 사람들에게는, 그러한 시대는 신과 인간의 세계가 명확하게 일치했던 고전시대였다. 다른 사람들에게는 완벽한 장소의 시대가 중세 또는 르네상스 시대에 있었다. 『장소의 경험』(The Experience of Place)을 저술한 뉴욕 출신의 저널리스트인 토니 히스(Tony Hiss)에게는 그러한 시대가 미국 북동부의 1930년 이전 시기인 것 같다. 원래 잉글랜드 출신이지만 현재 캘리포니아에 살고 있는 건축가 크리스토퍼 알렉산더(Christopher Alexander)에 따르면, 보다 이해하기 어렵게, '무명의 특성'(a quality without a name)-우리

가 충분히 인식할 수 있지만 어쨌든 정확하게 정의할 수 없는 장소의
우수한 속성에 대해 알렉산더가 붙인 용어-을 갖고 있는 모든 환경
에서, 그것을 발견했다고 한다. 그의 저서 『시간초월적인 건축방식』
(*The Timeless Way of Building*)에 수록되어 있는 사진들은, 그 지방 특유
의 많은 배경, 그리스와 영국의 마을들, 그리고 파리와 암스테르담 중
심부의 일부를 포함하고 있다. 그리고 그는 잉어가 영원히 못에서 헤
엄치는 것인 양 헤엄치고 있는 일본의 농장에 대해 구체적으로 기술하
고 있다. 알렉산더(1979: 164)의 주장은 사랑, 걱정, 인내심이 환경과
조화를 이루는 곳은 어디에서든지, "인간의 다양성, 그리고 특수한 인
간생활의 현실이 장소의 구조 속으로 자신들의 길을 찾아갈 수 있다"
는 것이다.

예를 들어, 오래된 장소가 최근에 만들어진 것보다 훨씬 더 좋은 이
유에 대한 통상적인 설명은 캐나다의 사해동포주의 철학자이자 저널
리스트로서 유럽에 거주하고 있는 마이클 이그나티에프(Michael Ignatieff,
1984: 138)가 그의 저서 『이방인의 욕구』(*The Need of Stranger*)에서 제
기한 주장에 담겨 있다. 그는 20세기 초까지 대부분의 인간 삶이 그들
이 하루 동안에 걷거나 타고 갈 수 있는 거리에 속박되었다고 기술하
고 있다. 방언과 지역 정체성은 지역의 산물과 전통을 활용하여 독특
한 스타일을 만들어냄으로써, 더욱 뚜렷해지게 되었고 강화되었다. 사
회가치, 기술, 환경 간의 조화가 우세하였으며, 근본, 장소의 정신, 어
떤 곳에 귀속하고자 하는 욕구에 관해 고대 언어로 표현되었다고 한
다. 진정으로 장소감은 강력하고 긍정적인 힘이었다.

조국의 다양한 경관에서 커다란 즐거움을 느꼈던 유명한 프랑스 지
리학자 비달 드 라 블라슈(Vidal de la Blache)는 1913년 지리학을 '장소
연구'라고 정의함으로써 지리학의 성격에 대한 책을 저술하였다(Vidal
de la Blache, 1913). 비달의 관심을 끌었던 경관은 거리와 지역문화의

탄성(彈性, resilience)에 의해 외부 영향력으로부터 상대적으로 보호된 장소의 다양성으로 가득 차 있었다. 지리학자들이 세계의 현상에 대해 오랫동안 관심을 가지면서 그러한 다양성을 지각하는 데 헌신해야 한다는 것은 전적으로 적절한 것 같다. 물론 실제 장소의 경계는 침투될 수 있다는 점도 인식되었다. 여행가, 순례자, 학자, 지역을 순회하는 장인은 그 밖의 다른 지역으로부터 지식을 가지고 왔지만, 그러한 지식은 지역의 전통, 건축양식, 그리고 지역에 대한 구술에 부과되기보다는 오히려 변함 없이 그러한 것들에 맞춰 변화되었다. 전근대 세계에서 어떤 것을 수행하는 지역의 독특한 방식이 그 지역으로 유입된 보편적 관행과 균형 속에 있었고, 그 결과가 쉽게 드러나는 경관의 다양성이었다고 믿는 것은 충분히 그럴만한 이유가 있는 것 같다—모든 장소는 독특하지만, 외부인이 이해할 수 없을 만큼 상이하지는 않았다.

　이론적 지식은 때때로 사회질서와 인간 생활양식의 실질적인 변화를 가져올 만큼의 힘을 지니고 있다. 예를 들어, 이 점은 뉴턴의 물리학과 이성의 시대의 다양한 철학에 대해서 주장할 수 있다. 우선 그러한 물리학과 철학들이 먼저 사고되었고, 그러한 연후에 세계는 그러한 이미지에 훨씬 더 가깝게 조응하는 방향으로 변하였다. 다른 시기에서는 세계 그 자체가 변하고 이론적 지식이 그것에 보조를 맞추려고, 그리고 무엇이 일어나고 있는가를 설명할 관념과 이미지를 발견하려고 노력한다. 1850년과 1950년 사이에, 그리고 지금도 어느 정도는, 장소에 대한 지리학적 이해가 현실과 보조를 맞추려고 노력해왔다. 비달의 지리학에 대한 정의는, 그가 1913년에 그것을 기술했으므로 시대에 뒤떨어졌다. 수십 년 동안 지역문화의 탄성은 기술적, 정치적 과정의 공격을 받아왔다. 옥스퍼드 영어사전에 수록된 '지리학'이라는 단어 아래 도입부에는 이 점을 잘 보여주는 19세기 중반의 두 가지 의미심

장한 인용구가 제시되어 있다. 에머슨(Emerson)이 1854년에 쓴 "우리는 철도와 전보가 우리의 거대한 지리를 정복하는 것을 보아왔다"라는 문구와 1859년에 레버(Lever)가 선언한 "과학은 대중화되었고, 멀리 떨어진 지역의 지리를 알게 되었다"라는 구절이다. 그때조차도 장소의 특이성이 억압될 것이라는 점에서 지리학의 새로운 논리가 나타나고 있다는 느낌은 있었다. 월트 휘트먼(Walt Whitman)은 역설적이게도 『풀잎』(Leaves of Grass, 1855)에 적절히 배치한 '브루클린 횡단 페리'(Crossing Brooklyn Ferry)라는 시에서, 미래가 가져다 줄 것에 조응하여 그러한 변화가 풍기는 냄새를 맡았다. 그는 이렇게 표현하고 있다. "그것은 시간과 장소 모두에 도움이 되지 않는다─거리는 유용하지 않다."

이 점에서 지리학자들은 절망적이게도 자신들의 주제를 다루지 않았다. 지리학자들은 자신들의 연구와 저술에서 대체로 도시와 산업경제를 무시했으며, 그 대신에 그러한 극적인 변화에 영향을 받지 않은 지역을 계속해서 연구하였다. 이것은 마치 대부분의 지리학자들이 실질적인 증거 파악에는 관계없이 지역의 다양성이 갖는 중요성에 대한 믿음을 지속시키겠다는 합의에 도달한 것 같았다. 사실 1950년대가 되어서야 지리학자들은 새로운 경제 현상과 도시 현상에 대해 기술하기 시작했다(이 점은 이 책의 제9장에서 패트 고버가 언급하고 있다). 필자는 이러한 연구흐름을 오랜 집단적 맹목성(collective blindness)의 시대라고 부른다고 해도 과언이 아니라고 생각한다. 지리학이라는 학문 전체가 자기 자신을 기만하는 플라톤의 동굴 속에 갇혀 있었고 무엇이 되었든 간에, 지역적 다양성과 장소의 특이성을 추구하고자 했다. 이것은 장소감을 포함해서 자기 자신의 감각에서 나오는 증거를 무시하기가 얼마나 용이한가를 보여주는 유익한 교훈이다.

## 모더니즘과 무장소성

전근대적인 장소는 그것의 지리적, 문화적 맥락과 상대적으로 멀리 떨어져 있다는 점으로 인해 그렇게 보였다. 전근대적 장소의 겉모습은 다른 어떠한 것만큼이나 필연적인 문제였고, 그 속에서 살아가는 것에 관해서는 낭만적인 것이 거의 없다. 이 점에 대해 필자는 증인이 될 수 있다. 왜냐하면 필자가 1950년대 중반까지 상수도나 전기가 들어오지 않은, 와이(Wye) 계곡이 바라보이는 남부 웨일스 지방의 마을 —하나의 마을의 형태를 갖추었다기보다는 오히려 가옥들이 산재되어 있는 형태였다— 에서 성장했기 때문이다. 부분적으로 이 마을의 낙후성으로 인해, 마을은 매우 독립적인 커뮤니티였다. 모든 사람들이 서로 알고 지냈으며, 많은 사람들이 마을 밖으로 1마일 이상을 여행하지도 않고 평생을 살아갔다. 내가 살던 마을은 겨울에 눈 때문에 수주 동안 길이 봉쇄되는 역경에 직면했을 때도 놀랄 만한 생명력을 지니고 있었다. 그러나 모든 긍정적인 특징에도 불구하고 이 마을은 살아가기에 특별히 편안하거나 편리한 장소가 아니었다. 그리고 시골생활이 도시 중산층에게 매력적으로 보이게 되었던 1970년대에는 지역 주민들 다수가 자신들의 토지를 서둘러 팔고 인근 읍내로 이주하였다. 마을 주민들의 작고 축축한 오두막은 새로 들어온 도시민들에 의해 대폭 개·보수되거나 교외의 정취를 지닌 보행자 도로와 가로등을 갖춘 대규모 가옥의 필지들로 대체되었다. 새로 이주해온 주민들은 직장까지 장거리 통근을 하고(어떤 사람들은 약 100마일 이상 떨어진 런던까지 통근함), 플로리다나 또는 터키에서 휴가를 보내며, 사라져 가는 축제행사를 재생시켰고, 새로운 커뮤니티 생활을 창출했다. 오래된 선술집 하나는 할리우드 영화배우를 비롯한 단골 고객을 가진 프랑스식 레스토랑으로 개조되었다. 그 마을은 내가 성장했던 곳이었지만 정말로 다른 장소가 되어 있다.

필자는 그 마을에서 일어난 이상과 같은 변화에서 그러한 변화의 도래가 상대적으로 늦었다는 것을 제외하고는 두드러질 만한 어떠한 것도 보지 못한다. 1900년대 이래로 비슷한 사회적, 지리적 변화가 전 세계적으로 마을, 도시근린, 그리고 소도읍에 침투하였다. 두 번의 파도로 들어온 이러한 변화─모더니즘 그리고 포스트모더니즘─는 장소의 겉모습과 의미를 크게 변화시켜놓았다.

비달이 지리학을 장소 연구라고 공포한 20세기 첫 10년 동안, 유럽 전역의 예술가, 시인, 그리고 건축가들은 동시에 전통의 짐을 벗어 던지고 전기, 자동차, 대량생산이라는 새로운 기술을 반영하는 추세를 따라 사회와 예술을 새롭게 만들려고 노력하고 있었다. 그들은 자신의 영감을 과거에 의지하지 않고 미래에 의지하였다. 그 결과는 극적이었고 전례가 없었다. 브라크(Braque)와 피카소의 추상화, 덩컨(Duncan)과 니진스키(Nijinsky)의 무용, 그리고 그로피우스(Gropius), 르 코르뷔지에(Le Corbusier), 그리고 바우하우스학파(Bauhaus)의 금욕주의자처럼 기하학적이고 장식이 없는 건물들, 이것은 모더니즘이었다. 그것은 거대 사회이론이었고, 전통, 관습, 장식, 또는 지역문화에 대해 어떠한 여지도 허용하지 않았다.

모더니즘에 초기 중심이 있었다면, 그것은 바우하우스로서 1920년대 독일 동부 데사우(Dessau)를 근거지로 하였던 디자인 학교였다. 바우하우스의 구성원들은 예술가들과 건축가들이 절충적으로 혼합된 집단으로서 모든 것들─의자, 활자체, 직물, 전등, 주방기구, 주택, 오피스, 공장, 도시계획, 그들 자신의 학교건물─에 대해 장식이 없고, 능률적이고, 그리고 기하학적인 디자인을 개발하였다. 그러한 디자인의 이면에 있던 미학 원리는 기능적이고 미래지향적이어야 한다는 것이었다(하지만 바우하우스의 의자에 앉으려고 노력했던 모든 사람들이 기능은 때때로 외관상으로만 존재할 뿐이었다는 점을 알고 있다). 그 이면에 있는 사회이데올로기는 민주주의적이었다―모든 것들은 대량 생산되어야 하고 그렇게 해서 모든 사람들에게 그 효용이 미쳐야 한다는 것이다. 수 년 동안 바우하우스의 책임자였던 건축가 발터 그로피우스 (Walter Gropius, 1965: 39-40)는 주택은 공장에서 대량생산되어야 하고, 그러므로 집의 모든 부분들이 표준화되어야 한다고 말했다. 특이성은 역사적 스타일이나 지역이 아니라, 그러한 표준화된 부분들을 사용하는 개인들의 표현 결과여야 한다고 했다. 다시 말해, 모더니스트 디자인은 지리학을 전혀 필요로 하지 않는다. 그러한 디자인은 어떠한 곳에서든지 똑같이 적용될 수 있다는 것이다.

　이것은 귀중한 교훈으로 판명되었다. 1930년대 초 바우하우스가 나치(Nazis)에 의해 폐쇄되었을 때, 그곳의 건축가들은 자신들의 정치적 성향에 따라 북미와 소련으로 흩어졌다. 거기서 그들은 데사우에서 했던 만큼 많은 작업들을 계속해서 수행할 수 있었다. 북미에서 그들은 유리로 된 고층 오피스를 전문으로 삼게 되었고, 소련에서는 교외에 기하학적으로 배치된 아파트 단지를 설계했다. 유럽과 미국의 도시들이 급속도로 팽창하거나 근본적으로 재개발되었던 1950년대와 1960년대에는, 바우하우스의 건축가들과 그들의 모더니즘적인 제자들은 무장소성을 특징으로 하는 자신들의 설계를 편안하게 활용할 수 있었다. 그들의 설계는 국제적 기업체들의 의도와 잘 맞아떨어짐으로써, 양자는 곧 거의 구분할 수 없게 되었다. 홀리데이 인(Holiday Inns), 맥도날드(McDonald's), 소니(Sony), 아이비엠(IBM), 폭스바겐(Volkswagen), 쉘(Shell)은 모든 곳에서 건물이나 생산물을 표준화했다. 만일 재건축된 도시 중심부와 새로이 건설된 교외지역이 어떤 차별성을 갖고 있다면, 그것은 오래된 도로 패턴이나 이름 때문이었다. 그 지역들의 구성요소들―예를 들어 오피스건물이나 프랜차이즈―은 입지에 상관없이 종종 동일하였다. 국지적인 것과 보편적인 것 사이의 균형은 변화를 겪게 되었고, 동일성이 지리적 차이를 압도하기 시작했다.

일군의 지리학자들은 1950년대에 지리학의 오랜 수면에서 깨어나 이렇게 나타나고 있는 균일성을 인식하게 되었고, 균일한 공간과 중심지에 대한 이론에서 그러한 균일성을 찬미하였다(이 책의 제8장을 보라). 1970년대에 두번째 집단은 이와 달리 바라보기 시작했고 찬미할 이성이 거의 없다고 보았다. 그들에게 분명한 것은, 건축가, 계획가, 그리고 국제적인 기업체로 구성된 모더니스트적 컨소시엄이 자신들의 동료인 몇몇 지리학자들의 도움을 받아 자신들의 학문세계에서 매우 오랫동안 높이 평가받아온 장소의 다양성을 체계적으로 근절시키고 있다는 점이었다. 그들은 큰소리로 귀에 거슬리게 이의를 제기한 것이 아니라, 사려 깊고 신중하게 이의를 제기하였다. 이러한 지적인 항의의 중심에는 널리 읽혀지는 투안(Yi-fu Tuan)의 『장소애』(*Topophilia*—이는 글자 그대로 장소에 대한 사랑을 의미함)가 자리잡고 있었다. 이 책의 서문에서, 투안은 그의 관심사가 세계를 변화시킬 응용지식에 있지 않고, 우리의 환경에 대한 태도를 이해함으로써 우리 자신을 어떻게 더 잘 이해할 수 있는가에 있다는 점을 분명히 하고 있다. 『장소애』에서 투안은 환경에 대한 긍정적인 측면들로서 장소와 다양성에 대해 기술하였다. 그는 고향과 과거에 대한 향수에 대해, 유토피아에 대해, 사적 경험과 우주, 그리고 상징성에 대해 언급하였다. 그는 또한 이상적 장소에 대해, 그리고 해변, 계곡, 섬, 황무지, 산지와 같은 끊임없이 호감을 끄는 환경에 대해 언급하고 있다. 게다가 그의 모더니스트 동료들 다수가 이미 사라졌다고 생각한 문제들에 대해 언급했다. 사실 이러한 점은 투안이 다음에 오는 변화의 물결을 부드럽게 알리고 있는 것으로 판명되었다.

## 포스트모던적 장소의 재생

1968년 로버트 벤츄리(Robert Venturi)는 일군의 예일대 대학원생을 라스베이거스로 데려가서 그곳의 번화가를 연구하도록 했다. 모더니스트들은, 라스베이거스의 번화가에서 조금이라도 자신들의 주의를 끄는 한, 가로등과 간판, 산재된 건축물, 아무런 목적 없는 공간이 넘쳐나는 것에 대해 단지 비판을 가할 수 있었다. 그들에게는 이 모든 것들이 역기능적인 건축학적 쓰레기들이기 때문이다. 그러나 벤츄리와 그의 학생들이 본 것은 건축양식, 장식, 전령사와 같은 간판, 그리고 의식을 치르는 것 같은 공간 등이 보여주는 놀라울 정도의 생명력이었다. 이것은 반세기 동안 장소감과 미국의 평범한 경관에 대해 웅변적인 글을 써온 지리학자로 여겨지는 잭슨(J. B. Jackson)으로부터 그들이 부분적으로 배웠던 관찰 방식이었다(예를 들어 Jackson, 1970을 보라).

『라스베이거스로부터 배움』(Learning from Las Vegas, Venturi, Scott-Brown and Izenour, 1972)은 건축에 있어 모더니스트적 거품에 일격을 가했다. 그 이후로 모든 유형의 건물들은 점차 색이 있는 외관, 뾰족 지붕, 로마네스크식 아치, 그리고 신고전적 기둥으로 점차 장식되어 갔다. 이러한 자의식적인 역사적, 장식적 접근은 포스트모더니스트 양식으로 불리게 되었다.

포스트모더니즘은 건축상의 유행 이상이다. 문학, 예술, 철학에도 그것에 조응하는 것이 있다. 그리고 이 용어는 애매모호한 학문적 논쟁에 의해 혼란스럽게 되었다. 그럼에도 불구하고 이 개념은 충분히 명확하다. 그것은 모더니즘을 뒤따라오면서 동시에 모더니즘의 주요한 교의에 이의를 제기하는 어떤 것을 묘사하고 있다. 모더니즘은 미래, 표준화, 장식이 없는 기능성을 옹호하였다. 포스트모더니즘은 과

거, 차이, 장식, 그리고 예측 불가능성을 찬미하고 있다. 포스트모더니
즘은 모더니즘과의 관계에서만 존재하기 때문에, 이 점에서 아이러니
를 지니고 있으며, 그래서 포스트모던 건물은 그것의 장식적 외관의
이면에 철골조, 에어컨, 광케이블, 그리고 음성안내 승강기를 갖추고
있는 정말로 첨단 기술적인 것이다.

포스트모더니즘의 기원 중 일부는 1960년대의 다양한 저항운동－
시민권운동, 반전시위, 여성운동, 환경운동－에 있는 것 같다. 제인 제
이콥스(Jane Jacobs)의 『미국 대도시의 죽음과 삶』(The Death and Life of
Great American Cities, 1961)은 모더니즘에 반대하는 논평이자 도시근린
을 지키려는 항변이었다. 도시근린에서는 도시 재개발과 고속도로 건
설에 대한 많은 반대운동이 분출하였다. 건축과 계획에서 몇십 년 동
안 억압당했던 역사의 문제는 이제 갑자기 재발견되었고, 그것을 또
다른 위협으로부터 지키기 위해 유산으로서 보호를 받게 되었다. 1965
년경까지 유산이라고 한다면 대통령의 출생지와 같이 소수의 정치적
으로 중요한 곳을 보호하는 데 한정되었다. 1968년 미국에서는 전국
적인 역사적 명소의 목록(National Register of Historic Places)에는 아무
것도 들어 있지 않았으나 1978년에는 거의 2,000개에 이르게 되었다.
이러한 역사의 발견에는 지리적 다양성에 대한 열정의 부활이 뒤따랐
다. 독특한 장소들은 전적으로 관광객을 끌어들이는 곳으로서 그 매력
을 상실한 적이 없었다. 하지만 1950년대 도시에서는 많은 것들이 도
시 재개발과 교외화로 파괴되었다. 1970년경부터는 그림과 같은 도시
경관, 좋은 경치, 쾌적한 기후, 모래사장으로 된 해변, 또는 이상적으
로는 이 모든 것을 두루 갖추었다면 어떤 곳이든 거주지 또는 관광지
로서 여겨지게 되었다. 필자가 한때 살았던 남부 웨일스 지방의 마을
은 수려한 자연미를 갖춘 지역(Area of Outstanding Natural Beauty)으로
지정되었고, 새로운 유형의 주민들을 끌어들였다. 비효율적인 침체지

역으로 거의 방치되었던 프로방스(Provence) 지방의 소읍들은 파리시 민이나 또는 영국인들의 별장 커뮤니티로서 새로이 태어났다. 뉴욕, 필라델피아, 샌프란시스코, 그리고 토론토의 도심에서 쇠락해가는 주 거지는 여피족들에 의해 도심부흥(gentrification) 과정을 겪게 되었다.

이러한 장소감의 재생에 어려움이 전혀 없었던 것은 아니다. 지리학자 데이비드 하비(David Harvey, 1989)가 지적하였듯이, 포스트모더니티의 조건은 명백하게 차이를 강조하면서도, 점차 교묘해지는 착취형 태와 결합되어 있다. 그는 포스트모던 세계의 장소감은 이윤을 위해 착취될 수 있다고 논평하고 있으며, "근원에 대한 추구는 나빠봐야 이미지로서 생산되고 판매되는 것으로 끝난다…… 잘해봐야 역사적 전통은 지역 역사에 대한 ……박물관 문화로서 재조직화된다"(Harvey, 1989: 303)고 기술하고 있다. 산업혁명의 중심지로 여겨지는, 영국 아이런브리지(Ironbridge)에 있는 블리스트 힐 박물관(Blist's Hill Museum)은 결코 존재하지 않았던 하나의 소읍을 창출하기 위해 도입된 진짜 산업시대 건물로 구성되어 있고, 20세기 말에 실업자가 되었을 사람들이 19세기 중반의 노동자처럼 일하기 위해 그 당시 옷을 입고서 근무하고 있다. 아마도 수백, 수천 개의 그러한 역사적 취락들이 전세계에서 창출되어왔다. 그러한 취락들 중 대부분은, 옮겨져 왔고 새로이 단장되었지만, 적어도 그 지방의 역사 및 지리와 상당히 관련이 있다. 그러나 이러한 연관성은 매우 먼 곳으로 확장될 수 있고, 본질이지는 않다. 런던브리지(London Bridge)가 미국 애리조나주로 옮겨졌고, 곤돌라가 토론토의 수변(水邊)지역에서 부지런히 움직이고 있다.

이상에서 언급한 모든 것의 이면에 있는 메시지는 간단하다. 사람들은 특이한 것을 선호한다는 것이며, 그래서 특이한 것이 창출되어야 한다. 이러한 창조적 과정 속에서 지리적 맥락은 유용한 자원일 뿐 결코 제약일 수 없다. 대중적으로 호감을 끄는 모든 재미있는 지역이 그

러할 것이다. 인류학자 클리포드 기어츠(Clifford Geertz, 1988: 131)가
지적하였듯이, 이제 중요한 문제는 "국지성이 외국으로 실려갈 때, 현
실적으로 무슨 일이 벌어질까?"이다. 이것에 대한 간단한 대답은 테마
파크(theme parks)인데, 이것은 방문객들이 여행의 수고를 들이지 않고
모든 곳의 가장 좋은 것을 향유할 수 있도록 멀리 떨어져 있는 환경과
장소를 복제하고 이상화시킨 것이라고 할 수 있다. 약간 더 복잡한 대
답은 라스베이거스의 거리에서 분명해진다. 이곳은 일종의 벽이 없는
테마파크, 걸어 들어가 감상하는 홀로그램(walk-in hologram), 고대 이집
트와 폴리네시아, 중세 잉글랜드, 열대, 고대 로마, 또는 상상력을 자
극하는 모든 곳에서 차용한 가장 좋은 장소 이미지와 시간 이미지의
가상지리(virtual geography)로 변형되고 있다. 역설적이게도, 라스베이
거스의 거리는 다른 장소의 기이한 부분들로 구성된 특징적인 장소이
다. 다소 정교함이 떨어지는 규모이기는 하지만, 국제적인 패스트푸드
프랜차이즈가 쭉 입주해 있는 쇼핑몰의 식당가라는 세속적인 환경에
서도, 전세계로부터 거리명과 건물양식을 자유롭게 차용한 신개발 주
택지에서도 비슷한 지리적 혼란이 발견된다. 기어츠(1986: 121-122)는
우리가 각종 요리, 사람, 건축양식이 이동하는 와중에서, 점점 더 하나
의 거대한 콜라주(collage) 속에서 살아가고 있다고 기술하고 있다.

필자는 그 밖의 다른 지역으로부터 복제하고 차용하는 과정을 지리
적 인용(geographical quotation) 또는 다소 덜 관용적으로 말하자면 장
소의 표절(place plagiarism)로 간주할 수 있다고 본다. 그것이 비난할
만한 것인지 아니면 쾌락의 근원인지의 여부는 새로운 장소와 지리학
의 논리가 여기서도 작동한다는 사실만큼이나 필자에게 중요하지 않
다. 전근대적 논리는 장소정체성이 입지와 전통으로부터 발전했으며,
그러한 지리적 다양성 속에서 자체적으로 드러나고 있었다. 관습과 양
식은 지역에서 지역으로 옮겨졌지만, 이러한 차용의 과정은 상대적으

그림 10.2 "우리는 사기 업에게 서 있을 장소를 임대해주었다."(McLuhan, 1964: 73) 어느 버스 정류장에서 몬트리올을 찬미하는 코카콜라 광고물. 저자 사진.

로 지역 특성에 굴복하였다. 모더니스트의 논리는 장소가 부적절하고, 지리는 국제적인 경제력과 유행에 의해 결정되어야 한다는 것이다. 지역이 복종적인 위치에 서게 되었고 장소들이 서로 점차 비슷해진다는 점에서 이것의 표현이 바로 무장소성(placelessness)이다. 장소의 포스트모던 논리는, 장소들이 개발업자와 설계사가 원하는 어떠한 곳과도 비슷해질 수 있다는 것이다. 실제로 이것은 보통 무엇이 고객을 유치하고 무엇이 팔릴 것인가에 대한 시장조사에 기반하고 있다. 포스트모더니티에서는, 마치 특징적인 장소들의 가장 좋은 측면이 유전적으로 개량되고 나서 뿌리째 뽑혀 기하학적으로 재배열되는 것과 같다. 토론토

출신의 미디어에 관한 최고 권위자인 마샬 맥루한(Marshal McLuhan)은
이러한 순서를 예견하였다. 『미디어의 이해』(*Understanding Media*, 1964:
73)에서 그는 아르키메데스(Archimedes)가 한 말―나에게 서 있을 곳
을 달라. 그러면 내가 세계를 변화시킬 것이다―을 인용하고 있다. 그
리고 나서 "우리는 민간기업에게 서 있을 장소를 임대해 주었다"(그림
10.2)라고 통렬하게 논평하고 있다.


## 장소감 대(對) 지리적으로 속는 일

포스트모던적 장소에서 명백하게 드러나는 것의 많은 부분은 지리
적으로 무관하다는 것이다. 포스트모던적 장소는 맥락 그리고 정체성
을 갖고, 단단히 그리고 느슨하게 연출되고 있다. 장소가 무엇이고 그
것이 어디에 있을 수 있는지에 대한 오래된 관습을 포스트모던적 장소
가 깨고 있다. 그 결과는 라스베이거스에서처럼 피상적이고 상업적인
것으로 볼 수 있다. 그러나 그러한 결과도 자의식적으로 재미있으며,
필자가 생각하기에는 그것을 판단함에 있어 우리가 너무 독선적이고
점잔빼지 않도록 주의해야 한다. 반면에 무엇이 일어나고 있는가에 대
해 지나치게 용인을 하거나 너무나 쉽게 속아넘어가지 않는 것이 중요
하다. 왜냐하면 포스트모더니즘에 있어서 매우 많은 것들이 기만에 관
한 것이기 때문이다. 장식된 돌로 보이도록 만들어진 콘크리트, 야자
수처럼 보이게 만드는 유리섬유, 오래된 건물처럼 보이게 만든 신축
건물, 세계적 기업이 개발한, 이상한 가로패턴과 지역적 건축양식을
가진 신(新)전통적(neotraditional) 신도시 등이 그 예이다. 무엇이 그 장
소에 속하는 것이며, 무엇이 수입되어 왔으며, 무엇이 거기서 만들어
졌는가를 아는 것은 중요하다. 다시 말해, 실제 이루어지고 있는 것에

의해 기만을 당하지 않는 것이 중요하다.

지리적 장소감을 가르침에 있어 주요한 작업은, 이제 즐거운 의심이라고 일컬을 수 있는 것을 제시하는 것이다. 이것은 장소와 경관에 대한 조심스럽고 편견 없는 관찰과 관련되어 있다. 물론 거만하지도 냉소적이지도 않다. 그것은 우리가 장소의 구성요소들과 그 구성요소들이 관련되어 있는 방식, 그리고 그것들의 원래의 맥락을 분류할 것을 요구한다. 지리학자 퍼스 루이스(Peirce Lewis, 1979)는 그런 작업이 무엇과 관련되어 있는가에 대해 좋은 아이디어를 제시하였다. 그는 인공경관이, 특히 시간, 노력, 자금의 막대한 투자에 관련되어 있기 때문에 문화에 가치 있는 실마리가 된다고 주장한다. 즉, 인공 경관은 그것이 좋은 이유로 그렇게 하는 것처럼 보인다는 것이다. 우리가 조심스럽게 살펴본다면, 건축업자들의 이런저런 주장과 항상 일치하지 않을 수도 있는 그러한 이유들을 발견할 수 있다. 루이스는 조심스럽게 보기 위해서는 우리가 거의 모든 것을 균등하고 연관되어 있는 것으로서 다루어야 한다고 충고한다. 즉, 부유하고 유명한 사람들의 저택, 트레일러 파크(trailer parks), 고층건물, 쇼핑몰, 잔디 장식 등 이 모든 것이 문화적 의미를 갖는다. 이처럼 평범한 것들에 대해 광범하게 관찰한다는 것은 다른 사람들의 전문적 견해나 교과서에 의존하여 자란 세대들에게는 정말로 어려운 일이다. 물론 루이스는 이 점에 굴복하지 않고 있다. 그는 사람들이 "스스로 관찰하는 방법을 정말로 가르칠 수 있는데, 이것은 대부분의 미국인들이 해본 적은 없지만 해야만 하는 것이다"라고 적고 있다. 루이스는 보는 것, 읽는 것, 그리고 생각하는 것을 번갈아 행함으로써 우리가 갖게 될 것이라고 생각하지도 않았던 질문들을 제기할 수 있으며, 우리가 단지 소란과 어수선함만을 보았던 그 경관 속에서 질서를 규명해낼 수도 있고, 그렇지 않다면 '맑은 정신으로 가는 길일 수 있는'(Lewis, 1979: 27) 두드러진 결과를 낳을 수도 있다고 한다.

필자가 생각하기에, 경관을 읽어내고 지리적 장소감을 개발하는 데 정말로 중요한 것은, 그러한 기술이 우리가 자신 스스로 세계와 그 경관을 비판적으로 바라보아야 한다는 것이다. 우리의 삶은, 정보와 이미지가 교과서에서 왔든 텔레비전에서 왔든 상관없이 이차적인 정보와 이미지로 가득 차 있다. 그러므로 그러한 것들을 아무런 문제제기 없이 받아들이는 것은 우리가 가진 사고의 독립성을 포기하는 것에 다름 아니다. 필자는 경관과 장소에 대한 우리 자신의 관찰의 진실성에 대해서보다 우리가 들은 것의 진실성을 보다 강조하는 것은 상상할 수 없다. 어떤 사람들에게는 이것이 본능적인 능력일 수 있다. 하지만 대부분의 사람들에게는 그것은 학습되어야 하고 연습되어야 하는 것이다. 특별한 환경을 연구하는 지리학이라는 유형을 통하지 않고서는, 특히 체계적이고 개방적이며 외형의 이면에 있을 수 있는 것을 파악하는 답사(踏査, fieldwork)같은 것을 통하지 않고서는 그렇게 할 수 있는 더 좋은 방법이 없다. 지리적 장소감은 환경의 복잡한 문법을 해석하는 방법, 그리고 토지이용과 사회적 과정 간의 상호작용을 이해하는 방법을 우리에게 가르쳐준다. 그러한 방법을 마음대로 사용할 수 있게 됨으로써, 우리가 환경에 쉽사리 속게 될 가능성은 거의 사라진다. 그리고 리어왕과 달리 우리는 이곳이 어떤 장소인지를 몰라서는 안 된다.

## 중독된 장소감

장소감에서 긍정적인 많은 부분은 합리적인 균형에 달려 있다. 그 균형이 과도한 무장소적인 국제주의에 의해 무너질 때, 장소의 지역

정체성은 손상된다. 다른 극단적인 상황에서는, 균형이 과도한 국지적 또는 국가적 열의에 의해 깨질 때, 다른 장소들과 사람들을 경멸적으로 다루게 된다는 점에서, 결과적으로 중독된 장소감이 형성된다. 다시 말해, 장소감은 그 자체 내에 민족주의적 인종적 우월성과 외국인 공포증의 근거가 되는 맹목성 경향을 지니게 된다. 이러한 경향은 유럽인들이 자신들의 식민지에서 받아들이기 싫은 국지적 조건으로부터 자기 자신들을 보호하기 위해 취했던 폐쇄적인 장소형성(place cocoons)에서 명백하게 드러났다. 영국적인 것이 인도에서 재생산되었고, 스페인적 생활양식은 라틴아메리카로 수출되었다. 이러한 경향은 나치 독일에서 극명해진다. 나치 독일에서는 국가적 경관과 문화에 대한 강박관념적인 사랑으로 인해 자기 나라에 속하지 않는다고 믿는 모든 사람과 모든 것을 제거함으로써 자신들의 나라를 정화시키려는 잔인한 시도가 이루어졌다.

지난 사 반세기 동안, 중독된 장소감의 사례들은 잘 알려져 왔다. 인종적 국가주의를 가장한 장소에 대한 애착은 그 자체를 강제적으로 그리고 종종 폭력적으로 국제정치의 전면에 나아가게 했다. 이러한 분열적 편협성은 국제 기구와 전세계적인 교류의 성장으로 사라지게 될 것으로 여겨졌었다. 유럽공동체(EC)에서와 같이, 국경은 그 의미가 줄어들게 될 것이고, 문화적 차이는 오히려 기념하게 될 것으로 보였다. 그 대신에 매우 역설적인 세계가 등장하고 있다. 그 세계에서는 역사와 장소에 근거한 오래된 정치적 제휴가 표면으로 드러나서 인종적 국외자에 대항하여 격렬하게 방어되고 있으면서도, 문화적 다양성은 세계적 상업주의의 맹공을 받아 사라지고 있는 것이다. 필자는 국제 텔레비전 뉴스로부터 전세계의 수많은 지역이 미국산 담배를 피우고 러시아산 소총을 흔들면서 단지 자신들의 문화적 이웃을 말살하고 있는 젊은이들로 가득 차 있다는 인상을 받았다. 지정학적으로 보면, 이는 마치 상황이 전지구적 규모에서는 통합되면서도 이와 동시에 국지적으로는 떨어져 나가고 있는 것 같다.

인종적 민족주의에 있어 장소는 사람들이 태어난 문화와 같은 의미를 지니며, 따라서 사람들이 속해 있는, 인종적 상징과 연합의 영역과 동의어가 된다. 1993년에 정치철학자 마이클 이그나티에프(Michael Iganatieff)는, 정치적 정체성에 대한 필사적인 모색이 진행되었고 그러한 노력의 대부분이 폭력으로 소모되었던 여러 지역을 방문했다. 그는 편협한 지역주의의 재생과 시민질서의 붕괴 간의 연관성을 발견했다. 그는 수사적으로 묻는다. "만일 폭력이 합법화된다면, 그것은 한 국민에 있어 가장 좋은 모든 것의 이름으로 그렇게 되어야 한다. 그리고 무엇이 그들의 조국에 대한 사랑보다 더 나은가?" 시민질서가 붕괴됨에 따라, 안전과 생존이 최고가 되고 있다. "당신이 어디에 속해 있는가는 당신이 어디에서 안전한가"이며, 당신은 당신의 인종적 동료들 사이에서 가장 안전하다(Ignatieff, 1994: 6). 귀속이 강화되면 될수록, 국외자에 대한 적대감은 그만큼 더 커진다. 이 점은 당신의 장소와 당신의 사람들이 안전하게 되도록 인종청소의 정치와 다른 사람들의 강제적 제거로 나아가는 단지 짧은 걸음일 뿐이다. 공유된 특질의 인식을 실실적으로 배제함에 있어 독특성을 강조하는 장소감은 추하고 폭력적인 것이다. 정말로 그것은 유독한 장소감이다.


## 실측기—공통의 장소감

마이클 소르킨(Michael Sorkin)은 『테마공원의 차이』(*Variations on a Theme Park*)라는 제목을 단 20세기 말의 도시에 관한 책을 펴냈다(이 책은 라스베이거스에 매우 적절한 것이지만 이에 대해서는 다루고 있지 않음). 서문에서 소르킨(1992: xi)은 시간과 공간이 쇠퇴하는 것, 전적으로 새로운 종류의 '반(反)지리학적 도시(ageographical city)······ 도시지만 그것에 장소가 부착되어 있지 않은 도시'에 대해 깊이 생각하고 있다.

지리학의 종말이라는 이러한 뉴스는 정말로 과장되어 있다. 소르킨은 단순한 변화를 소멸로 오해하였다. 세계는 전적으로 보이지 않는 전자적 파장이 서로 연결되어 있는 체제로 변화되지는 않고 있다. 장소는 철도와 전보로 인해 멀리 떨어져 있는 지역이 점차 가까워지게 된 19세기에도 사라지지 않았다. 적어도 세 가지 이유에서, 이제 장소는 사라지지 않을 것이다. 첫째, 문화들간의 경계는 항상 상당히 침투되어 왔으며 20세기 말에 일어난 사람들과 사상 그리고 유행의 급속한 전지구적 이동으로 인해 우리가 장소에 대한 고대 언어를 단념할 필요는 없다. 오히려 그러한 전지구적 이동으로 인해, 우리는 장소에 대한 고대 언어를 적절히 변화시켜야 한다. 둘째로, 수많은 전근대적 장소가 그대로 남아 있고 잘 발전된 지리적 장소감이 전근대적 장소의 차별성을 일으키는 건물과 문화 패턴을 우리가 해명하는 데 도움을 줌으로써 전근대적 장소에 대한 우리의 이해를 계속하여 발전시킬 수 있다. 셋째, (만일 모든 승수효과와 비행기 운행 등을 포함시킨다면) 관광이 이제 세계에서 제일 규모가 큰 산업이 된다. 그래서 우리는 일정한 형태의 특수성이 보호되고 창출될 것이라고 확신할 수 있다. 그 이외 모든 것을 제쳐놓더라도, 장소와 지리적 다양성이 없는 세계는 지루할 것이고 그래서 관광산업에는 적절하지 못할 것이다.

무장소의 지리 또는 장소의 소멸에 대해 기술한 많은 사람들처럼 소르킨에게도 어려웠던 점은, 그들의 사고와 언어가 세계의 변화에 보조를 맞추지 못했다는 점이다. 적용될 수 있는 장소감을 위해 요구되는 도전은 바로 세상이 지금 어떻게 변하고 있가를 정확히 파악하는 것이다. 그리고 이렇게 하기 위해서는 포스트모더니티의 재구성된 지리를 이해해야만 한다. 즉, 어떤 지리가 어디에 있는지를, 그것이 누구의 지리인지를, 그것이 다만 환상인지 아닌지를, 그리고 스트라보가 미덕이라고 일컬었던 모든 것이 그 안에 그대로 남아 있는지 여부를 가려내야 한다.

소로(Thoreau)는 (1854년에 발표한 시 "What I lived for"에서) 월든 폰드(Walden Pond)에 관해 숙고하면서, 우리들로 하여금 "엄청나게 많은 허구와 피상이 때때로 얼마나 깊이 쌓였는가"를 알게 해주는 실측기(實測器, Realometer)라는 측정기구를 상상했다. 그는 우리가 현실이라고 부르는 단단한 바닥과 바위에 도달하기 전에, 얼마나 깊이 팠어야 했는가를 알게 해줄 수 있는 어떤 것을 염두에 두고 있었다. 그러한 기구가 정말 필요하지만, 오늘날의 어려움은 어떠한 단단한 바닥도 그리고 어떠한 명확한 현실도 없는 것처럼 보인다는 점이다. 모든 지리는 정도의 차이는 있을지언정 변화하는 흐름 속에 있으며, 환상과 기만으로 가득 차 있고, 정치적 또는 상업적 목적을 위해 착취될 수도 있고 착취되기도 한다. 어디에서 이러한 혼란을 해결하기 위한 노력을 시작해야 하는지 알기는 어렵지만, 한 가지 가능성 있는 지점은 장소 귀속감의 극단에 있을 수 있다. 이그나티에프(1994: 186)는 인종적 민족주의가 추상적 환상의 단계와 직접적인 경험의 단계를 포괄한고 생각한다. 그럼에도 불구하고 양자는 상당히 서로 동떨어져 있다. 그 두 가지는 마치 서로 다른 방향을 바라보면서 등을 맞대고 서 있는 것 같다고 할 수 있다. 조국, 인종의 순수성, 그리고 우월성에 대한 추상화가 특정 장소에서의 공유된 경험의 현실에 직면하도록 허용되어 있지는 않다. 명백하게도 사람들은 어떤 추상적인 이상을 믿을 수 있도록 그들 자신의 경험이 증거하는 바를 자세히 평가한다. 필자가 생각하기에, 이것은 강력한 통찰력으로서 포스트모던 생활의 많은 부분에 적용되는 것이다. 이러한 분리를 줄이는 데 필요한 것은 추상화를 직접적인 경험과 일치시키는 장소에 관한 상식적인 언어이다.

『옥스퍼드 영어사전』은 그렇지 않았다면 혼란스러웠을 시대에 뛰어난 명확성의 우수한 준거가 된다. 상식적으로 이 사전은 1651년 레이랜드(Leyland)로부터 따온 인용구를 통해, "우리는 일반적이고 적절하게 하나를 다른 하나와 식별할 수 있는 능력과 우리 자신을 커다란 모순, 명백한 부조리, 그리고 드러나 버린 사기로부터 우리 자신을 보호할 수 있는 평범한 능력을 이해하고 있다"는 점을 우리에게 주지시키고 있다. 여기에 실측기의 가능한 토대가 존재한다. 특별히 새로운 것은 아무 것도 없다. 정말로 그것은 에라토스테네스가 자신이 일하던 도서관에서 파피루스 뭉치를 조직하려고 노력한 이래로, 지리학자들이 어떤 방식으로든 가르쳐 온 것이다. 공통의 장소감(a commonsense of place)은 주의 깊은 관찰, 비판적 성찰, 그리고 상호 관련성에 대한 인식을 요구한다. 필자는 지리학자들이 오랫동안 개선시켜온 이 간단하고 중요한 기술을 계속해서 가르치는 것 외에는 지리학자들에게 더 좋고 더 도전적인 과제를 생각할 수 없다고 본다.

균형과 이성에 대한 논의는 오래되고 우수한 계보를 갖고 있다. 그러나 이 점 때문에 점차 줄어들고 있는 문화적 다양성의 문제를 잘 이해하고 있던 민족지학자 기어츠(1986: 118)가 균형에 대한 이러한 관심사를 애매모호한 목적으로 나아가는 것이라고 표현하지 못한 것은 아니었다. 장소에 대해 절대적인 것 또는 극단적인 것이 조장될 때 무슨 일이 발생하는가에 대한 지리학적 논거들을 감안한다면, 필자가 생각하기에 기어츠의 비판은 잘못된 방향으로 나아갔다고 본다. 그럼에도 불구하고, 이것은 중요한 주의를 제기한다. 많은 것들에서처럼 장소감에서 이성과 균형은 애매모호함으로 나아갈 수 있다. 중도를 따라가기 위해서는 민족주의와 장소 가공(fabrication)의 손쉬운 유혹에 저

항할 수 있는 능력과 결단력이 필요하다. 그러나 포스트모더니티의 이
식된 경관과 재구성된 민족주의를 연구하는 지리학자들에게는 상식적
장소감이 차이점을 강조하지만, 상이한 문화들이 각각의 차별성을 허
물지 않고 공유할 수 있는 것이 많다는 점을 인식하는 균형 잡힌 판단
태도에 필수 불가결한 토대라고 필자는 확신한다.

---

* 필자는 '중독된 장소감'(poisoned sense of place)이라는 용어를 제안한 럿거스
  대학 출판부의 캐런 리즈(Karren Reeds)와 세밀하고 사려 깊은 서평을 해 준 수
  잔 핸슨(Susan Hanson)에게 감사를 표하고자 한다.

## 참고문헌

Alexander, C. 1979, *The Timeless Way of Building*, New York: Oxford University Press.

Entrikin, N. 1991, *The Betweenness of Place: Towards a geography of Modernity*, Baltimore: Johns Hopkins University Press.

Geertz, C. 1986, *The Uses of Diversity*, Michigan Quarterly Review 25(1): 105-123.

Geertz, C. 1988, *Works and Lives: The Anthropologist as Author*, Stanford: Stanford University press.

Gropius, W. 1965, *The New Architecture and Bauhaus*, Cambridge: MIT Press.

Harvey, D. 1989, *The Condition of Postmodernity*, Oxford: Basil Blackwell.

Hiss, T. 1990, *The Experience of Place*, New York: Alfred Knopf.

Ignatieff, M. 1984, *The Needs of Strangers*, London. Chatto.

Ignatieff, M. 1994, *Blood and Belonging*, Toronto: Viking.

Jackson, J. B. 1970, "Other-Directed Houses," In *Landscapes: Selected Writings of J. B. Jackson*, ed. E. H. Zube, 55~72, Amherst: University of Massachusetts Press.

Jacobs, J. 1961, *The Death and Life of Great American Cities*, New York:

Vintage Books.

Lewis, P. F. 1979, "Axioms for Reading the Landscape," In *The Interpretation of Ordinary Landscapes: Geographical Essays,* ed. D. W. Meinig, 11~32, New York: Oxford University Press.

McLuhan, M. 1964, *Understanding Media*, Toronto: Signet Books.

Meyerowitz, J. 1985, *No Sense of Place,* New York: Oxford University Press.

Relph, E. 1866, "The Crown of Wild Olive," In *The Works of John Ruskin,* ed. E. T. Cook and A. Wedderburn, published 1903~1912, London: George Allen.

Sorkin, M. ed. 1992, *Variations on a Theme Parks: the New American City and the End of Public Space,* New York: Noonday Press.

Strabo. 1917, *The Geography of Strabo,* in 8 vols., translated by H. L. Jones, London: William Heinemann.

Thoreau, H. D. 1854, *Walden,* 1960 edition. Boston: Houghton Mifflin.

Tuan, Yi-fu. 1974, *Topophilia: A Study of Environmental Perception, Attitudes and Values,* Englewood Cliffs: Prentice-Hall.

Venturi, R., D. Scott-Brown, S. Izenour. 1972, *Learning from Las Vegas,* Cambridge: MIT Press.

Vidal de la Blache, P. 1913, "Des caracteres distinctifs de la geographie," *Annales de geographie* 22: 289-299.

Walter, E. V. 1988, *Placeways: A Theory of the Human Environment,* Chapel Hill: University of North Carolina Press.

Whitman, W. 1855, "Crossing Brooklyn Ferry," Leaves of Grass, In *Complete Poetry and Selected Prose,* 1959 edition, Boston: Houghton Mifflin.

# 찾아보기

## ㅎ

# 지은이 소개

**엘리자베스 번즈**(Elizabeth K. Burns)는 템프 소재 애리조나 주립대학 지리학과 교수이자 고등 교통시스템 연구센터(Center for Advanced Transportation Systems Research)의 소장직을 맡고 있다. 그녀는 1974년 캘리포니아 버클리에서 박사학위를 취득하였다. 미 공인계획가협회(American Institute of Certified Planners)의 정회원으로서, 도시지리학, 계획, 교통을 통합한 연구 분야를 갖고 있는 그녀는 도시마을 종합계획과 관련하여 애리조나주 피닉스 시의 자문역을 거쳤으며, 유타주 솔트레이크시티의 계획 및 지구지정 위원회에 봉사하였고, 애리조나 주정부를 비롯한 애리조나주, 캘리포니아주, 그리고 유타주의 여러 도시들의 40건 이상의 계획 및 프로젝트 관리연구에 참여하였다. 그녀는 ≪*Computer, Environment and Urban Systems*≫, ≪*Transportation Research Record*≫, ≪*The Professional Geographer*≫ 등을 포함한 50개 이상의 학제적 학술 간행물에서 미국 남서부 도시들의 토지이용과 도시성장에 미치는 교통의 영향, 도시성장과 관련된 저서의 장, 1993년의 모노그래프 『환경규제와 통행감소 프로그램이 취업여성에게 미치는 영향』(*Do Environmental Measures and Travel Reduction Programs Hurt Working Women?*)등을 논평해 왔다. 그녀는 현재 자동차에 크게 의존하는 도시들의 도심 취업과 연관된 이동성의 장애 문제를 연구하고 있다.

**페트리시아 고버**(Patricia Gober)는 화이터워터에 소재한 위스콘신 주립대학교에서 1970년에 지리학 학부를 졸업하고 오하이오 주립대학교에서 1972년과 1975년에 각각 석사와 박사학위를 받았다. 그녀는 현재 템프 소재 애리조나 주립대학교 지리학과 교수로 있다. 고버의 전문분야는 인구 및 도시지리학 내에서 특히 주거이동 및 인구이동, 낙태의 지리학, 주택인구학, 공간불일치(spatial mismatch)와 도시 내 고용패턴 등이다. 최근 저서로는 1993년 인구자료국 간행물인 『미국의 인구요동』(*American on the Move*)와 미국지리학회지, ≪*Demography*≫, ≪*Progress in*

*Human Geography*≫와 ≪*Growth and Change*≫ 등에 수많은 논문들이 있다. 1994년
에 고버는 지리학에서 고용조건의 인구학적 분석을 주관하였고 그 결과가 ≪*The
Professional Geographer*≫에 3개의 시리즈 논문으로 실리게 되었다. 1995년에는 미
국지리학회 인구분과에서 미래 인구지리학의 방향에 대한 기조연설도 하였다. 고
버는 1991년에서 1993년 사이에 미국지리학회지의 부편집인으로 활동하였고 현
재는 ≪*Urban Geography*≫, ≪*Geographical Analysis*≫와 ≪*International Journal of
Population Geography*≫의 편집위원으로 있다. 그녀는 현재 미국지리학회의 부회장
직을 맡고 있다.

**앤 굿류스카**(Anne Godlewska)는 캐나다 퀸즈 대학 지리학과 조교수이다. 그녀는
지도 및 지도와 관련된 다양한 사상에 대해 큰 관심을 가지고 있다. 그녀의 주요
저서는 토론토 대학 출판부의 정기간행물실을 통해 구해 볼 수 있는 『나폴레옹
시대의 이집트 탐사: 편찬물의 최대 걸작』(*The Napoleonic Survey of Egypt: A
Masteroiece of Compilation*), 닐 스미스(Neil Smith)와 공동으로 편집한 것으로 지도,
공간인지의 발달과정, 프랑스인들의 이집트와 알제리아 탐험기, 1790년~1830년
사이 프랑스에서 유행했던 지도학 원리와 이론, 교과서(text)·지도·대중의 관념·
예술작품에 표현되어 있는 사상에 관련된 다수의 논문이 실려 있는 『지리학과 제
국』(*Geography and Empire*, Blackwell, 1994)등이 있다. 그녀는 현재 『지리학의 (불)
구속: 기술과 이론』(*Geography (Un)bound: When Description Fell to Theory*), 『나폴레
옹식 지도집』(*An Atlas of Napoleonic Cartography*), 『나폴레옹과 제국』(*Napoleon and
Empire*) 등 세 권의 책을 준비하고 있다.

**마이클 굿차일드**(Michael F. Goodchild)는 캘리포니아 산타바바라 대학 지리학과
교수이며, 미 지리정보 및 지리정보 분석 센터(National Center for Geographic
Information and Analysis) 소장이다. 그는 영국 케임브리지 대학에서 물리학으로
석사학위를, 1969년 맥마스터(McMaster) 대학에서 지리학으로 박사학위를 취득
하였다. 미국 서부온타리오 대학에서 19년 간 재직한 후, 1988년 미국 산타바바
라 대학으로 자리를 옮겼다. 그는 1990년 캐나다 지리학회로부터, 1996년에는 미
국 지리학회로부터 학문적 업적이 뛰어난 지리학자에게 수여하는 상을 받았다.
또한 도시 및 지역정보시스템 학회가 수여하는 하우드(Horwood)상을 두 번이나
수상하였다. 그는 1987년~1990년 사이에 ≪*Geographical Analysis*≫의 편집자였으며,
지금도 8개의 학술지와 총서의 편집위원을 맡고 있다. 그의 주요 저서로는 『지리

정보시스템: 원리와 응용』(*Geographical Systems: Principles and Applications*), 『지리정
보시스템을 이용한 환경 모델링』(*Environmental Modelling with GIS*), 『공간 데이터
베이스의 정확성』(*Accuracy of Spatial Database*)등이 있다.

**수잔 핸슨**(Susan Hanson)은 클라크 대학 지리학과 교수이다. 미들베리 대학을 졸
업한 그녀는 케냐에서 평화자원봉사단원으로 근무한 후, 노스웨스턴 대학에서 박
사학위를 취득하였다. 그녀는 여성문제, 지방노동시장, 도시활동 패턴에 대해 광
범위한 저술을 해 왔다. 그녀의 최근 저서로는 『성, 노동, 공간』(*Gender, Work, and
Space*, Geraldine Pratt와 공저)와 『도시교통지리학』(*The Geography of Urban Trans-
portation*)이 있다. 핸슨 교수는 ≪*Economic Geography*≫의 공동 편집인이자 ≪*Annals
of the American Association of Geographers*≫와 ≪*The Professional Geographer*≫의 전
편집인이었으며, 현재는 5개 학술잡지의 편집위원으로 활동하고 있다. 그녀는 미
국지리학회 회장을 역임하였고, 미 고등과학협회(American Association of Advance-
ment of Science) 회원이며 전임 구겐하임(Guggenheim) 연구원이었으며, 미국 지리
학회의 명예상도 수상한 바 있다. 그녀는 현재 사회과학연구평의회(Social Science
Research Council), 사회과학협회(Consortium of Social Science Associations)와 미 지
리정보 및 지리정보 분석 센터(National Center for Geographic Information and
Analysis)의 집행위원을 맡고 있다. 또한 미국 지리학회 대학지리분과의 공동위원
장으로서 학부 개론과목에 관한 능동적인 학습방법의 개발과 보급을 위한 프로젝
트를 이끌고 있다.

**로버트 케이츠**(Robert W. Kates)는 미국 브라운 대학의 교수이다. 그는 ≪*Environ-
ment*≫지의 편집위원장이자 1990년대 기아극복(Overcoming Hunger in the 1990s)
프로그램의 공동의장, 클라크 대학의 조지 퍼킨스 마시 연구소의 석좌교수, 애틀
랜타 대학의 연구교수, 존 하인즈 과학·경제·환경센터(The H. John Heinz Center
for Science, Economies, and the Environment)의 부소장을 역임하였다. 그는 1986
년~1995년 동안 브라운 대학의 알란 쇼운 파인스타인(Alan Shawn Feinstein)의 세
계기아구제프로그램을 주도하였다. 1986년 이전까지는 클라크 대학에서 다양한
분야의 교육과 연구를 수행하였다. 그는 1991년 미국 대통령이 그 해에 가장 뛰어
난 업적을 남긴 과학자에게 수여하는 메달을 받았으며, 그외에도 맥아더(McArthur)
상과 미 지리학회 명예상을 수상하고 클라크 대학으로부터 명예학위를 받았다. 그
는 미 과학아카데미(National Academy of Science), 미국 문리아카데미(American

Academy of Arts and Sciences), 미 고등과학협회 회원이다. 1993년과 1994년에는 미국 지리학회장을 역임하였다. 그의 주요 저서로는 『역사 속의 기아: 결핍, 빈곤, 궁핍에 대하여』(Hunger in History: for Shortage, Poverty, and Deprivation, 1989), 『인간활동에 의해 변형된 지구환경』(The Earth as Transformed by Human Action, 1990), 『환경과 재해』(The Environment as Hazard, 제2판 1993), 『아프리카의 인구성장과 농업의 변화』(Population Growth and Agricultural Change in Africa, 1993) 등이 있다.

**존 마더**(John Mather)는 1963년부터 지금까지 델라웨어 대학의 지리학과 교수로 재직 중이다. 그는 델라웨어 대학에 지리학과가 창설된 1965년부터 1989년까지 지리학과장을 역임하였다. 그는 델라웨어 대학으로 부임하기 전에는, 남 뉴저지에 있는 기후학연구소에서 수분수지와 이를 이용한 기후문제 해결이라는 연구를 16년간 수행하였다. 1963년 손스웨이트의 사망 후, 그는 10년 이상 델라웨어 지리학과 교수직을 수행하면서 동시에 이 연구소의 소장직을 겸임하였다. 미국 지리학회 회장을 역임한 그는 수분수지와 관련된 두 권의 저서와 수자원과 관련된 한 권의 저서를 출간하였다. 그는 러시아 지리학자인 갈리나드 스다스유크(Galinard Sdastuk)와 함께 『지구적 환경변화: 지리학적 접근』(Global Change: Geographical Approach)을 공동 저술하였고, 캐나다 지리학자 마리 샌더슨(Marie Sanderson)과 함께 손스웨이트의 일대기를 저술하기도 하였다. 그는 응용기후학, 증발산, 수분수지 기후학, 수자원과 관련한 100편 이상의 논문과 연구서를 발표하였다.

**윌리엄 마이어**(William B. Meyer)는 미국 클라크 대학 조지 퍼킨스 마시 연구소(George Perkins Marsh Institute)의 연구원이다. 그는 1990년에 출판된 『인간활동에 의해 변형된 지구환경』(The Earth as Transformed by Human Action)과 1994년에 출판된 『토지이용과 토지피복의 변화』(Changes in Land Use and Land Cover)의 공동 편집자이자, 1966년에 출판된 『지구환경에 미친 인간의 영향』(Human Impact on the Earth)의 저자이다. 그는 환경변화에 미치는 인간의 영향, 도시지리학, 지리 및 환경사상의 역사와 관련된 연구에 큰 관심을 갖고 있다. 그는 윌리엄 대학에서 석사학위를, 클라크 대학에서 박사학위를 취득하였다.

**마크 몬모니어**(Mark Monmonier)는 미국 시러큐스 대학의 지리학과 교수이다. 그는 1964년 미국 존스홉킨스 대학에서 수학으로 석사학위를, 1969년 펜실베이니아 주립대학에서 지리학으로 박사학위를 취득하였다. 그는 ≪The American

*Cartographer*≫의 편집인, 미국 지도학회 회장, 미국 지질협회의 연구교수, 미 지리협회와 마이크로소프트사의 자문위원 등을 역임하였다. 그는 지도 디자인, 자동화된 지도 분석기법, 지도학의 일반화, 지도학의 역사, 통계그래프 제작, 지리학적 관점에서 본 인구통계학, 대중매체와 관련된 다수의 논문을 발표하였다. 그의 주요 저서로는 『지도』(*Maps*), 『지도의 왜곡과 그 의미』(*Distortion and Meaning*), 『컴퓨터를 활용한 지도학의 원리와 전망』(*Computer-Asisted Cartography: Principles and Prospects*), 『지도학 분야의 기술발달』(*Technological Transition in Cartography*), 『지도의 이해』(*Map Appreciation*), 『지도와 뉴스: 미국 신문지도의 발달』(*Maps with the News: The Development of American Journalistic Cartography*), 『지도와 거짓말』(*How to Lie with Maps*), 『인문·사회과학을 위한 지도학 해설집』(*Expository for Humanities and Social Sciences*) 등이 있다. 그는 최근 토지이용 유형을 결정하는 데 영향을 미치는 지도학 및 기상도의 발달과정과 중요성에 대한 연구에 관심을 기울이고 있다.

**에드워드 렐프**(Eaward Relph)는 토론토 대학교 스카보러 대학 지리학 교수이며 사회과학부 학부장이다. 그는 『장소와 무장소성』(*Place and Placelessness*), 『합리적 경관』(*Rational Landscapes*), 『현대 도시경관』(*Modern Urban Landscapes*)의 저자이다. 그는 『토론토 가이드』(*Toronto Guide*)로 1990년 미국 지리학회로부터 특별상을 수상하였다. 렐프 교수의 에세이들은 지리학, 현상학, 조경학, 도시설계, 환경철학 등의 이슈들을 다루고 있으며, 커피 테이블에서 읽을 수 있는 책과 ≪오리온≫(Orion), ≪유트느 리더≫(Utne Reader)를 포함한 여러 잡지에 발췌 인용되어 왔으며, 러시아어, 일본어, 프랑스어, 포르투갈어, 핀란드어, 그리고 서너 개의 다른 언어로도 번역되었다. 그는 토론토 대학에서 박사학위를 취득하였다.

**에드워드 테이프**(Edward J. Taaffe)는 현재 오하이오 주립대학 지리학과 교수로서, 12년 동안 지리학과장을 맡았었다. 테이프교수는 미국 지리학회장을 역임하였으며, 사회과학연구평의회의 위원으로 활동하기도 했다. 그는 행태 및 사회과학 조사보고서인 『지리학』(*Geography*)을 내놓은 미 과학아카데미(National Academy of Sciences) 위원회의 위원장을 역임했으며, 『지리과학』(*The Science of Geography*)을 간행한 미 아카데미위원회(National Academy Committee)의 일원이었다. 그는 미국 지리학회로부터 명예상과 아울러 지리교육 평의회(the National Council on Geographic Education)의 최고 교수상을 수상했으며, 미국 지리학회로부터 교통지

리학 분야의 울만(Ullman)상의 첫 수상자이기도 했다. 테이프교수의 주요 연구분
야는 교통지리학과 지리사상이며, 그의 가장 최근 저서로는 『교통지리학』(*The
Geography of Transportation*)이 있다.

**터너 2세**(B. L. Turner, II)는 조지 퍼킨스 마시 연구소의 소장을 역임하였으며,
현재는 클라크 대학 교수이다. 그는 9권의 저서와 다수의 논문을 발표하였다. 그
는 고대 멕시코 및 중미의 마야농업 및 환경에서부터 현대의 열대지역 농업양식
변화와 토지이용 변화에 이르기까지 긴 시간에 걸쳐 나타난 자연과 사회의 관계
에 많은 관심을 기울이고 있다. 터너교수는 구겐하임(Guggenheim) 연구원을 역임
하였으며, 지금은 과학과 사회를 위한 녹색센터(Green Center for the Study of
Science and Society)의 연구위원, 고등행태연구소(Advanced Behavioral Studies)의
연구원으로 재직하고 있다. 그는 미국 지리학회로부터 명예 연구상을 받았으며,
미 과학아카데미의 정회원으로, 지구환경 변화와 인간의 역할에 대한 연구와 관
련하여 다양한 의제를 수립하는 데 깊이 관여하였다. 터너교수는 미 연구평의회
(National Research Council)의 인간과 환경변화 분과와 사회과학연구평의회의 지
구환경변화 분과의 회원을 역임하였고, 최근에는 국제 사회과학평의회
(International Socila Science Council)의 국제 지·생물권 프로그램 및 인간의 역할
프로그램(International Geosphere-Biosphere Programme and the Human Dimen-
sions Program)의 지구 토지이용 및 피복변화(LUCC)에 관한 중핵프로젝트 계획위
원회를 총괄하였다. 현재 그가 추진하고 있는 연구 프로젝트는 중미의 아메리카
인디언의 농업, 적도지방의 농업변화론과 토지의 미래, 전지구적 토지이용 변화에
미치는 인간의 영향 등이다.

# 옮긴이 소개

**구자용** 서울대학교 사회과학대학 지리학과를 졸업하고, 동 대학원에서 석사 및 박사학위를 취득하였다. 현재 상명대학교 인문사회과학대학 사회과학부 지리전공 전임강사로 있다. 주요 논문으로는 「해상도 변화에 따른 공간 데이터의 구조특성 분석」(2000), 「위성영상 해상도에 따른 순천만 해안습지의 분류 정확도 변화」(2001) 등 다수가 있다.

**박의준** 서울대학교 사회과학대학 지리학과를 졸업하고, 동 대학원에서 석사 및 박사학위를 취득하였다. 국립환경연구원 책임연구원을 지냈으며 현재 환경부 UNDP 국가습지사업단 기획조정위원으로 있다. 주요 논문으로는 「예방적 차원의 도시환경문제 관리방안에 관한 연구」(2001), 「GIS를 이용한 도시환경정보시스템 구축방안에 관한 연구」(2001) 등 다수가 있다.

**변필성** 서울대학교 사회과학대학 지리학과를 졸업하고, 동 대학원에서 석사학위를 취득하였다. 현재 미국 애리조나 대학 지리학 및 지역개발학과 박사학위를 취득하였다.

**안영진** 서울대학교 사회과학대학 지리학과를 졸업하고, 동 대학원 지리학과 박사과정을 수료한 뒤, 독일 뮌헨공대(TUM)에서 박사학위를 취득하였다. 현재 전남대학교 사회과학대학 지리학과 교수로 있다. 주요 저서 및 역서로는 『사회지리학』(1998, 공역), 『인구, 경제발전, 환경』(2000, 공역), 『노동시장의 지리학』(2002), 『사회공간론』(2003) 등이 있으며, 이 외에 다수의 논문을 발표하였다. yjahn@chonnam.ac.kr

**이원호** 서울대학교 사회과학대학 지리학과를 졸업하고, 동 대학원에서 석사학위를 취득한 뒤, 미국 워싱턴 대학에서 박사학위를 취득하였다. 현재 백상경제연구소 연구위원으로 있다.

한울아카데미 422

# 세상을 변화시킨 열 가지 지리학 아이디어

ⓒ 구자용 · 박의준 · 변필성 · 안영진 · 이원호, 2001

옮 긴 이 • 구자용 · 박의준 · 변필성 · 안영진 · 이원호
펴 낸 이 • 김종수
펴 낸 곳 • 도서출판 한울

초판 1쇄 인쇄 • 2001년 9월 10일
초판 6쇄 발행 • 2009년 5월 15일

주소(본사) • 413-832 파주시 교하읍 문발리 507-2
주소(서울사무소) • 121-801 서울시 마포구 공덕동 105-90 서울빌딩 3층
전　　화 • 영업 02-326-0095, 편집 02-336-6183
팩　　스 • 02-333-7543
홈페이지 • www.hanulbooks.co.kr
등　　록 • 1980년 3월 13일, 제406-2003-051호

Printed in Korea.
ISBN 978-89-460-4065-6 93980

* 책값은 겉표지에 표시되어 있습니다.